기계기사시리즈 ❻

기계기사 및 공무원 시험대비

기계재료 문제해설

국가기술시험연구회 엮음

일진사

책머리에

산업분야가 기계화됨에 따라 기계공업은 모든 산업의 중추적인 역할을 하면서 더욱 성능이 우수하고 경제성이 있는 기계의 제작이 요구되고 있는 실정이다.

그러기 위해서는 그들 기계가 구성하는 각 부품 재료의 사용목적에 알맞은 기계재료의 선택이 선행되어야 할 것이다.

이 책은 기계분야에 종사하고 있는 현장 실무자나 국가기술자격 시험에 대비하는 수험생들에게 기계 재료를 이해하는 데 도움을 주고자 다음과 같은 특징을 살려 구성하였다.

첫째, 새로운 출제기준에 의하여 중요한 내용을 요약하고 정리하여 수험생에게 필요 이상의 시간 소모를 없애는 데 주력하였다.
둘째, 각 단원의 예상문제 앞에 기본문제를 수록하여 이해를 도왔다.
셋째, 출제 빈도가 높은 예상문제를 해설과 함께 다루어 수험자가 이해하기 쉽게 하였다.
넷째, 과년도 출제 문제를 삽입하여 중요도는 물론, 앞으로의 출제 경향을 쉽게 파악할 수 있게 하였다.

이 책을 통하여 습득한 내용을 토대로 자격시험에 도움이 된다면 그보다 더 큰 보람은 없으리라 생각되며, 차후 출제 경향 및 과년도 출제 문제 등을 계속 보완해 나갈 것을 약속드린다.

끝으로 이 한 권의 책이 나오기까지 여러모로 도움을 주신 모든 분께 고마움을 표하며, 특히 본서를 출간해 주신 도서출판 **일진사** 직원 여러분께 깊은 감사를 드린다.

저자 씀

차 례

 제1장 금속 및 합금의 조직과 상태도

1. 금속과 합금 ··· 11
   1-1 기계재료 ·· 11
   1-2 합금의 특성 ·· 12
2. 기계재료의 성질 ·· 12
   2-1 기계적 성질 ·· 13
   2-2 물리적 성질 ·· 14
   2-3 화학적 성질 ·· 17
   2-4 제작상 성질 ·· 17
3. 금속의 응고와 결정 구조 ·· 17
   3-1 금속의 응고 ·· 17
   3-2 금속의 결정 구조 ··· 18
   3-3 금속의 변태 ·· 19
4. 합 금 ·· 20
   4-1 합 금 ·· 20
   4-2 고용체 ··· 20
   4-3 금속간 화합물 ··· 21
   4-4 합금되는 금속의 반응 ··· 21
5. 금속의 소성과 회복 ··· 22
   5-1 소성변형과 탄성변형 ·· 22
   5-2 소성변형의 기구 ·· 23
   5-3 소성가공과 금속의 성질 변화 ·· 23
   5-4 금속의 회복과 재결정 ··· 25
   ● 기본문제 ··· 26
   ● 예상문제 ··· 29

제2장 탄소강의 특성 및 용도

1. 철강재료의 분류와 제조 ·· 56
    1-1 철강재료의 분류 ·· 56
    1-2 철강재료의 제조 ·· 57
2. 순철과 탄소강 ··· 59
    2-1 순 철 ··· 59
    2-2 탄소강 ·· 59
       ● 기본문제 ·· 65
       ● 예상문제 ·· 67

제3장 탄소강의 열처리

1. 열처리의 개요 ··· 82
2. 일반 열처리 ··· 82
    2-1 담금질(quenching) ······································ 82
    2-2 뜨임(tempering) ·· 84
    2-3 불림(normalizing) ······································ 85
    2-4 풀림(annealing) ·· 86
    2-5 항온 열처리 ·· 86
3. 표면 경화법 ··· 89
    3-1 침탄법 ·· 89
    3-2 질화법 ·· 90
    3-3 금속 침투법 ·· 91
    3-4 기타 표면 경화법 ······································ 92
       ● 기본문제 ·· 93
       ● 예상문제 ·· 95

제4장 특수강의 종류 및 특성과 용도

1. 특수강의 개요 ··· 108
    1-1 특수강 ·· 108
    1-2 첨가 원소의 영향 ·· 108
2. 특수강의 종류 ··· 109
    2-1 구조용 특수강 ·· 109
    2-2 공구용 특수강 ·· 110
    2-3 특수 용도 특수강 ·· 112
    2-4 내열강 ·· 114
    2-5 불변강 ·· 114
    2-6 자기재료 및 기타 특수강 ·· 115
    • 기본문제 ·· 117
    • 예상문제 ·· 119

제5장 주철과 주강

1. 주철의 특징 ··· 131
    1-1 주철의 조직과 상태도 ·· 132
2. 주철의 성질 ··· 134
    2-1 물리적 성질 ·· 134
    2-2 화학적 성질 ·· 134
    2-3 주철의 주조성 ·· 135
3. 주철의 종류 ··· 137
    3-1 일반 주철 ·· 137
    3-2 합금 주철(특수 주철) ·· 138
    3-3 특수 주철 ·· 139
4. 주 강 ··· 142
    • 기본문제 ·· 143
    • 예상문제 ·· 144

 ## 제6장 비철금속 재료

1. 구리와 그 합금 ····· 161
   - 1-1 구 리 ····· 161
   - 1-2 황 동 ····· 162
   - 1-3 황동의 종류 ····· 164
   - 1-4 황동에서 나타나는 현상 ····· 165
   - 1-5 청 동 ····· 166
   - 1-6 청동의 종류 ····· 166

2. 알루미늄과 그 합금 ····· 168
   - 2-1 알루미늄의 성질 ····· 168
   - 2-2 알루미늄 합금 ····· 169

3. 니켈과 그 합금 ····· 171
   - 3-1 니켈의 성질 및 용도 ····· 171
   - 3-2 니켈 합금 ····· 171

4. 마그네슘과 그 합금 ····· 173
   - 4-1 마그네슘의 성질 ····· 173
   - 4-2 마그네슘의 합금 ····· 173

5. 티탄과 그 합금 ····· 174

6. 아연, 납, 주석과 그 합금 ····· 174
   - 6-1 아연 및 그 합금 ····· 174
   - 6-2 납 ····· 175
   - 6-3 주 석 ····· 175

7. 귀금속 및 기타 합금 ····· 176
   - 7-1 귀금속 ····· 176
   - 7-2 베어링 합금 ····· 176

8. 분말 야금 ····· 177
   - 8-1 분말 야금 ····· 177
   - 8-2 분말 야금의 장·단점 ····· 177
   - 8-3 소 결 ····· 177
   - ◈ 기본문제 ····· 178
   - ◈ 예상문제 ····· 181

제7장 비금속 재료

1. 기초용 재료 ··· 203
   - 1-1 석 재 ··· 203
   - 1-2 시멘트, 모르타르 및 콘크리트 ··· 203
2. 내열재료 및 보온재료 ·· 205
   - 2-1 내열재료 ··· 205
   - 2-2 보온재료 ··· 206
3. 플라스틱 ··· 206
4. 패킹 및 벨트용 재료 ·· 207
5. 도료 및 유리 ·· 208
6. 윤활유 및 절삭유 ·· 209
   - 기본문제 ·· 210
   - 예상문제 ·· 212

제8장 재료 시험과 검사

1. 재료 시험 ·· 219
   - 1-1 경도 시험 ··· 220
   - 1-2 인장 시험 ··· 222
   - 1-3 충격 시험 ··· 223
   - 1-4 피로 시험 ··· 224
   - 1-5 비파괴 검사 ·· 224
2. 조직검사와 시험 ··· 226
   - 2-1 매크로 조직검사 ·· 226
   - 2-2 현미경 조직검사 ·· 226
   - 기본문제 ·· 227
   - 예상문제 ·· 229

◎ 부 록 : 과년도 출제 문제 ··· 242

제1장 금속 및 합금의 조직과 상태도

1. 금속과 합금

1-1 기계재료

　기계를 만드는 데 사용되는 기계재료로는 철, 강(steel), 구리 등의 금속재료와 목재, 고무, 플라스틱 등의 비금속재료로 구분된다.

표 1-1 기계재료의 구분

```
              ┌─ 금속재료  ┌─ 철강재료
기계재료 ─────┤           └─ 비철금속재료
              └─ 비금속재료
```

　금속이 기계재료로서 많이 사용되는 이유는 강도, 경도가 우수하며 가공 및 취급이 용이한 성질을 가지고 있기 때문이다. 금속의 공통된 특성은 다음과 같다.
　① 실온에서 고체이며 결정체이다 (단, Hg은 예외).
　② 빛을 반사하고 금속 고유의 광택을 가지고 있다.
　③ 전연성이 풍부하여 가공이 용이하다.
　④ 전기 및 열의 양도체이다.
　⑤ 비중이 크고 경도 및 용융점이 높다.

　이상의 특성을 불완전하게 구비한 것을 준금속 또는 아금속이라 하며 준금속이란 금속적 성질과 비금속적 성질을 같이 갖는 것으로 B(붕소), Si(규소) 등 7종이 있다.

1-2 합금의 특성

(1) 합금 (alloy)

합금은 금속의 성질을 개선하기 위하여 단일 금속에 한 가지 이상의 금속이나 비금속 원소를 첨가한 것으로 단일금속(순금속)에서 볼 수 없는 특수한 성질을 가지며, 원소의 개수에 따라 이원합금, 삼원합금이 있다.

① 철 합금 : 탄소강, 특수강, 주철
② 구리 합금 : 황동, 청동
③ 경-합금 : 알루미늄 합금, 마그네슘 합금, 티탄합금
④ 원자로용 합금 : 우라늄, 토륨
⑤ 기타 합금 : 납-주석 합금, 베어링 합금, 저용융 합금

(2) 합금의 성질

① 강 도 : 일반적으로 증가한다.
② 경 도 : 일반적으로 증가하는 데 가공 및 열처리에 의해 변화한다.
③ 용융점 : 일반적으로 낮아진다.
④ 열 및 전기전도율 : 일반적으로 낮아진다.
⑤ 내열성 및 내식성 : 증가한다.
⑥ 주조성 : 양호하다.
⑦ 가단성 : 일반적으로 낮아진다.
⑧ 색 : 아름답다.

2. 기계재료의 성질

기계재료를 공업적인 목적에 사용할 때 필요한 성질은 다음과 같다.
① 기계적 성질 (mechanical properties)
② 물리적 성질 (physical properties)
③ 화학적 성질 (chemical properties)
④ 제작상 성질 (technological properties)

위에서 제작상 성질은 기계공작에서 취급되고, 직접 기계재료와 가장 밀접한 관계가 있는 것은 기계적 성질이다.

2-1 기계적 성질

(1) 강도 (strength)

재료에 외력을 작용시키면 변형되거나 파괴되는 데 이 외력에 대해 재료 단면에 작용하는 최대 저항력을 말하며 인장강도, 전단강도, 압축강도 등으로 분류되지만 강도라고 하면 일반적으로 인장강도를 뜻한다.

(2) 경도 (hardness)

금속의 단단한 정도를 표시하는 것으로 경도시험기로 측정하며 일반적으로 인장강도에 비례한다.

(3) 연신율 (elongation)

재료에 하중을 가하면 늘어나다가 어느 시점에서 끊어진다. 이 때 원래의 길이와 늘어난 길이의 비를 연신율이라 한다.

(4) 인성 (tougness)

굽힘이나 비틀림 작용을 반복하여 가할 때 이 외력에 저항하는 성질, 즉 끈기있고 질긴 성질을 인성이라 한다.

(5) 메짐성 (shortness)

물체의 변형에 견디지 못하고 파괴되는 성질로 인성에 반대된다.

(6) 전성 (malleability) 과 연성 (ductility)

전성은 타격 압연작업에 의해서 얇은 판으로 넓어지는 성질이며 연성은 금속을 잡아 당겼을 때 가는 선으로 늘어나는 성질이다. 또한, 전성과 연성이 좋아 변형이 잘 되는 성질을 가소성 (可塑性) 이라 하며 전성과 연성이 큰 것부터의 순서는 다음과 같다.
① 전 성 : Au-Ag-Pt-Al-Fe-Ni-Cu-Zn
② 연 성 : Au-Ag-Al-Cu-Pt-Pb-Zn-Ni

(7) 피로 (fatigue)

재료에 반복하여 연속적으로 하중을 가하면 재료가 결국 파괴되는 데 이와 같은 현상을 피로라 하며 그 파괴현상을 피로파괴라 한다.

(8) 크리프 (creep)

금속재료를 고온에서 장시간 외력을 가하면 시간의 흐름에 따라 변형이 증가하는 현상을 일으키는 데 이와 같은 현상을 크리프라 하며, 이 변형이 증대될 때의 한계응력을 크리프 한도라 한다.

(9) 항복점 (yielding point)

탄성한계 이상의 하중을 가하면 하중은 연신율에 비례하지 않으며, 하중을 증가시키지 않아도 시험편이 늘어나는 현상을 항복현상이라 하고, 항복현상이 일어나는 점을 항복점이라 한다. 항복점에는 응력의 크기에 따라 상항복점과 하항복점이 있다.

2-2 물리적 성질

(1) 비중 (specific gravity)

어떤 물체의 무게와 4℃에 있어서 이와 같은 부피의 물의 무게와의 비를 말하며, 금속 중에서 비중이 가장 작은 것은 Li (리튬) 으로 0.53이고, 가장 큰 것은 Ir (이리듐) 으로 22.5이다.

일반적으로 단조한 것이 주조한 것보다 비중이 크며, 비중 4.6을 기준으로 하여 4.6 이하의 것을 경금속, 그 이상의 것을 중금속이라 한다.

(2) 용융점 (melting point)

고체가 액체로 변화하는 온도점이며, 금속 중에서 텅스텐은 3410 ℃로 가장 높고, 수은은 -38.4 ℃로서 가장 낮다. 순철의 용융점은 1530 ℃이다.

(3) 비열 (specific heat)

단위 중량의 물체의 온도를 1 ℃ 올리는 데 필요한 열량으로 단위는 cal/g·℃이다.

표 1-2 금속원소의 물리적 성질

원소기호	금속명	원자기호	원자량	비중 20(℃)	용융점(℃)	비등점(℃)	비열 (cal/g·℃)
Ag	은	47	107.880	10.497	960.5	2210	0.056(℃)
Al	알루미늄	13	26.98	2.699	660.2	2060	0.223
Au	금	79	192.10	19.32	1063.0	2970	0.131
Ba	바륨	56	137.36	3.78	704±20	1640	0.068
Be	베릴륨	4	9.013	1.84	1278±5	1500	0.4246
Bi	비스무트	83	209.00	9.80	271	1420	0.0303
Ca	칼슘	20	40.08	1.55	850±20	1440	0.149
Nb	니오브	41	92.91	8.569	2415	3300	0.065
Cd	카드뮴	48	112.41	8.65	320.9	767	0.0559
Ce	세륨	58	140.13	6.90	600±50	1400	0.042
Co	코발트	27	58.94	8.90	1495	2375±40	0.1042
Cr	크롬	24	52.04	7.09	1553	2220	0.1178
Cu	구리	29	63.54	8.96	1083.0	2310	0.0931
Fe	철	26	55.85	7.871	1538±3	2450	0.1172
Ga	갈륨	31	69.72	5.91	29.78	2070	0.079
Ge	게르마늄	32	72.60	5.36	958±10	2700	0.073
Hg	수은	80	200.61	13.55	−38.89	357	0.03326
In	인듐	49	114.76	7.31	156.4	1450	0.057
Ir	이리듐	77	193.50	22.50	2454±3	5300	0.031
K	칼륨	19	39.090	0.862	63±1	762.2	0.182
Li	리튬	3	0.940	0.534	180±5	1400	0.092
Mg	마그네슘	12	24.32	1.743	650	1110	0.2475
Mn	망간	25	54.93	7.40	1245±10	1900	0.1211
Mo	몰리브덴	42	95.95	10.218	2025±50	3700	0.059(0°)
Na	나트륨	11	22.99	0.971	97.9	882.9	0.295
Ni	니켈	28	58.68	8.85	1455	2450~2900	0.2077
Pb	납	82	207.21	11.341	327.43	1540±15	0.031
Pd	팔라듐	46	106.70	12.03	1554	4000	0.058(0°)
Pt	백금	78	195.23	21.43	1773.5	4410	0.032
Rh	로듐	45	102.91	12.44	1966±3	4500	0.059
Sb	안티몬	51	121.76	6.62	630.5	1440	0.0502
Se	셀렌	34	78.96	4.81	220±5	680	0.084
Si	규소	14	28.09	2.33	1414	3500	0.162(0°)
Sn	주석	50	118.70	7.298	231.84	2270	0.551

Te	텔루르	52	127.61	6.235	450±10	1390	0.047
Th	토륨	90	232.12	11.50	1800±150	3000	0.034
Ti	티탄	22	47.90	4.54	1800±22	3400	0.1125
U	우라늄	92	238.07	18.70	1133±2	−	0.028
V	바나듐	23	50.95	5.82	1725±50	3400	0.1153
W	텅스텐	74	183.92	19.26	3410±20	5930	0.0338
Zn	아연	30	65.38	7.133	419.46	906	0.0944
Zr	지르코늄	40	91.22	6.50	1530	2900	0.066

(4) 선팽창 계수 (coefficient of linear expansion)

어떤 물체의 온도가 1 ℃ 상승하였을 때 팽창된 길이와 원래의 길이와의 비를 말한다.

(5) 열전도율 (heat conductivity)

거리 1 cm에 대하여 1℃의 온도차가 있을 때 1 cm^{2}의 단면을 통하여 1초간에 전해지는 열량을 말하며 단위는 cal / cm^2·S·℃이며, 순도가 높은 금속일수록 열전도율이 좋다.

(6) 도전율 (conductivity)

전기저항의 역수로서 전기 전도도라고도 한다. 전기 저항은 공학적으로는 길이 1 m, 단면적 1 mm^{2}의 선의 저항을 Ω (ohm)으로 나타낸 것이며, 이 저항을 고유 저항이라 한다.

(7) 금속과 합금의 색

순금속에서 금은 노란색이고 구리는 붉은 노란색으로 각각 특이한 색깔을 띠고 있으나, 일반적으로 순금속은 흰색 계통의 것이 많다. 합금의 색은 그 성분 금속의 어느 한 쪽과 유사하든지 또는 그 중간색으로 되는 것이 보통이다.

순금속이 합금의 색에 미치는 영향은 그 종류에 따라 다르며, 금속의 색깔을 탈색하는 힘이 큰 것부터 작은 순서로 나타내면 다음과 같다.

Sn−Ni−Al−Mn−Fe−Cu−Zn−Pt−Ag−Au

(8) 자성(磁性)

철을 자기장 (magnetic field) 속에 놓으면 유도작용에 의하여 자기를 띠어 자석으로 자화되는 성질로서 상자성체와 반자성체가 있다.

(9) 융해 잠열 (melting latent heat)

금속 1g을 융해하는 데 필요한 열량을 말하며 표 1-3은 금속의 융해 잠열을 나타낸 것이다.

표 1-3 금속의 융해 잠열

금 속	융해잠열 (cal/g)	금 속	융해잠열 (cal/g)	금 속	융해잠열 (cal/g)
Al	94.6	Ni	74	Mg	86
Co	58.4	전해철	65	Mn	64
Cu	50.6	주 철	23	Sn	14.5
Sb	38.3	Ag	25	Bi	13
Zn	24.09	Au	16.1	Pb	6.3
Pt	27	Cd	13.2		

2-3 화학적 성질

화학적 성질에는 내열성, 내식성 등이 있다.

2-4 제작상 성질

제작상 성질에는 주조성, 단조성, 용접성, 절삭성 등이 있다.

3. 금속의 응고와 결정 구조

3-1 금속의 응고

(1) 금속을 용융 상태로 만든 다음 냉각시켜 응고 온도 이하로 내려가면 용융 금속 중의 소수의 원자가 규칙적인 배열을 하면서 미세한 결정핵이 생성된다. 이와 같이 생성된 결정핵이 결정의 종류에 따라 특유의 결정면을 형성하면서 주위에서 성장하여 온 다른 결정과 접촉할 때까지 계속 성장하여 결정립계(grain boundary)를 형성하게 되는데 이러한 결정을 수지상 결정(dendrite crystal)이라 한다. 결정 경계에서는 충돌될 때까지 성장하여 최종적으로 이들이 서로 경계를 형성하여 그림 1-1과 같은 조직이 된다.

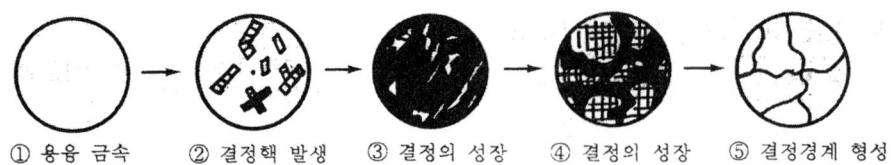

① 용융 금속   ② 결정핵 발생   ③ 결정의 성장   ④ 결정의 성장   ⑤ 결정경계 형성

그림 1-1 결정 성장 과정

(2) 용융된 금속이 냉각되어 결정을 만들 때 금속의 결정 입자의 크기는 금속의 종류와 불순물의 많고 적음에 따라서 달라지며, 또 같은 경우에도 냉각속도에 따라 다르다. 일반적으로 냉각속도가 빠르면 결정핵의 수가 많아지므로 결정 입자는 미세하게 되고, 냉각속도가 느리면 형성되는 핵의 수가 적으므로 결정입자는 커진다.

3-2 금속의 결정 구조

금속재료의 성질은 결정 입자의 성분, 조밀현상, 방향 및 합성 등의 결정 격자에 따라 달라진다. 금속이 결정 격자를 나타낼 때에는 단위 격자의 모양과 각 모서리의 길이로 나타내며 이들 각 모서리의 길이를 격자상수(lattice constant)라 하며, 격자상수는 각 금속에 따라 다르다.

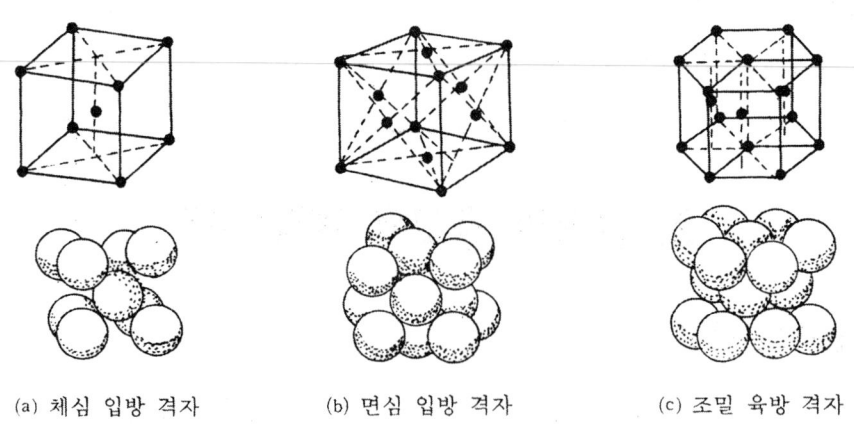

(a) 체심 입방 격자   (b) 면심 입방 격자   (c) 조밀 육방 격자

그림 1-2 결정 격자의 모형

(1) 체심 입방 격자(body-centered cubic lattice)

이 격자는 입방체의 각 모서리에 1개씩의 원자와 입방체의 중심에 1개의 원자가 존재하는 매우 간단한 결정 격자로 상온의 Fe과 W, Mo, V, Li 등이 있으며 강도가 크다.

(2) 면심 입방 격자 (face-centered cubic lattice)

이 격자는 입방체의 각 모서리와 면의 중심에 각각 1개씩의 원자가 있고, 이것들이 정연하게 쌓이고 겹쳐져서 결정을 만들며 Al, Cu, Au, Pb 등이 있으며 전성과 연성이 좋다.

(3) 조밀 육방 격자 (hexagonal close-packed lattice)

이 격자는 극히 조밀한 원자 구를 쌓아 놓은 것과 같으며 Zn, Mg, Cd, Co 등이 있으며 연성이 부족하다.

3-3 금속의 변태

온도가 높아짐에 따라 고체가 액체나 기체로 변화하는 것, 즉 같은 물질이 한 결정 구조에서 다른 결정 구조로 그 상이 변하는 것을 변태(transformation)라 하며, 변태가 일어나는 온도를 변태점이라 한다.

(1) 동소 변태

고체 상태에서 결정 구조가 외적 조건에 의하여 원자 배열이 변하는 것을 말하며, 변태가 온도의 변화에 의하여 일어날 때 동소 변태점이라 한다.

(2) 자기 변태

Fe, Co, Ni 등과 같이 강자성체인 금속을 가열하면, 어느 일정한 온도 이상에서 금속의 결정 구조는 변하지 않으나 자성을 잃어 상자성체로 변하는 데, 이와 같이 자성이 변하는 변태를 자기 변태라 하며 표 1-4는 대표적인 금속의 자기 변태를 나타내고 있다.

표 1-4 대표적인 금속의 자기변태

금 속	동 소 체	변태온도(℃)
Fe	강 α(B.C.C) → 상 α(B.C.C)	768
Ni	α(F.C.C) → β(F.C.C)	358
Co	β(F.C.C) → γ(F.C.C)	1120

4. 합 금

4-1 합 금

합금(alloy)이란 한 금속에 다른 금속 또는 비금속이 용입되거나 결합된 것을 말한다. 성분 금속의 선택 방법과 배합 비율에 따라 여러 가지 성질과 특징을 얻을 수가 있으며 특징은 다음과 같다.
① 경도가 증가한다.
② 용융점이 낮아진다.
③ 전기 전도율과 열전도율이 저하된다.
④ 성분을 이루는 금속보다 우수한 성질을 나타내는 경우가 많다.

4-2 고용체

한 성분의 금속 중에 다른 성분의 금속 또는 비금속이 혼합되어 용융 상태에서 합금이 되었을 때, 또는 고체 상태에서도 균일한 융합 상태로 되어 각 성분 금속을 기계적인 방법으로는 구분할 수 없을 때에 이것을 고용체(solid solution)라 한다.

(1) 침입형 고용체

성분 금속의 결정 격자 중에 다른 원자가 침입된 것을 말한다.

(2) 치환형 고용체

성분의 원자가 다른 성분 금속의 결정 격자의 원자와 위치가 바뀐 형식의 것을 말한다.

(3) 규칙 격자형 고용체

치환형 고용체 중에서 두 성분의 원자가 규칙적으로 치환된 배열을 가지는 것을 말한다.

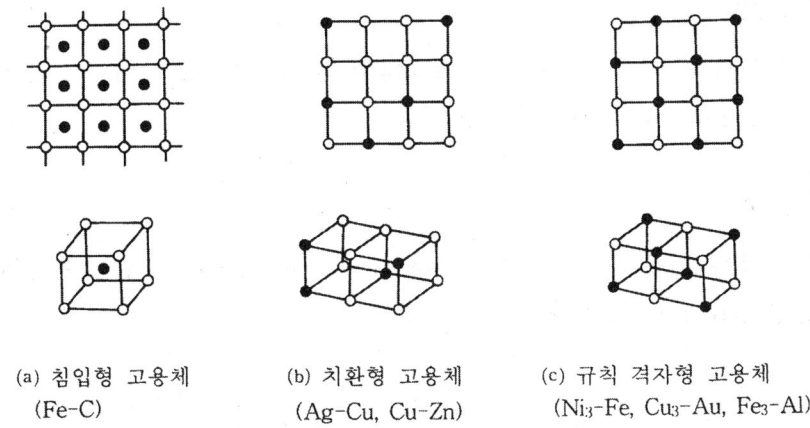

(a) 침입형 고용체　　(b) 치환형 고용체　　(c) 규칙 격자형 고용체
　　(Fe-C)　　　　　　(Ag-Cu, Cu-Zn)　　(Ni_3-Fe, Cu_3-Au, Fe_3-Al)

그림 1-3 고용체의 결정 격자

4-3 금속간 화합물

친화력이 큰 성분의 금속이 화학적으로 결합하면 각 성분 금속과는 현저하게 다른 성질을 가지는 독립된 화합물을 만드는 데, 이것을 금속간 화합물이라 한다 (예 Fe_3C).

4-4 합금되는 금속의 반응

(1) 공정 반응

2개의 성분 금속이 용융되어 있는 상태에서는 서로 융합되어 균일한 액체를 형성하고 있으나, 응고시 일정한 온도에서 액체로부터 두 종류의 성분 금속이 일정한 비율로 동시에 정출하여 나온 혼합된 조직을 형성할 때, 이를 공정(eutectic)이라 한다.

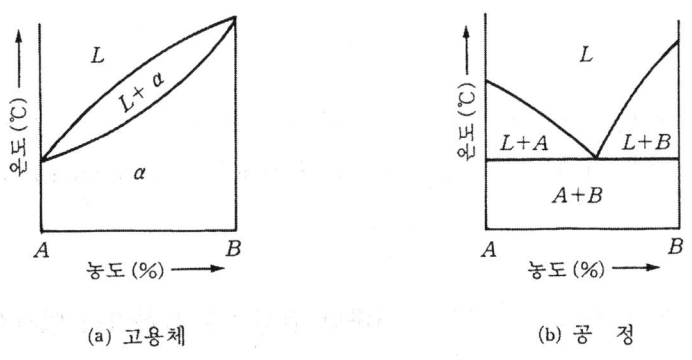

(a) 고용체　　　　　　(b) 공 정

그림 1-4 고용체와 공정

(2) 포정 반응

하나의 고체에 다른 융체가 작용하여 다른 고체를 형성하는 반응을 말하며, 이 때의 고체를 포정(peritectic)이라 한다.

(3) 편정 반응

하나의 액상에서 별개의 액상과 고용체를 동시에 생성하는 반응을 말하며 이 때의 결정을 편정(monotectic)이라 한다.

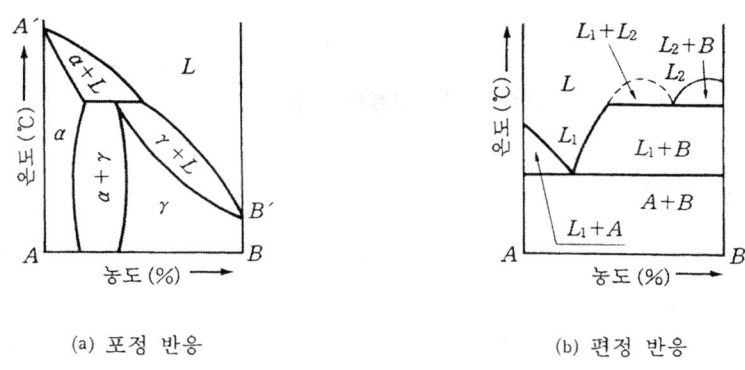

(a) 포정 반응   (b) 편정 반응

그림 1-5 상태도

5. 금속의 소성과 회복

5-1 소성변형과 탄성변형

(1) 소성변형

재료에 외력을 가했을 때 그 재료의 변형이 외력을 제거하여도 원상태로 돌아가지 않는 성질을 소성이라 하며, 이 변형을 소성변형(plastic deformation)이라 한다.

(2) 탄성변형

탄성 한계 이내에서 가해진 외력을 제거하면 원형으로 돌아가는 일시적인 변형을 탄성변형(elastic deformation)이라 한다.

5-2 소성변형의 기구

(1) 슬 립
금속의 결정에 힘을 가하면 결정 내의 일정면이 미끄럼을 일으켜 이동하는 것을 슬립(slip)이라 한다.

(2) 쌍 정
변형 전과 변형 후의 위치가 어떤 면을 경계로하여 대칭이 되는 것과 같은 변형을 하였을 때를 쌍정(twin)이라 한다.

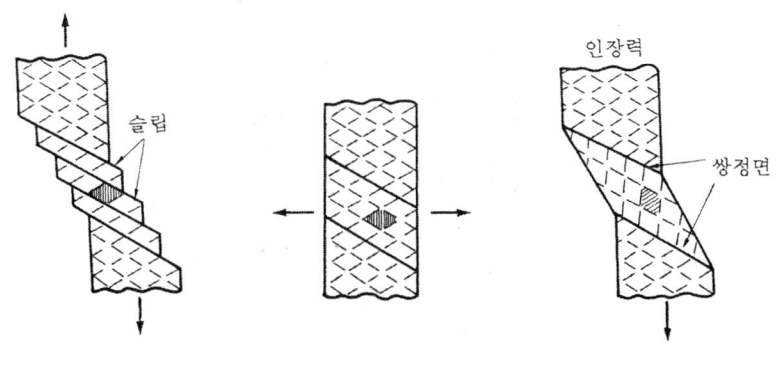

(a) 슬립에 의한 변형   (b) 소성 변형 전 상태   (c) 쌍정에 의한 변형

그림 1-6 소성 변형 설명도

(3) 전 위
금속의 결정 격자는 규칙적으로 배열되어 있는 것이 정상적이지만, 불완전하거나 결함이 있을 때 외력이 작용하면 불완전한 곳이나 결함이 있는 곳에서부터 이동이 생기게 된다. 이것을 전위(dislocation)라 한다.

5-3 소성가공과 금속의 성질 변화

소성을 가진 재료에 소성 변형을 주어 목적하는 제품을 만드는 기술을 소성 가공이라 하며 종류에는 단조(forging), 압연(rolling), 프레스(press), 압출(extrusion), 인발(drawing) 등이 있다.

금속을 재결정 온도보다 낮은 온도에서 소성 가공하는 것을 냉간가공(cold working)이라 하며, 이 온도보다 높은 온도에서 소성 가공하는 것을 열간가공(hot working)이라 한다. 일반적으로 열간가공은 냉간가공보다 용이하며, 대체로 공업적인 소성가공은 열간가공으로 시작하여 냉간가공에서 끝나는 것이 보통이다.

(1) 가공경화

금속을 냉간가공하면 결정립이 가공 방향으로 변형되면서 격자가 미끄러져 가공경화(work hardening)를 일으킨다. 이 때 그림 1-7과 같이 기계적 성질 중 경도 및 인장강도는 증가하나 연신율은 감소된다.

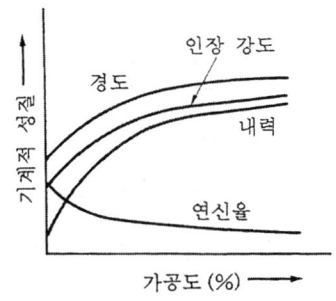

그림 1-7 냉간 가공에 따른 기계적 성질의 변화

(2) 시효경화

어느 종류의 금속이나 합금은 가공경화한 후부터 시간이 경과함에 따라 기계적 성질이 변화하나 나중에는 일정한 값을 나타내는 데 이러한 현상을 시효경화(age harden ing)라 한다.

(3) 인공시효

가열로서 시효경화를 촉진시켜 단시간 내에 완료시키는 것으로 인공적으로 시효경화를 촉진시켜 주는 것을 인공시효(artifical aging)라 한다.

5-4 금속의 회복과 재결정

(1) 금속의 회복 현상

냉간가공을 하면 가공경화가 일어나며 더 이상의 냉간가공이 불가능해진다. 이것을 연화, 풀림하면 재료의 성질이 회복되어 냉간가공하기 쉬운 상태로 된다. 일반적으로 가공한 재료를 고온으로 가열하면 다음과 같은 네 가지 현상이 일어난다.
 ① 내부 응력의 제거
 ② 연화
 ③ 재결정
 ④ 결정 입자의 성장

(2) 재결정과 입자의 성장

냉간가공할 금속을 재결정 온도 부근에서 적당한 시간 동안 가열하면 새로운 결정핵이 생겨 그 핵으로부터 새로운 결정 입자가 형성된다. 이것을 재결정(recrystallization)이라 하며, 재결정된 재료의 성질은 냉간가공 전의 성질에 가까워진다.

(3) 가공도와 재결정 온도

일반적으로 가공도가 큰 재료는 재결정이 낮은 온도에서 생기고, 가공도가 작은 재료는 재결정이 높은 온도에서 생긴다. 표 1-5는 가공도와 재결정 온도와의 관계를 나타낸 것이다.

표 1-5 주요 금속의 재결정 온도

금속원소	재결정 온도(℃)	금속원소	재결정 온도(℃)
Au	200	Al	150~240
Ag	200	Zn	5~25
Cu	200~300	Sn	-7~25
Fe	350~450	Pb	-3
Ni	530~660	Pt	450
W	1000	Mg	150

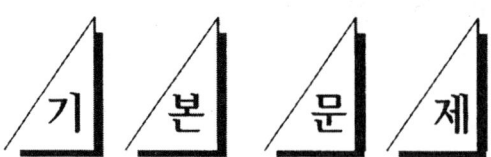

문제 1. 기계재료에 요구되는 일반적 성질에 대하여 설명하시오.

해설 ① 가공성 및 열처리 성질이 좋아야 한다.
② 소성, 주조성 및 표면 처리성이 좋아야 한다.
③ 경량화가 가능하여야 한다.
④ 안전성이 높아야 한다.
⑤ 재료의 보급과 대량 생산이 가능하며, 가격이 저렴하여야 한다.

문제 2. 금속이 기계재료로서 많이 사용되는 이유에 대하여 설명하시오.

해설 강도, 경도가 우수하며 가공 및 취급이 용이한 성질을 가지고 있으므로 기계재료의 대부분을 차지하고 있다.

문제 3. 기계재료의 성질에 대하여 설명하시오.

해설 ① 기계적 성질 : 강도, 경도, 연신율, 인성, 피로
② 물리적 성질 : 비중, 용융점, 비열, 선팽창 계수, 열전도율
③ 화학적 성질 : 내열성, 내식성
④ 제작상 성질 : 주조성, 단조성, 용접성, 절삭성

문제 4. 금속 원자의 격자 상수에 대하여 설명하시오.

해설 금속 결정 구조를 표시할 때 단위의 각 모서리의 길이를 격자 상수(lattice constant)라 한다.

문제 5. 합금에 대하여 설명하시오.

해설 1개의 금속 원소에 다른 1개 이상의 금속 또는 비금속 원소를 첨가하여 용융한 것으로 금속 성질을 가지는 것을 말한다.

문제 6. 고용체에 대하여 설명하시오.

해설 두 금속이 혼합되어 용융상태에서나 고체상태에서 금속을 기계적 방법으로 구분할 수 없을 때를 고용체라 하며, 고용체의 종류에는 침입형 고용체, 치환형 고용체, 규칙 격자형 고용체 등이 있다.

문제 7. 공정의 특징에 대하여 설명하시오.

해설 ① 응고구간에서 A금속 결정상과 B금속 결정상이 공존된다.
② 고상의 영역에서 B금속과 A금속이 성분 금속비로서 공정 (A+B)으로 조성된 혼합물이다.

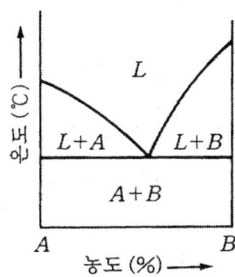

문제 8. 소성변형과 탄성변형의 차이점을 설명하시오.

해설 재료가 외력을 받아 가공변형이 될 경우에 재료 내부에 응력 (stress) 이 생긴다. 응력이 제거되었을 때 재료가 원상 복구하는 현상을 탄성변형이라 하고, 외력이 제거되어도 변형응력이 남는 현상을 소성 변형이라 한다.

문제 9. 슬립과 쌍정에 대하여 설명하시오.

해설 슬립 (slip) 은 미끄럼을 경계로하여 한 격자가 미끄러지는 데, 쌍정 (twin) 은 어느 측정의 면을 경사면으로 하여 한쪽의 결정이 회전을 일으키는 것과 같은 위치에 원자가 이동할 경우이다.

문제 10. 소성가공에 대하여 설명하시오.

해설 소성을 가진 재료에 소성변형을 주어 목적하는 제품을 만드는 기술을 소성가공이라 하며, 종류에는 단조, 압연, 프레스, 압출, 인발 등이 있다.

문제 11. 가공경화에 대하여 설명하시오.

해설 금속재료를 상온에서 해머(hammer)로 때리거나 당겨서 늘리면 강도와 경도는 증가하나 연성과 전성이 감소한다. 이와 같은 현상을 가공경화라고 한다.

문제 12. 재결정에 대하여 설명하시오.

해설 그림에서 경도가 급격히 감소되는 범위에서 재질이 연하게 되는 것은 상온 가공된 재료중에 새로운 결정핵이 생겨 그 핵으로부터 새로운 결정입자가 형성되는 것을 재결정이라 한다.

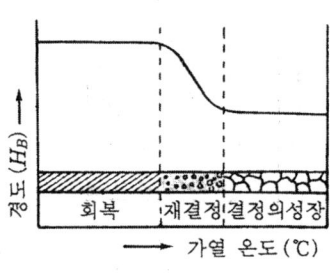

재결정온도

문제 13. 재결정 온도와 가공도와의 관계에 대하여 설명하시오.

해설 일반적으로 가공도가 큰 재료의 재결정은 낮은 온도에서 생기고, 가공도가 작은 것의 재결정은 높은 온도에서 생긴다.

문제 14. 동소변태에 대해 설명하시오.

해설 고체상태에서 결정구조가 외적 조건에 의하여 원자 배열이 변하는 것을 말하며, 온도의 변화에 의하여 일어날 때 동소변태점이라 한다.

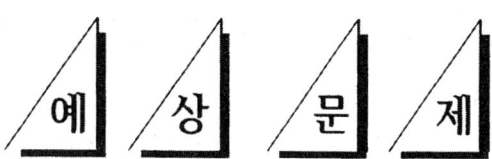

문제 1. 다음은 금속의 공통된 성질에 대한 설명이다. 틀린 것은?
㉮ 상온에서 고체이며 결정체이다.
㉯ 금속 고유의 색깔을 갖고 있다.
㉰ 비중 및 경도가 비교적 크다.
㉱ 전성과 연성이 커서 가공이 용이하다.
[해설] Hg는 상온에서 액체 상태이다.

문제 2. 경금속과 중금속을 구분하는 방법은?
㉮ 열전도율   ㉯ 비열
㉰ 비중   ㉱ 용융점
[해설] 비중 4.6을 기준으로 하여 4.6 이상을 중금속, 4.6 이하를 경금속이라 한다. Ti (4.51), Al (2.7), Be (1.85), Mg (1.74) 등은 경금속이며, Cu (8.9), Ni (8.9), Fe (7.87), Ir (22.5) 등은 중금속이다.

문제 3. 다음은 비중에 대한 설명이다. 틀린 것은?
㉮ 최소 비중은 Ir의 0.53이고 최대 비중은 Li의 22.5이다.
㉯ 일반적으로 단조한 것이 주조한 것보다 비중이 크다.
㉰ 비중 4.6을 기준으로 하여 경금속과 중금속으로 구분된다.
㉱ 어떤 물체의 무게와 4℃에 있어서 같은 부피의 물의 무게와의 비를 말한다.
[해설] 비중이 가장 작은 것은 Li으로 0.53이고, 가장 큰 것은 Ir으로 22.5이다.

문제 4. 다음 중 경금속으로 짝지워진 것은?
㉮ Ti, Na, K   ㉯ Hg, Al, Zn
㉰ Li, Be, Sn   ㉱ V, Ir, Ni

문제 5. 다음 중 비중이 큰 순서로 나열된 것은?
㉮ Ir-Ba-Ca-Cd
㉯ Co-Bi-Fe-Zn
㉰ Ir-Pt-W-V
㉱ Mg-Hg-Na-Ni

문제 6. 다음 중 금속의 물리적 성질만으로 짝지워진 것은?
㉮ 내열성, 내식성
㉯ 강도, 경도, 메짐성, 항복점
㉰ 주조성, 용접성, 절삭성
㉱ 비중, 비열, 자성, 융해 잠열
[해설] ① 기계적 성질 : 강도, 경도, 연신율, 인성, 전연성, 메짐성, 크리프
② 물리적 성질 : 비중, 용융점, 비열, 선팽창계수, 열전도율, 도전율
③ 화학적 성질 : 내열성, 내식성
④ 제작상 성질 : 주조성, 단조성, 용접성, 절삭성

문제 7. 다음 중 합금이 아닌 것은?
㉮ 황동   ㉯ 청동
㉰ 강   ㉱ 크롬

문제 8. 다음 중 기계적 성질에 속하지 않는

[해답] 1. ㉮ 2. ㉰ 3. ㉮ 4. ㉮ 5. ㉰ 6. ㉱ 7. ㉱ 8. ㉰

것은?
- ㉮ 크리프
- ㉯ 강도
- ㉰ 비열
- ㉱ 연신율

[해설] 비열은 물리적 성질이다.

문제 9. 재료에 외력을 가했을 때 잘 파괴되기 쉬운 성질은?
- ㉮ 크리프
- ㉯ 인성
- ㉰ 메짐성
- ㉱ 강도

[해설] 메짐성(brittleness): 취성과 같은 말로 주철과 같이 외력을 가하면 잘 부서지는 성질

문제 10. 다음 중 공기 중에서 자연 발화되는 금속은?
- ㉮ Na
- ㉯ Mg
- ㉰ Ni
- ㉱ Ce

문제 11. 다음 중 면심 입방 격자로만 된 것은?
- ㉮ Al, Ni, Cu
- ㉯ Pt, Pb, Fe
- ㉰ Ag, Au, W
- ㉱ Mg, Zn, Cd

[해설]
① 면심 입방 격자: Al, Ni, Cu, Ag, Au, Pb, Pt
② 체심 입방 격자: Fe, Na, Mo, W, V, Ba, Li
③ 조밀 육방 격자: Mg, Zn, Cd, Ti, Hg, Co 등이다.

문제 12. 면심 입방 격자의 귀속 원자수는 몇 개인가?
- ㉮ 2개
- ㉯ 4개
- ㉰ 6개
- ㉱ 8개

문제 13. 체심 입방 격자에서 격자상수를 a라 할 때 원자 반지름의 크기는?
- ㉮ $r = \sqrt{2}a$
- ㉯ $r = \sqrt{3}a$
- ㉰ $r = \dfrac{\sqrt{2}}{2}a$
- ㉱ $r = \dfrac{\sqrt{3}}{4}a$

문제 14. 다음 중 대표적인 결정 격자와 관계 없는 것은?
- ㉮ 체심 입방 격자
- ㉯ 면심 입방 격자
- ㉰ 조밀 육방 격자
- ㉱ 결정 입방 격자

문제 15. 체심 입방 격자의 귀속원자 수는?
- ㉮ 1개
- ㉯ 2개
- ㉰ 3개
- ㉱ 4개

문제 16. 면심 입방 격자의 원자 반지름은?
- ㉮ $\dfrac{\sqrt{2}}{4}a$
- ㉯ $\dfrac{\sqrt{3}}{4}a$
- ㉰ $\dfrac{\sqrt{3}}{5}a$
- ㉱ $\dfrac{\sqrt{2}}{5}a$

문제 17. 다음은 조밀 육방 격자의 중요 금속 원소이다. 틀린 것은?
- ㉮ Co
- ㉯ Mg
- ㉰ Zn
- ㉱ Ag

문제 18. 체심 입방 격자의 원자를 둘러싸는 원자수, 즉 배위수는 몇 개인가?
- ㉮ 2개
- ㉯ 4개
- ㉰ 6개
- ㉱ 8개

문제 19. 면심 입방 격자의 격자 내 원자의 충전율은?
- ㉮ 37%
- ㉯ 47%
- ㉰ 64%
- ㉱ 74%

문제 20. 금속의 가공성이 가장 좋은 격자는?
- ㉮ 조밀 육방 격자
- ㉯ 체심 입방 격자
- ㉰ 면심 육방 격자

[해답] 9. ㉰ 10. ㉮ 11. ㉮ 12. ㉯ 13. ㉱ 14. ㉱ 15. ㉯ 16. ㉮ 17. ㉱ 18. ㉱ 19. ㉱
20. ㉱

라 면심 입방 격자

해설 가공성이 좋은 순서는 면심 입방 격자, 체심 입방 격자, 조밀 육방 격자의 순이다.

문제 21. 다음 중 Fe, Cr, Mo, W의 결정 격자는?
가 체심 입방 격자
나 조밀 입방 격자
다 면심 입방 격자
라 정방 육방 격자

문제 22. 기계적 성질과 관계 없는 것은?
가 인장강도   나 비중
다 연신율   라 경도

문제 23. 어떤 금속 1g을 1℃ 올리는 데 필요한 열량을 무엇이라 하는가?
가 비중   나 용융점
다 비열   라 열전도율

해설 열전도율이란 길이 1cm에 대하여 1℃의 온도차가 있을 때 $1 cm^2$의 단면적을 통하여 1초 사이에 전달되는 열량을 말한다.

문제 24. 다음은 선팽창 계수가 큰 것들이다. 선팽창 계수가 가장 적은 것은?
가 Ir   나 Zn
다 Pb   라 Mg

해설 선팽창 계수란 어떤 물체의 온도가 1℃ 상승하였을 때 팽창된 길이와 원래의 길이와의 비를 말한다.

문제 25. 다음 중 열전도율이 가장 좋은 것은?
가 Ag   나 Cu
다 Au   라 Al

해설 열전도율이 큰 것부터 작은 것의 순서는 Ag-Cu-Au-Al-Zn-Ni-Fe의 순이다.

문제 26. 가공경화와 관계가 없는 작업은?

가 인발   나 단조
다 주조   라 압연

해설 가공경화(work hardening): 금속이 가공되면서 더욱 단단해지고 부서지기 쉬운 성질을 갖게 되는 것으로 대부분의 금속은 상온 가공에서 가공경화 현상을 일으킨다.

문제 27. 금속의 조직이 성장되면서 불순물은 어느 곳에 모이는가?
가 결정의 중앙   나 결정립 경계
다 결정의 모서리   라 결정의 표면

해설 금속중의 불순물은 용융 상태에 있어서 금속중에 잘 녹아 들어가며 결정립 경계에 많이 집합된다.

문제 28. 다음 금속 중 비중이 제일 큰 것은?
가 Ir   나 Ce
다 Ca   라 Li

해설 4℃의 물의 무게와 이와 같은 부피를 가진 물체의 무게와의 비를 비중이라 하며 Ir(22.5), Ce(6.9), Ca(1.55), Li(0.53) 이다.

문제 29. 다음 설명 중 틀린 것은?
가 열전도율이란 길이 1cm에 대하여 1℃의 온도차가 있을 때 $1 cm^2$의 단면적을 통하여 1초간에 전해지는 열량을 말한다.
나 비중이란 어떤 물체와의 무게와 같은 체적의 4℃ 때의 물의 무게와의 비율을 말한다.
다 베어링 재료는 열전도율이 적은 것이 좋다.
라 바이메탈이란 팽창계수가 다른 2개의 금속을 이용한 것이다.

문제 30. 다음 중 선팽창 계수가 큰 순서로 나열된 것은?
가 Mg-Zn-Pb   나 Pb-Mg-Zn

해답 21. 가 22. 나 23. 다 24. 가 25. 가 26. 다 27. 나 28. 가 29. 다 30. 다

㈐ Zn-Pb-Mg   ㈑ Mg-Pb-Zn

[해설] 선팽창 계수란 물체의 단위 길이에 대하여 온도가 1℃만큼 높아지는 데 따라 막대의 길이가 늘어나는 양을 말한다.

[문제] 31. 합금이 순금속보다 우수한 점은?
㈎ 강도가 줄고 연신율이 증가된다.
㈏ 열처리가 잘된다.
㈐ 용융점이 높아진다.
㈑ 열전도도가 높아진다.

[해설] 순금속보다 합금이 되면 다음 성질이 개선된다.
① 열처리가 잘 된다.
② 강도, 경도가 증가된다.
③ 내식성, 내마모가 증가된다.
④ 용융점이 낮아지는 등의 성질이 개선되지만 연성, 전성 가단성이 나빠지고, 전기 및 열의 전도도가 떨어지기도 한다.

[문제] 32. 금속의 자화강도가 감소되는 온도를 무엇이라 하는가?
㈎ 퀴리점   ㈏ 항복점
㈐ 변태점   ㈑ 응고점

[해설] 자기적 변태점을 퀴리점이라 한다.

[문제] 33. 금속의 결정 격자는 규칙적으로 배열되어 있는 것이 정상적이지만, 불완전한 것 또는 결함이 있을 때 외력이 작용하면 불완전한 곳 및 결함이 있는 곳에서부터 이동이 생기는 현상은?
㈎ 쌍정   ㈏ 전위
㈐ 슬립   ㈑ 가공

[해설] ① 슬립(slip): 외력이 작용하여 탄성한도를 초과하며 소성변형을 할 때, 금속이 갖고 있는 고유의 방향으로 결정 내부에서 미끄럼 이동이 생기는 현상을 말한다.
② 쌍정(twin): 슬립 중의 한 개의 양상에 속하는 것으로 변형 후에 어떤 경계선을 기준으로 하여 대칭으로 놓이게 되는 현상을 말한다.
③ 전위(dislocation): 금속의 결정 격자중 결함이 있는 상태에서 외력을 가했을 때, 결함이 있는 곳으로부터 격자의 이동이 생기는 현상이다.

[문제] 34. 슬립에 대한 설명이다. 관계가 없는 것은?
㈎ 재료에 인장력이 작용할 때 미끄럼 변화를 일으킴
㈏ 슬립면은 원자 밀도가 조밀한 면 또는 그것에 가까운 면에서 일어나며 슬립방향은 원자 간격이 작은 방향
㈐ 재료에 인장력이 작용해서 변형 전과 변형 후의 위치가 어떤 면을 경계로 대칭적으로 변형한 것
㈑ 소성변형이 진행되면 저항이 증가하고 강도, 경도 증가

[문제] 35. 쌍정(twin)이 생기기 쉬운 원소로 알맞는 것은?
㈎ Sn   ㈏ Sb
㈐ Bi   ㈑ Cu

[해설] 쌍정은 황동을 풀림하였을 때 또는 연강을 저온에서 변형시켰을 때 나타난다.

[문제] 36. 전위에 관한 설명이다. 잘못된 것은?
㈎ 금속의 결정 격자가 불완전하거나 결함이 있을 때 외력이 작용하면 이곳으로부터 이동이 생기는 현상이다.
㈏ 전위에 의해 소성변형이 생긴다.
㈐ 전위에는 날끝 전위와 나사 전위가 있다.
㈑ 황동을 풀림했을 때나 연강을 저온에서 변형시켰을 때 흔히 나타난다.

[해설] 쌍정(twin)은 황동을 풀림했을 때나 연강을 저온에서 변형시켰을 때 흔히 볼 수 있다.

[해답] 31. ㈏ 32. ㈎ 33. ㈏ 34. ㈐ 35. ㈑ 36. ㈑

문제 37. 어느 부분이나 균일하고 불연속적이며 명확하게 경계된 원자의 집합상태를 무엇이라 하는가?
㉮ 전위　　㉯ 상
㉰ 계　　　㉱ 결정

해설 고체 상태에서는 온도에 따라 결정 격자가 다른 상태로 존재하는 데, 이와 같은 각 물질의 상태를 상(phase)이라 한다. 순금속은 하나의 상으로 된 결정 입자의 집합체이나, 합금은 하나의 상으로 된 것과 두 가지 이상의 상이 공존한 결정 입자의 집합체이다.

문제 38. 다음 중 텅스텐의 용융온도는?
㉮ 3804℃　　㉯ 1800℃
㉰ 1966℃　　㉱ 3410℃

해설 텅스텐(tungsten) : 비중 19.26, 융점 3410℃인 중금속으로 강회색이다. 초경합금의 주요 성분이며, 내열강과 고속도강에도 없어서는 안 될 요소이다. 전구의 필라멘트 제조 등에 널리 쓰인다.

문제 39. 합금이 특성 중 틀린 것은?
㉮ 강도, 경도가 증가
㉯ 내열, 내산성이 증가
㉰ 용융점이 높아짐
㉱ 전기저항이 증가

문제 40. 금속의 응고 순서가 맞는 것은?
㉮ 결정핵 발생 → 결정의 성장 → 결정경계 형성
㉯ 결정핵 발생 → 결정경계 형성 → 결정의 성장
㉰ 결정경계 형성 → 결정핵 발생 → 결정의 성장
㉱ 결정의 성장 → 결정핵 발생 → 결정경계 형성

문제 41. 금속의 변태에서 온도의 변화에 따라 원자배열의 변화, 즉 결정 격자만이 바뀌는 것은?
㉮ 자기변태　　㉯ 동소변태
㉰ 동소변화　　㉱ 자기변화

해설 동소변태와 자기변태는 금속의 내부에서 생기는 변태이므로, 변태점을 경계로 하여 성질이 변화한다.

문제 42. 고용체를 형성하는 결정격자가 아닌 것은?
㉮ 침입형 고용체
㉯ 치환형 고용체
㉰ 규칙격자형 고용체
㉱ 배치형 고용체

해설 ① 침입형 고용체 : 어떤 성분 금속의 결정격자 중에 다른 원자가 침입된 것
② 치환형 고용체 : 어떤 성분의 원자가 다른 성분 금속의 결정격자의 원자와 위치가 바뀐 형식의 것
③ 규칙격자형 고용체 : 두 성분의 원자가 규칙적으로 치환된 배열을 가지는 것

문제 43. 어떤 성분의 원자가 다른 성분 금속의 결정격자의 원자와 위치가 바꾸어지는 형식의 고용체는?
㉮ 침입형 고용체
㉯ 치환형 고용체
㉰ 규칙격자형 고용체
㉱ 배치형 고용체

문제 44. 고용체 상태에서 찾아 볼 수 없는 것은?
㉮ 강도 증가　　㉯ 경도 증가
㉰ 전연성 증가　㉱ 변형 증가

해설 고용체는 단일 금속의 결정에 비하여 큰 변형이 생기므로 가공 변형이 어렵게 되고, 또 합금으로서 강도와 경도가 크게 된다.

해답 37. ㉯　38. ㉱　39. ㉰　40. ㉮　41. ㉯　42. ㉱　43. ㉯　44. ㉰

문제 45. 침입형 고용체에 용해되는 원소가 아닌 것은?
㉮ Si ㉯ C
㉰ Cr ㉱ H

[해설] 침입형 고용체에 용해되는 원소로는 Si, C, H, N, B가 있다.

문제 46. 고용체 상태에서 금속의 기계적 성질은 어떠한 현상을 나타내는가?
㉮ 전연성 증가 ㉯ 변형 증가
㉰ 강도 증가 ㉱ 경도 증가

[해설] 고용체에서는 가공이 어렵고 합금으로서 경도, 강도가 증가하며, 단일 금속의 결정에 비하여 큰 변형이 생긴다.

문제 47. 다음은 깁스의 일반계의 상률이다. 옳은 것은?
㉮ $n+2-P$ ㉯ $n-2+P$
㉰ $n+2+P$ ㉱ $n-2-P$

문제 48. 결정입자의 크기는 다음과 같은 영향에 따라 다르다. 아닌 것은?
㉮ 금속의 종류 ㉯ 불순물의 포함량
㉰ 냉각속도 ㉱ 시간의 경과

[해설] 금속의 결정입자의 크기는 금속의 종류와 불순물이 많고 적음에 따라 달라지는데, 이것들이 같은 경우라도 냉각속도의 영향을 받는다. 일반적으로 냉각속도가 빠르면 결정핵의 수가 많아지므로 결정입자는 미세하게 되고 냉각속도가 느리면 형성되는 핵의 수가 적으므로 결정입자는 커진다.

문제 49. 결정입자의 크기는 얼마 정도인가?
㉮ 0.1~0.01 mm ㉯ 0.01~0.05 mm
㉰ 0.05~0.07 mm ㉱ 0.07~0.09 mm

문제 50. 주형에 쇳물을 주입할 때 나타나는 결정은?
㉮ 주상 결정 ㉯ 수상 결정
㉰ 결정체 ㉱ 결정 경계

[해설] 쇳물은 온도가 높은 중심 부분보다 온도가 낮은 금속 주형 표면에서부터 응고하기 시작하여 중심방향으로 각 결정이 성장하게 되므로 금속 주형면에서 중심부로 향하여 방사상의 주상결정이 된다.

문제 51. 결정 격자를 이루면서 나뭇가지 같은 형상으로 성장하는 것을 무엇이라고 하는가?
㉮ 재결정 ㉯ 수지상 결정
㉰ 결정 경계 ㉱ 결정 격자

[해설] 금속을 용융온도보다 높은 온도로 가열하여 용융 상태로 만든 다음 냉각시켜 응고 온도 이하로 내려가면, 용융금속중의 소수의 원자가 규칙적인 배열을 하면서 작은 결정핵이 생성된다. 이와 같이 생성된 결정핵은 계속 성장하여 결정립계를 형성하게 되는데 이러한 결정을 수지상 결정이라 한다.

문제 52. 물질을 구성하고 있는 원자가 규칙적으로 배열되어 있는 것은?
㉮ 결정체 ㉯ 결정 입자
㉰ 결정 격자 ㉱ 결정 경계

문제 53. 단위포의 입체적인 3축 방향의 길이 a, b, c를 무엇이라 하는가?
㉮ 격자 상수 ㉯ 단위포
㉰ 결정 격자 ㉱ 결정 경계

[해설] ① 결정 경계 : 결정입자 사이의 경계
② 결정격자 : 결정입자의 배열
③ 격자상수 : 결정격자의 각 모서리의 길이

문제 54. 격자상수란 무엇인가?
㉮ 격자를 이루고 있는 분자의 수
㉯ 격자의 단위 체적상의 원자의 수
㉰ 결정체

[해답] 45. ㉰ 46. ㉯ 47. ㉮ 48. ㉱ 49. ㉮ 50. ㉮ 51. ㉯ 52. ㉮ 53. ㉮ 54. ㉱

라 단위포 한 모서리의 길이

해설 격자상수(lattice constant) : 결정 내에서 이루어지고 있는 원자배열 중 소수의 원자를 택해서 그 중심을 연결하여 간단한 기하학적 형태를 만들어 이것을 단위격자 또는 단위포라 하며, 이것의 한 변의 길이를 격자상수라 한다.

문제 55. 금속의 결정 입자의 크기와 관계 없는 것은?
가 결정핵 간의 간격
나 금속의 종류
다 냉각속도
라 결정격자

해설 용융상태의 금속을 냉각시킬 때 결정입자의 크기는 ① 금속의 종류, ② 냉각속도, ③ 불순물, ④ 결정핵 간의 간격에 의하여 결정된다. 냉각속도가 빠르면 결정핵이 많아지며 결정입자가 미세화 된다.

문제 56. 결정입자의 크기와 형상에 관한 설명 중 틀린 것은?
가 결정입자의 크기는 금속의 종류와 불순물의 함량에 따라서 다르다.
나 냉각속도가 빠르면 결정핵의 수가 많아진다.
다 결정핵의 수는 각각의 결정핵간의 간격, 결정축의 방향 등이 있는 각각의 장소에 따라 다르다.
라 불순물의 결정을 방지하기 위하여 모서리를 직각이 되게 한다.

해설 냉각속도가 느리면 형성되는 핵의 수가 적으므로 결정입자들은 커지며, 결정형상을 방지하기 위하여 모서리를 둥글게 하는데 이것을 라운딩(rounding)이라 한다.

문제 57. 다음 중 회백색을 한 금속은?
가 Ni
나 Fe
다 Cu
라 Pb

해설 Ni, Fe은 은백색이고, Cu는 붉은 노란색이며 Zn은 회백색이다.

문제 58. 다음 중 금속의 색깔을 탈색하는 힘이 제일 큰 것은?
가 Zn
나 Sn
다 Fe
라 Cu

해설 금속의 색깔을 탈색하는 힘이 큰 것부터 작은 순서는 Sn-Ni-Al-Mn-Cu이다.

문제 59. 다음 중 호이슬러 합금(heusler's alloy)으로 짝지워진 것은?
가 Cu, Mn, Al
나 Co, Mg, Zn
다 Fe, Cr, Mo
라 Pb, Ag, Au

해설 강자성체로 1901년 F. Heusler가 발견한 합금이다.

문제 60. 다음은 고용체에 대한 설명이다. 틀린 것은?
가 침입형 고용체는 원자 반지름의 차이가 클 때 생긴다.
나 침입형 고용체에 용해되는 원소는 Si, C, H, N 등이다.
다 각 성분 금속을 기계적인 방법으로 구분할 수 없을 때 고용체라 한다.
라 결정격자에는 침입형, 치환형, 규칙격자형 고용체가 있다.

해설 침입형 고용체는 원자 반지름의 차이가 작을 때 생긴다.

문제 61. 결정격자의 크기를 나타내는 상수의 크기는?
가 μ
나 mm
다 Å
라 dm

문제 62. 포정반응에 대한 설명이다. 맞는 것은?

해답 55. 라 56. 라 57. 라 58. 나 59. 가 60. 가 61. 다 62. 가

㉮ 하나의 고체에서 다른 액체가 작용하여 다른 고체를 형성하는 반응
㉯ 2종 이상의 물질이 고체상태로 완전히 융합되는 것
㉰ 하나의 액체에서 고체와 다른 종류의 액체를 동시에 형성하는 반응
㉱ 하나의 액체를 어떤 온도로 냉각시키면서 동시에 2개 또는 그 이상의 종류의 고체를 생기게 하는 반응

문제 63. 액체로부터 고체의 결정이 생성되는 현상은?
㉮ 포정   ㉯ 석출
㉰ 응고   ㉱ 정출

문제 64. 고용체로부터 고체가 나오는 것은?
㉮ 석출   ㉯ 정출
㉰ 공정   ㉱ 공석

문제 65. 금속과 금속 사이의 친화력이 클 때에는 화학적으로 결합하여 성분 금속과는 다른 성질을 가지는 독립된 화합물을 만드는 것을 무엇이라 하는가?
㉮ 공정 상태   ㉯ 고용체 상태
㉰ 금속간 화합물   ㉱ 공석 상태

[해설] 금속간 화합물을 만드는 합금은 다음과 같다.

합금명	금속간 화합물
탄소강, 주철	Fe_3C
청동	Cu_4Sn, Cu_3Sn
알루미늄 합금	$CuAl_2$
마그네슘 합금	Mg_2Si, $MgZn_2$

문제 66. 다음은 금속간 화합물에 대한 설명이다. 틀린 것은?

㉮ 메지고 굳기 때문에 공구재료로 사용된다.
㉯ 합금 성분비는 간단한 원자비로 되어 있다.
㉰ Fe_3C는 탄소강이나 주철 중에 있는 금속간 화합물로 마텐자이트라 불린다.
㉱ $CuAl_2$는 용매 Al에 Cu를 첨가하여 합금한 것으로 두랄루민 합금이다.

[해설] Fe_3C는 탄소강이나 주철 중에 있는 금속간 화합물로 시멘타이트라 불린다.

문제 67. 금속간 화합물의 성질을 설명한 것 중 틀린 것은?
㉮ 결정격자가 복잡하다.
㉯ 경도가 크다.
㉰ 소성변형을 시킬 수 있다.
㉱ 비금속 성질에 가깝다.

[해설] 메지고 굳기 때문에 소성변형이 불가능하다.

문제 68. 일정한 온도에서 하나의 고용체로부터 두 종류의 고체가 일정한 비율로 동시에 석출되어 생긴 혼합물은?
㉮ 공정   ㉯ 공석
㉰ 석출   ㉱ 정출

[해설] 2개의 성분 금속이 용융되어 있는 상태에서는 서로 융합되어 균일한 액체를 형성하고 있으나, 응고시 일정한 온도에서 액체로부터 두 종류의 성분 금속이 일정한 비율로 동시에 정출하여 나온 혼합된 조직을 형성할 때, 이를 공정이라 한다.

문제 69. 두 금속이 용융상태에서 온도의 강하에 따라 이들 금속 중 한 가지가 고체로 변화해서 나오게 되는데 이런 현상을 무엇이라 하는가?
㉮ 초석   ㉯ 석출

[해답] 63. ㉱   64. ㉮   65. ㉰   66. ㉰   67. ㉰   68. ㉯   69. ㉰

㈐ 정출 ㈑ 공석

문제 70. 금속이나 합금이 응고할 때 불순물로 인하여 처음에 응고하는 것은 대체로 균질하지만 응고가 진행됨에 따라 불순물이 많아지는 현상을 무엇이라 하는가?
㈎ 초석 ㈏ 기공
㈐ 편석 ㈑ 정출

문제 71. 다음 중 금속이 고체상태에서 전기전도도가 좋은 이유는?
㈎ 고체상태에서 결정구조를 갖고 있기 때문이다.
㈏ 비중이 비교적 크기 때문이다.
㈐ 자유 전자를 갖고 있기 때문이다.
㈑ 변태점을 갖고 있기 때문이다.

문제 72. 다음은 금속의 부식에 대한 설명이다. 틀린 것은?
㈎ 대기 중에 습기가 많을수록 일어나기 쉽다.
㈏ 공장지대는 더욱더 부식을 촉진시킨다.
㈐ 부식 생성물의 성질은 부식의 진행과 관계가 없다.
㈑ 염분은 부식을 촉진시킨다.

[해설] Al, Ni, Cu 등의 부식 생성물은 회고 치밀한 피막을 만들어 내부를 보호하므로 부식은 그 이상 진행하지 않지만, Fe은 부식에 의해 생긴 녹이 습기를 흡수하기 때문에 부식이 촉진된다. 또한 공장지대에 존재하는 이산화황, 황화수소, 염산, 암모니아가스도 부식을 촉진시킨다.

문제 73. 다음 금속 중 강자성체에 속하는 것은?
㈎ Co ㈏ Cu
㈐ Hg ㈑ Ag

[해설] 금속에 자석의 극과 반대의 극이 생겨서 서로 잡아당기는 금속을 상자성체라 하고, 같은 극이 생겨서 반발하는 금속을 반자성체라 한다. Fe, Ni, Co, Pt, Mn, Al 등은 상자성체이며, Bi, Sb, Au, Hg, Cu 등은 반자성체이다. 이들 자성체 금속 중에서 자화강도가 큰 Fe, Ni, Co 등을 특히 강자성체라 한다.

문제 74. 다음 중 금속기호의 표기법 중 틀린 것은?
㈎ MMg : 마그네슘 합금
㈏ AlB : 알루미늄 청동
㈐ SiMn : 실리콘 망간
㈑ ZnA : 아연 합금

[해설] 재료기호는 KS ① 재질, ② 규격명 또는 제조방법 ③ 종별의 3개 부분으로 되어 있다.

문제 75. 다음 중에서 변형률에 속하는 것은?
㈎ 탄성률 ㈏ 항복률
㈐ 연신율 ㈑ 영률

문제 76. 금속에 고온으로 장시간 일정한 인장하중을 가하면 시간과 더불어 변형도가 증가되는 현상을 무엇이라 하는가?
㈎ 석출 ㈏ 공석
㈐ 공정 ㈑ 크리프 현상

문제 77. 금속과 전해질 사이에서 이온의 치환 또는 금속의 국부적인 전위차로 생기는 부식은?
㈎ 물리적 부식 ㈏ 전기화학적 부식
㈐ 인공 부식 ㈑ 자연 부식

[해설] 금속의 상온에서의 부식은 대부분 전기화학적인 것이다. 이것은 금속의 표면에 국부 전지를 형성하여 전류가 흐르기 때문이다.

문제 78. 다음 중 틀린 설명은?
㈎ 금속은 온도가 상승하면 팽창한다.

[해답] 70. ㈐ 71. ㈐ 72. ㈎ 73. ㈎ 74. ㈎ 75. ㈐ 76. ㈑ 77. ㈏ 78. ㈐

㉯ 물질의 상에 변화가 생기면 성질의 변화가 생긴다.
㉰ 금속의 전기저항은 온도상승에 따라 감소하고 변태점에서는 변화가 없다.
㉱ 결정격자의 변화 또는 자성의 변화를 변태라고 한다.

문제 79. 그라인더 불꽃시험에서 탄소강의 탄소량 증가에 따른 불꽃의 가지는 어떻게 변하는가?
㉮ 점차 많아진다.　㉯ 관계없다.
㉰ 일정하다.　　　㉱ 점차 작아진다.

문제 80. 다음은 스테인리스강의 부식 시험 방법을 연결한 것이다. 이 중에서 널리 쓰이지 않는 것은?
㉮ 휴이 (huey)　　㉯ 스트라우스 아본
㉰ HNO_3-HF　　㉱ H_3PO_4

해설 스테인리스강의 대표적인 부식 시험은 다음 표와 같으며, 이 중에서도 특히 ㉮항과 ㉯항의 시험이 널리 쓰인다.

시험	용액의 조정	시험온도	시험주기 (시간)	통상의부식측정법
① 휴이	65% HNO_3	비등점	5~48	중량감소
② 스트라우스아본	①50g $CuSO_4$·$5H_2O$ 50cc H_2SO_4 420cc 증류수 ②13g $CuSO_4$·$5H_2O$ 47cc H_2SO_4를 증류수에 의하여 1ℓ로 희석	비등점	72~1000	굽힘시험
③ HNO_3-HF	10~15% HNO_3+3% HF	약 80℃	1.2~4	중량감소
④ H_3PO_4	85% H_3PO_4	비등점	24	중량감소

문제 81. 규산도 (silicate degree)란?

㉮ $\dfrac{산화규소의 \ 양}{염기성 \ 분량}$

㉯ $\dfrac{산성 \ 성분 \ 중의 \ 산소량}{염기성 \ 성분의 \ 산소량}$

㉰ $\dfrac{염기성 \ 성분의 \ 산소량}{산화규소의 \ 양}$

㉱ $\dfrac{산화규소의 \ 양}{염기성 \ 성분 \ 중의 \ 산소량}$

문제 82. 다음 중 고유저항 값이 가장 적은 것은?
㉮ Cu　　㉯ Fe
㉰ Hg　　㉱ Ni

해설 고유저항이 적을수록 도전율이 좋으며, 고유저항이 적은 것부터 큰 순서는 Ag-Cu-Au-Al-Zn-Ni-Fe-Pt의 순이다.

문제 83. 같은 물질이 다른 상으로 변하는 것을 무엇이라 하는가?
㉮ 변태　　㉯ 결정격자
㉰ 융해도　㉱ 변위

문제 84. 1차 고용체의 격자상수는 용질 원자의 원자 농도에 따라 직선적으로 변화하는 법칙을 무엇이라 하는가?
㉮ 호이슬러의 법칙　㉯ 오스몬드의 법칙
㉰ 퀴리의 법칙　　　㉱ 베가드의 법칙

문제 85. 2개 이상의 상이 존재할 때 이것을 불균일계라 하며 이것들이 안정한 상태에 있을 때 서로 다른 상들이 평형상태에 있다고 한다. 이 평형을 지배하는 법칙을 무엇이라 하는가?
㉮ 성분　㉯ 성질
㉰ 상률　㉱ 위상

문제 86. 다음 중 고용융점 금속은?

해답　79. ㉮　80. ㉱　81. ㉯　82. ㉮　83. ㉮　84. ㉱　85. ㉰　86. ㉱

㉮ Cu ㉯ Hg
㉰ Mg ㉱ Mo

[해설] 용융점이 제일 높은 것은 W으로 3410℃이고, 제일 낮은 것은 Hg으로 −38.4℃이다. Mo은 2610℃로 고용융점 금속이다.

문제 87. 금속의 결정격자에서 최소의 결정단위는?
㉮ 단위세포   ㉯ 체심 입방 격자
㉰ 면심 입방 격자 ㉱ 조밀 육방 격자

문제 88. Fe−C 상태도에서 (L)+$\alpha \to \gamma$ 로 변화반응은?
㉮ 공정 (변화) 반응   ㉯ 포정 (변화) 반응
㉰ 공석 (변화) 반응   ㉱ 편정 (변화) 반응

문제 89. 외력을 가해 경도, 강도를 주는 가공법은?
㉮ 가공 경화   ㉯ 표면 경화
㉰ 시효 경화   ㉱ 열간 경화

[해설] 소성변형이 진행되면 슬립에 대한 저항이 점차 증가하고, 그 저항이 증가하면 금속의 경도와 강도도 증가한다. 이것을 변형에 의한 가공 경화라 한다.

문제 90. 다음 중 금속재료의 가공도와 재결정 온도의 관계를 가장 올바르게 나타낸 것은?
㉮ 가공도가 큰 것은 재결정온도가 높아진다.
㉯ 가공도가 큰 것은 재결정온도가 낮아진다.
㉰ 재결정 온도가 낮은 금속은 가공도가 작다.
㉱ 가공도와 재결정온도는 관계가 없다.

[해설] 가공도가 큰 재료는 재결정이 낮은 온도에서 생기고 가공도가 작은 재료는 재결정이 높은 온도에서 생긴다.

문제 91. 어느 온도에서 재료에 일정한 응력을 가할 때 생기는 변형량의 시간적 변화를 말하는 것은?
㉮ 피로   ㉯ 크리프
㉰ 이완   ㉱ 응력부식

문제 92. 다음 중 가공경화된 금속을 풀림처리할 때 회복단계에서 일어나는 현상은?
㉮ 내부응력의 감소
㉯ 연율의 급격한 저하
㉰ 새로운 결정립의 생성
㉱ 결정립의 성장

문제 93. 기계나 구조물에서는 반복하중을 받는 횟수가 많을 경우에는 극한 강도보다 훨씬 작은 값으로 파괴되는 경우가 있는데, 이것은 재료에 ( ) 현상이 생기기 때문이다. ( ) 안에 들어갈 적당한 용어는?
㉮ 피로   ㉯ 반복
㉰ $S-N$ ㉱ 크리프

문제 94. 용융 금속의 단위 체적 중에 생성한 결정핵의 수를 N, 성장속도를 G, 결정립의 크기를 S 라 할 때 옳은 식은?
㉮ $S = \dfrac{fG}{N}$ ㉯ $S = \dfrac{N}{fG}$
㉰ $S = f\dfrac{G}{N}$ ㉱ $S = f\dfrac{N}{G}$

문제 95. 금속의 응고를 촉진시켜 주기 위하여 하는 것은?
㉮ 접종   ㉯ 구상화
㉰ 금속의 이온화   ㉱ 상률

[해설] 접종이란 결정의 핵을 형성하기 위해서 합금 등을 첨가하여 조직이나 성질을 개선하는 것이다.

문제 96. 다음 금속재료의 성질 가운데 물리

[해답] 87. ㉮ 88. ㉱ 89. ㉮ 90. ㉯ 91. ㉯ 92. ㉮ 93. ㉮ 94. ㉰ 95. ㉮ 96. ㉰

적 성질이 아닌 것은?
㉮ 용해온도 ㉯ 용해잠열
㉰ 금속이 이온화 ㉱ 열전도율

문제 97. 금속의 응고에서 결정성장에 영향을 끼치는 요인이 아닌 것은?
㉮ 금속의 이온화
㉯ 금속의 표면장력
㉰ 금속의 점성 및 유동성
㉱ 금속의 결정 경계상에 작용하는 각종 힘

문제 98. 냉간 가공재의 기계적 성질 중 감소하는 것은?
㉮ 인장강도 ㉯ 경도
㉰ 연신율 ㉱ 피로한도
해설 냉간가공을 하면 결정내부의 저항이 크게 되어 가공경화하므로 경도와 강도는 증가하고 연신율은 감소한다.

문제 99. 금속 및 합금이 가공 후 시간의 경과와 더불어 기계적 성질이 변화하는 현상을 무엇이라 하는가?
㉮ 시효 경화 ㉯ 인공 시효
㉰ 냉간 가공 ㉱ 열간 가공
해설 인공 시효란 시효경화의 기간이 너무 길게 되므로 인공으로 시효 경화를 완료시키기 위하여 약 100~200℃로 높여 주는 방법이다.

문제 100. 재결정 온도 이상에서 소성 가공하는 것을 무엇이라 하는가?
㉮ 냉간 가공 ㉯ 열간 가공
㉰ 상온 가공 ㉱ 저온 가공
해설 금속가공에 있어 재결정 온도를 기준으로 재결정 온도 이하의 가공을 냉간가공, 그 이상의 온도에서 가공하는 것을 열간 가공이라 한다.

문제 101. 피니싱 온도는 무엇이 끝나는 오도인가?
㉮ 열처리 ㉯ 재결정
㉰ 고온가공 ㉱ 상온가공
해설 열간가공을 끝내는 온도를 피니싱 온도 (finishing temperature)라 하며, 가공완료한 다음 그 자신이 가진 열로써 연화되는 최저의 온도로 정하는 것이 좋다.

문제 102. 다음 중 재결정에 대한 설명으로 옳지 않은 것은?
㉮ 변형된 결정 입자가 완전한 재결정 조직이 되기 위해서는 특정한 온도에서 일정 시간 동안 유지되어야 한다.
㉯ 금속 및 합금의 재결정 온도는 그 종류에 따라 다르다.
㉰ 가공도가 클수록 재결정 온도는 높다.
㉱ 가공 전의 결정 입자가 미세할수록 재결정 온도는 낮아진다.
해설 가공도가 큰 재료는 낮은 온도에서, 가공도가 작은 재료는 높은 온도에서 재결정이 이루어지며, 가공도가 큰 재료는 결정핵이 생기기 쉽고, 가공도가 작은 재료는 결정핵의 발생이 적다.

문제 103. 강의 재결정 온도에서 영향을 미치는 요인이 아닌 것은?
㉮ 가공도
㉯ 재료의 규격
㉰ 가열 시간
㉱ 가공 전 결정입자 상태

문제 104. 상온가공에서 가공도가 크면 금속 재료의 성질은 어떻게 되는가?
㉮ 재결정이 쉽게 이루어 진다.
㉯ 경도가 감소한다.
㉰ 연신율이 증가한다.

해답 97. ㉮ 98. ㉰ 99. ㉮ 100. ㉯ 101. ㉰ 102. ㉰ 103. ㉯ 104. ㉮

라 결정핵의 생성이 어려워진다.

해설 가공도가 큰 재료는 새로운 결정핵이 생기기 쉬우므로, 재결정이 낮은 온도에서 생긴다.

문제 105. 금속재료를 상온가공하면 어떻게 되는가?
- 가 경도, 강도가 증가하며 연신율은 감소한다.
- 나 경도, 강도가 감소하며 연신율은 증가한다.
- 다 경도, 강도, 연신율 등이 감소한다.
- 라 경도, 강도, 연신율 등이 증가한다.

해설 금속재료를 상온가공하면 재결정온도는 낮아진다.

문제 106. 열간가공과 냉간가공의 한계를 결정 짓는 것은?
- 가 풀림 온도
- 나 변태 온도
- 다 재결정 온도
- 라 결정 입자의 성장 온도

문제 107. 철의 재결정 온도는 몇 ℃인가?
- 가 250~350℃
- 나 350~450℃
- 다 530~600℃
- 라 200℃

문제 108. 금속재료의 가공도와 재결정 온도와의 관계 중 맞는 것은?
- 가 재결정 온도가 높으면 가공도도 높다.
- 나 가공도가 큰 것은 재결정 온도가 높아진다.
- 다 가공도는 재결정 온도와는 관계없고 가공형식에 따라 달라진다.
- 라 가공도가 큰 것은 재결정 온도가 낮아진다.

문제 109. 다음 중 재결정 온도가 가장 낮은 것은?
- 가 Au
- 나 Ag
- 다 Pb
- 라 Pt

문제 110. 다음 중 소성가공이 아닌 것은?
- 가 단조
- 나 압출
- 다 주조
- 라 인발

문제 111. 알루미늄의 재결정 온도는?
- 가 150~240℃
- 나 250~300℃
- 다 300~350℃
- 라 350~400℃

해설 주요 금속의 재결정 온도는 다음과 같다.

금속원소	재결정 온도(℃)	금속원소	재결정 온도(℃)
Au	200	Al	150~240
Ag	200	Zn	5~25
Cu	200~300	Sn	-7~25
Fe	350~450	Pb	-3
Ni	530~660	Pt	450
W	1000	Mg	150

문제 112. 다음 중 시효경화성이 있는 것은?
- 가 두랄루민
- 나 Co
- 다 Ag
- 라 Au

문제 113. 프레스 가공에서 중요한 성질은
- 가 취성
- 나 전성
- 다 연성
- 라 소성

해설 재료가 외력에 의해 변형되는 성질을 소성이라 하고, 이 성질을 이용한 변형을 소성변형이라 한다.

문제 114. 금속은 가공경화할 직후부터 시간의 경과와 더불어 기계적 성질이 변화하나 나중에는 일정한 값을 나타낸다. 이런 현상은 무엇인가?

해답 105. 가 106. 다 107. 나 108. 라 109. 다 110. 다 111. 가 112. 가 113. 라 114. 나

㉮ 가공 경화 ㉯ 시효 경화
㉰ 인공 시효 ㉱ 재결정

문제 115. 다음 중 시효 경화를 일으키기 쉬운 금속이 아닌 것은?
㉮ 니켈   ㉯ 강철
㉰ 황동   ㉱ 두랄루민

문제 116. 가열로서 시효 경화를 촉진시키는 것을 무엇이라 하는가?
㉮ 가공 시효 ㉯ 자연 시효
㉰ 인공 시효 ㉱ 청열 시효

문제 117. 가공 경화된 재료를 어떤 온도까지 가열하면 가공전의 연한 상태로 돌아가는 현상을 무엇이라 하는가?
㉮ 풀림   ㉯ 재결정
㉰ 조질   ㉱ 편석

문제 118. 황동을 풀림하거나 또는 연강을 저온에서 변형시켰을 때 흔히 볼 수 있는 것은?
㉮ 회복   ㉯ 슬립
㉰ 쌍정   ㉱ 전위
[해설] 변형 전과 변형 후의 위치가 어떤 면을 경계로 하여 대칭이 되는 것과 같은 변형을 하였을 때를 쌍정(twin)이라 한다.

문제 119. 금속이 응고할 때 냉각속도가 느리면 결정핵의 수는?
㉮ 많아진다.   ㉯ 적어진다.
㉰ 변화가 없다. ㉱ 일정하지 않다.
[해설] 금속을 냉각시킬 때 결정입자의 크기는 냉각속도, 불순물, 금속의 종류에 따라 달라진다. 또한 냉각속도가 느리면 결정핵의 수는 적어지며 결정입자는 커진다.

문제 120. 저온가공에 의하여 내부변형된 결정립이 가열에 의하여 모양은 바뀌지 않고 변형이 제거되는 현상은?
㉮ 편석   ㉯ 회복
㉰ 재결정   ㉱ 조질

문제 121. 금속 재료를 냉간가공을 하는 경우 기계적 성질에 대한 설명 중 틀린 것은?
㉮ 경도가 증가한다.
㉯ 연신율이 증가한다.
㉰ 인장 강도가 증가한다.
㉱ 항복점이 높아진다.
[해설] 금속을 재결정 온도보다 낮은 온도에서 소성가공하는 것을 냉간가공이라 하며, 인장강도와 경도는 증가하지만 연신율은 감소한다.

문제 122. 냉간 가공재의 기계적 성질에 대하여 설명한 것 중 틀린 것은?
㉮ 결정 내부의 저항이 증가된다.
㉯ 강도나 경도가 증가된다.
㉰ 연신율이 감소된다.
㉱ 강도가 커 표면이 깨끗하지 못하다.

문제 123. 금속을 가공할 때 가공도가 크면 그 성질은 어떻게 변하는가?
㉮ 경도 증가   ㉯ 연신율 증가
㉰ 내부응력 감소 ㉱ 충격값 감소
[해설] 인장강도와 경도는 가공도가 커짐에 따라 처음에는 증가하지만 나중에는 일정해진다.

문제 124. 외력에 대하여 저항하는 힘의 강약으로서 나타내는 기계적 성질은?
㉮ 경도   ㉯ 탄성한도
㉰ 강도   ㉱ 마모도

문제 125. 일반적으로 금속을 가공하면 경도

[해답] 115. ㉮ 116. ㉰ 117. ㉮ 118. ㉰ 119. ㉯ 120. ㉯ 121. ㉯ 122. ㉱ 123. ㉮
124. ㉰ 125. ㉮

가 커지는 특징이 있다. 이것은 어느 정도 변형이 진행되면 결정 내에 변함이 생기는 등의 원인 때문에 미끄럼 변형이 생기기 어렵기 때문이다. 이런 현상을 무엇이라 하는가?

㉮ 가공경화 ㉯ 소성변형
㉰ 탄성변형 ㉱ 청열메짐

[해설] 금속을 냉간가공하면 결정립이 가공방향으로 변형되면서 격자가 미끄러져 가공경화를 일으킨다. 이 때 기계적 성질 중 인장강도와 경도는 증가하나 연신율은 감소된다.

문제 126. 합금의 조직상태에서 공정의 설명이다. 틀린 것은?

㉮ 층상 입상 조직을 가진다.
㉯ 용융온도가 높아진다.
㉰ 조직을 미세화시킨다.
㉱ 기계적으로 혼합된 조직이다.

[해설] 합금의 조직은 용융 상태에 따라 다르나 대표적인 것은 공정, 고용체, 금속간 화합물 등으로 이루어져 있다.

문제 127. 고체 금속은 여러 가지 방법의 변화에 의하여 생산되고 있다. 그 생산 방법이 아닌 것은?

㉮ 금속과 용제의 단련 방법
㉯ 액화에 의한 농축 방법
㉰ 분말 야금법
㉱ 전기 분해법

[해설] 금속과 합금의 제조 방법에는 승화법, 전기 분해법, 분말 야금법, 용해에 의한 방법, 금속과 용제의 단련 방법 등이 있다.

문제 128. 저온 가공에 의하여 내부 변형을 일으킨 결정 입자가 가열에 의하여 그 모양은 바뀌지 않고 내부 변형이 제거되는 현상은?

㉮ 편석 ㉯ 전위
㉰ 회복 ㉱ 석출

문제 129. 다음 중 포정반응은?

㉮ A 고용체 → 용융 A + 용액 B
㉯ 용액 → 고용체 A + 고용체 B
㉰ 용액 + 고용체 A → 고용체 B
㉱ 용액 A + 고용체 B → 고용체 A

[해설] 포정반응이란 하나의 고체에서 다른 액체가 작용하여 다른 고체를 형성하는 반응을 말한다.

문제 130. 원자의 크기가 서로 다른 금속이 고용체를 만들 때 원자들이 서로 침입하던가 또는 치환하여 합금으로 되었을 때의 결정은 단일 금속의 결정에 비하여 변형은 어떻게 되는가?

㉮ 큰 변형 (strain) 이 생긴다.
㉯ 작은 변형 (strain) 이 생긴다.
㉰ 같은 변형 (strain) 이 생긴다.
㉱ 변화하지 않는다.

[해설] 큰 변화가 생기기 않기 때문에 가공 변형이 어렵고, 또 합금으로서 강도, 경도가 크게 되는 것이다.

※ 다음 금속간 화합물의 상태도를 보고 나서 물음 (문제 131~133번) 에 답하여라.

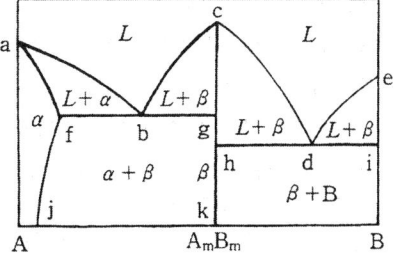

[해답] 126. ㉯ 127. ㉯ 128. ㉰ 129. ㉰ 130. ㉮

문제 131. 공정선을 나타낸 것은?
㉮ abc와 cde ㉯ afi와 chk
㉰ fg와 hi ㉱ fi와 hk

문제 132. 금속간 화합물을 나타낸 것은?
㉮ cg와 hk ㉯ af와 ch
㉰ fg와 jk ㉱ hd와 fb

문제 133. 융해 한도선을 나타낸 것은?
㉮ abc ㉯ ck
㉰ ck ㉱ fg

문제 134. 순철에는 몇 개의 동소체가 있는가?
㉮ 1개 ㉯ 2개
㉰ 3개 ㉱ 4개
[해설] 순철의 동소체로는 α철, γ철, δ철이 있다.

문제 135. 변태점 측정법이다. 관련이 없는 것은?
㉮ 열 분석법 ㉯ 열 팽창법
㉰ 침열법 ㉱ 시차 열 분석법

문제 136. 다음은 자기변태에 대한 설명이다. 틀린 것은?
㉮ 자기변태가 일어나는 점을 자기변태점이라 하며 이 온도를 퀴리점이라고 한다.
㉯ 자기변태는 결정격자의 변화가 아닌 단순한 물리적 변화이다.
㉰ Fe 및 Ni의 자기변태점은 768℃, 1120℃이다.
㉱ 자성이 변하는 변태를 자기변태라 한다.
[해설] Fe, Co, Ni 등과 같이 강자성체인 금속을 가열하면, 어느 일정한 온도 이상에서 금속의 결정구조는 변하지 않으나 자성을 잃어 상자성체로 변하는 데 이와 같이 자성이 변하는 변태를 자기변태라 한다. 또한, Fe, Co, Ni의 자기변태점은 각각 768℃, 1120℃, 358℃ 이다.

문제 137. 금속을 용융상태에서 서냉했을 때 응고하면서 나타나는 결정의 형태는?
㉮ 구상 ㉯ 판상
㉰ 주상 ㉱ 수지상
[해설] 용융금속을 서냉하면 나뭇가지 모양의 수지상 결정이 되어 규칙적인 배열을 갖지만, 금형 내에서 급냉하면 금형면에 대하여 직각으로 결정이 성장하여 기둥모양인 주상결정이 된다.

문제 138. 금속의 슬립(slip)에 대한 설명 중 틀린 것은?
㉮ 슬립선은 변형이 진행됨에 따라 그 수가 많아진다.
㉯ 슬립은 금속 고유의 슬립면에 따라 이동이 생긴다.
㉰ 소성변형이 진행되면 슬립에 대한 저항이 점점 증가하고 그 저항이 증가하면 경도는 감소된다.
㉱ 슬립의 방향은 원자밀도가 제일 큰 방향이다.
[해설] 소성변형이 진행되면 슬립에 대한 저항이 점차 증가하고, 그 저항이 증가하면 금속의 경도와 강도도 증가한다. 이것을 변형에 의한 가공경화 또는 변형경화라 한다.

문제 139. 다음 그림은 순금속의 냉각곡선을 나타낸 것이다. 액체상태로 냉각되는 구간을 나타내는 것은?

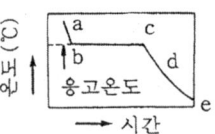

㉮ ab ㉯ bc
㉰ cd ㉱ de

[해설] bc 사이의 수평부분은 응고시작부터 끝날 때까지의 일정온도를 나타낸 것이고 ce 사이에서는 c점에서 응고가 끝난 후에 고체상태에서 냉각되는 것을 나타내는 곡선이다.

[문제] 140. 다음 그림은 금속 AB의 공정형 상태도이다. 공정점은 어느 것인가?

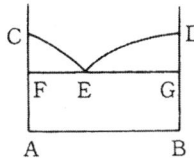

㉮ C   ㉯ E
㉰ A   ㉱ D

[문제] 141. 금속이 응고할 때 농도의 차를 일으키는 현상은?
㉮ 공정   ㉯ 포정
㉰ 편석   ㉱ 평형

[문제] 142. 자기풀림 현상이 일어나지 않는 금속은?
㉮ Fe   ㉯ Sn
㉰ Zn   ㉱ Pb

[문제] 143. 다음 그림에서 A금속+(A+B) 공정의 결정이 존재하는 구역은?

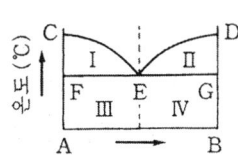

A금속(100%) B금속량(%)

㉮ Ⅰ구역   ㉯ Ⅱ구역
㉰ Ⅲ구역   ㉱ Ⅳ구역

[문제] 144. 다음 중에서 가장 널리 이용되는 이원합금은?
㉮ 철   ㉯ 청동
㉰ Al   ㉱ 두랄루민

[문제] 145. 다음 상태도에서 액상선은?

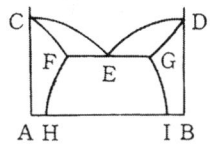

㉮ CFH   ㉯ CED
㉰ FEG   ㉱ DGI

[문제] 146. 상온가공에서의 변화 중 틀린 것은?
㉮ 연신율 증가   ㉯ 항복점이 높아짐
㉰ 인장강도 증가   ㉱ 경도 증가

[문제] 147. 동소변태에서 $\alpha-Fe \rightleftarrows \gamma-Fe$일 때의 변태온도는?
㉮ 768℃   ㉯ 910℃
㉰ 1400℃   ㉱ 1534℃

[해설] α철은 체심 입방 격자이고 이것을 가열하면 910℃에서 면심 입방 격자인 γ철로 변한다.

[문제] 148. 다음 그림은 AB 두 금속의 무슨 상태도인가?

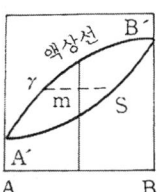

[해답] 140. ㉯ 141. ㉰ 142. ㉮ 143. ㉰ 144. ㉮ 145. ㉯ 146. ㉮ 147. ㉯ 148. ㉯

㉮ 공정형 상태도   ㉯ 고용체형 상태도
㉰ 편정형 상태도   ㉱ 포정형 상태도

문제 149. 다음 중 편정반응은?

㉮ 액체 A $\underset{\text{가열}}{\overset{\text{냉각}}{\rightleftarrows}}$ 고체 + 액체 B

㉯ 고체 A $\underset{\text{가열}}{\overset{\text{냉각}}{\rightleftarrows}}$ 고체 B + 액체

㉰ 액체 A $\underset{\text{가열}}{\overset{\text{냉각}}{\rightleftarrows}}$ 액체 B + 고체 A

㉱ 액체 A $\underset{\text{가열}}{\overset{\text{냉각}}{\rightleftarrows}}$ 액체 + 고체 B

문제 150. 다음 중 A_0 변태란?
㉮ 시멘타이트의 자기변태점 (210 ℃)
㉯ δ 철의 변태점
㉰ α 철이 자기 변태점 (768℃)
㉱ γ 고용체의 자기변태점

문제 151. 평형상태(equilibriumstate)에서 평형을 지배하는 것은?
㉮ 태   ㉯ 상
㉰ 상률   ㉱ 원

문제 152. 다음은 비중에 대한 설명이다. 틀린 것은?
㉮ 동일한 금속이더라도 금속의 순도, 온도 및 가공법에 따라 비중은 변화한다.
㉯ 단조, 압연, 드로잉(drawing) 등으로 가공된 금속은 주조 상태의 것보다 비중이 크다.
㉰ 상온에서 가공한 금속은 이것을 가열한 후 천천히 냉각시킨 것보다 작다.
㉱ 경금속은 비중 4.6 이하를 말하는데 Mg, Al, Hg 등이다.

문제 153. 자기변태를 일으키는 중요 금속이다. 잘못된 것은?
㉮ Fe : 768 ℃   ㉯ Co : 1120℃
㉰ Ni : 358 ℃   ㉱ W : 500 ℃

문제 154. 고체 금속 생산법 중 틀린 것은 어느 것인가?
㉮ 금속과 용재의 단련법
㉯ 전기 분해법
㉰ 고체에서 액체, 액체를 다시 고체로 응고시키는 법
㉱ 승화에 의한 농축법

해설 ㉮에 해당되는 것으로 연철이 있고 ㉯의 방법으로 전동기 전기너클이 있으며, ㉱는 아연을 얻는 법이다. 액체응고에 의한 방법은 주물이나 강괴를 다시 기계적으로 처리하여 소재로 만든 것으로 공업용 금속재료를 얻는 가장 보편적인 방법이다.

문제 155. 2원 합금 중 가장 많이 사용되고 있는 재료는?
㉮ 청동   ㉯ 황동
㉰ 탄소강   ㉱ 백동

해설 합금에는 2가지 원소가 합해진 2원 합금과 3가지 원소가 합해진 3원 합금이 있다. 탄소강은 철과 탄소의 2원 합금으로 2원 합금 중 가장 많이 쓰인다.

문제 156. 다음 설명 중 틀린 것은?
㉮ 용융 금속은 응고시 발생되는 핵을 중심으로 원자가 규칙적으로 배열되어 발달된다.
㉯ 이 핵이 발달하여 나뭇가지의 모양으로 된 것을 수지상 결정이라 한다.
㉰ 냉각 속도가 빠를수록 발생 핵의 수가

해답 149. ㉮ 150. ㉮ 151. ㉰ 152. ㉱ 153. ㉱ 154. ㉰ 155. ㉰ 156. ㉱

많아지고 결정 입자가 미세해진다.
라 주형의 코너는 둥근형보다 모진 것이 좋다.

문제 157. 다음 그림은 어떤 금속의 냉각 곡선이다. 동소 변태점은 모두 몇 개인가?

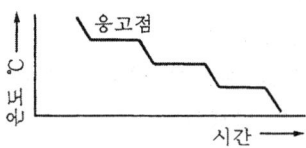

가 1개 나 2개
다 3개 라 4개

해설 금속의 용해도 일종의 변태이므로 변태는 3개이다.

문제 158. 다음 금속간 화합물을 설명한 것 중 틀린 것은?
가 두 금속 사이의 친화력이 클 때 만들어진다.
나 2종 이상의 금속 원소가 간단한 원자비로 결합되었다.
다 Fe₃C는 탄소강이나 주철중에 있는 금속간 화합물이다.
라 두 금속의 본래의 성질과 비슷한 성질을 형성한다.

해설 금속간 화합물은 일반적으로 메지고 굳기 때문에 여러 가지 우수한 공구재료로 사용된다.

문제 159. 다음 상태도에서 가장 고상선을 잘 나타내 주는 것은?

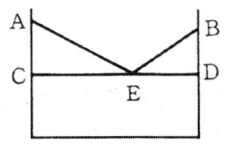

가 AC, BD선 나 AE, BE선
다 AC, CD, BD선 라 AE, BE, CD선

문제 160. 다음 그림 중 편정점은?

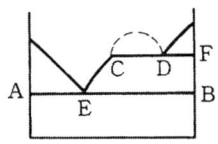

가 A 나 B
다 C 라 D

문제 161. BCC 단위격자 중의 원자는 몇 개인가?
가 2개 나 4개
다 8개 라 12개

해설

체심 입방 격자	BCC	2개
면심 입방 격자	FCC	4개
조밀 육방 격자	CPH	12개

문제 162. 다음 설명 중 틀린 것은?
가 금속의 선팽창 계수는 온도에 따라 그 값이 다르다.
나 온도 1℃ 상승에 따라 길이가 증가하는 비율을 선팽창 계수라 한다.
다 베어링 재료는 열전도율이 큰 것이 좋다.
라 금속의 무게가 10℃때의 같은 체적의 물의 무게와의 비를 그 금속의 비중이라 한다.

문제 163. 다음 고용체에 대한 설명 중 틀린 것은?
가 한 금속 중에 다른 성분 금속이 녹아 들어간 고상의 결정을 말한다.

해답 157. 다 158. 라 159. 다 160. 라 161. 가 162. 라 163. 라

㈐ 융합하는 성분 금속의 비율에 따라 전율 가용 고용체와 한율 가용 고용체라 한다.
㈑ 원자 배율의 모양에 따라 침입형, 치환형, 규칙 격자형 고용체가 있다.
㈒ 고용체는 결정격자가 아니며, 기계적 방법으로 성분 금속을 분리할 수 있다.
[해설] 고용체도 결정격자라고 생각할 수 있고, 기계적 방법으로 성분금속을 분리할 수 있다.

문제 164. 다음 그림은 A, B 2원 합금의 상태도를 나타낸 것이다. 고상선은?

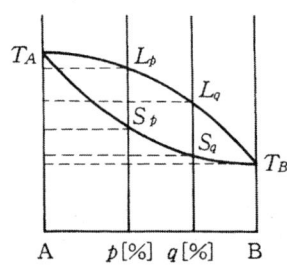

㈎ T_A, L_P, L_q, T_B
㈏ L_P, S_P
㈐ T_A, S_P, S_q, T_B
㈑ L_q, S_q

[해설] 이들 2개의 곡선 중 고온 쪽에 있는 것을 액상선, 저온 쪽에 있는 것을 고상선이라 한다.

문제 165. 금속을 상온가공하면 기계적 성질이 변한다. 틀린 것은?
㈎ 가공할수록 인장강도가 증가한다.
㈏ 가공할수록 단면 수축률은 증가한다.
㈐ 가공할수록 연신율은 감소한다.
㈑ 가공할수록 경화된다.

문제 166. 결정입자가 미세하고 수가 많을수록 재료의 성질은 어떠한가?
㈎ 소성가공이 용이하다.
㈏ 전연성이 좋다.
㈐ 취약하다.
㈑ 경하고 강하다.

문제 167. 열간가공의 단조가공에 대한 설명이다. 틀린 것은?
㈎ 단조 완료 온도가 너무 높으면 수축관 및 기공이 발생한다.
㈏ 단조 완료 온도가 너무 낮으면 균열이 생긴다.
㈐ 단조 완료 온도가 너무 높으면 결정입자가 조대해진다.
㈑ 단조 완료 온도는 재결정온도 이상이어야 한다.

문제 168. 2성분제 포정 반응선에서는 상이 몇 개인가?
㈎ 1개   ㈏ 2개
㈐ 3개   ㈑ 4개

문제 169. 전율 가용형 합금의 강도, 경도가 최대일 때는?
㈎ 양 성분 금속이 20 : 80 비율로 합금되었을 때
㈏ 양 성분 금속이 30 : 70 비율로 합금되었을 때
㈐ 양 성분 금속이 40 : 60 비율로 합금되었을 때
㈑ 양 성분 금속이 50 : 50 비율로 합금되었을 때

문제 170. 합금과 순금속을 비교할 때 순금속에서 얻을 수 없는 합금의 우수한 특성은?

[해답] 164. ㈐   165. ㈏   166. ㈑   167. ㈎   168. ㈐   169. ㈑   170. ㈑

㉮ 강도와 경도가 감소한다.
㉯ 주조성이 나빠진다.
㉰ 전기의 전열온도가 증가한다.
㉱ 열처리가 잘 된다.

문제 171. 금속 재료를 냉간 가공하면 그 성질이 변하게 되는 데 틀린 것은?
㉮ 연신율이 증가한다.
㉯ 경도가 증가한다.
㉰ 강도가 증가한다.
㉱ 항복점이 높아진다.

문제 172. 금속의 응고시 냉각 속도가 빠르면 조직은 어떻게 되는가?
㉮ 미세한 조직을 나타낸다.
㉯ 조직에 기공이 생긴다.
㉰ 냉각 속도와 아무 관계가 없다.
㉱ 조대한 조직을 나타낸다.
해설 금속의 조직은 냉각속도와 밀접한 관계를 갖는다. 냉각속도가 느리면 조직은 거칠고 조직의 수도 적어진다.

문제 173. 다음은 물리적 성질에 관한 것이다. 아닌 것은?
㉮ 용해온도와 용해잠열
㉯ 열기전력
㉰ 금속의 이온화
㉱ 금속과 합금의 색
해설 금속의 이온화는 화학적 성질이다.

문제 174. 금속 재료의 성질에 대한 설명이다. 틀린 것은?
㉮ 금속의 부식은 수분이 작용하는 경우와 작용하지 않는 경우로 나눌 수 있다.
㉯ 서로 잡아당기는 금속을 상자서체라 하고 같은 극이 생겨서 반발하는 금속을 반자성체라 한다.
㉰ 도전율은 전기저항의 역수로서 전기전도도라고도 한다.
㉱ 일반적으로 순금속은 회색 계통이 많다.
해설 일반적으로 순금속은 흰색계통의 것이 많다.

문제 175. 금속이 열 및 전기전도도가 좋은 이유는?
㉮ 자유전자가 이동할 수 있다.
㉯ 금속은 대부분 상온에서 결정으로 되어 있다.
㉰ 변태점을 갖고 있다.
㉱ 금속 광택을 갖고 있다.

문제 176. (111) 면이란 다음에서 어느 것인가?

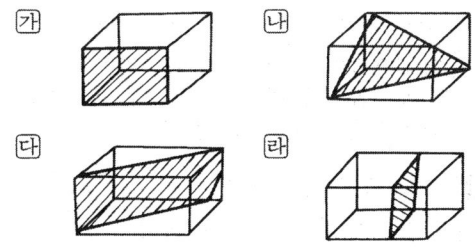

문제 177. 다음에서 열처리가 불가능한 재료는?
㉮ 탄소강   ㉯ 주철
㉰ 합금강   ㉱ 순철

문제 178. 철사를 자르려고 손으로 여러 번 구부렸다 폈다 하면 구부러지는 부분이 점점 힘이 들게 되는 이유는?
㉮ 가공현상으로 가공경화되므로
㉯ 미끄럼 변형과 쌍정 변형 때문에
㉰ 결정립자가 성장하므로
㉱ 담금질 현상이므로

해답 171. ㉮ 172. ㉮ 173. ㉰ 174. ㉱ 175. ㉮ 176. ㉯ 177. ㉱ 178. ㉮

문제 179. 다음 그림에서 빗금친 면을 밀러지수로 표시한 것으로 옳은 것은?
㉮ (1 0 0)
㉯ (1 0 1)
㉰ (1 1 1)
㉱ (1 1 2)

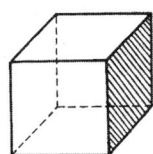

문제 180. 금속 조직 시험에서 탄화철(Fe₃C)의 부식제로 사용되는 것은?
㉮ 암모니아, 과산화수소 용액
㉯ 질산, 빙초산의 용액
㉰ 피크린산, 질산 알코올 용액
㉱ 염화 제2철 용액

문제 181. 다음 중 열전도율의 단위는?
㉮ cal/cm^2
㉯ $cal/g·deg$
㉰ $cal/cm^2·s$
㉱ $cal/cm^2·s·℃$
[해설] 열전도율은 $1cm^3$의 물체의 한쪽과 그 반대쪽의 온도차가 1℃로 될 때 1초 동안에 전달되는 열량을 cal로 나타낸 것이다.

문제 182. 편석의 방지법 중 옳은 것은?
㉮ 열처리   ㉯ 도장
㉰ 라운딩   ㉱ 상온가공

문제 183. 열분석 곡선은 온도와 무엇과의 그래프인가?
㉮ 압력   ㉯ 시간
㉰ 합금량 ㉱ 비중

문제 184. 금속과 전해질의 이온의 치환 또는 금속의 국부적인 전위차로 발생하는 부식은?
㉮ 전기 화학적 부식
㉯ 환경에 의한 금속의 부식
㉰ 고온에 의한 부식
㉱ 물리적 부식

문제 185. 다음 중 열전도율이 큰 순서로 나열된 것은?
㉮ Al-Ag-Au   ㉯ Ag-Cu-Al
㉰ Cu-Ag-Al   ㉱ Cu-Al-Ag
[해설] 순도가 높은 금속은 열전도율이 좋고, 불순물이 들어갈수록 나쁘다. 열전도율 순서는 Ag-Cu-Au-Al-Zn-Ni-Fe-Pt-Sn-Pb-Hg이다.

문제 186. 같은 물질이 다른 상으로 변하는 것을 무엇이라고 하는가?
㉮ 결정격자   ㉯ 융해도
㉰ 변태   ㉱ 변화

문제 187. 다음 중 고유저항 값이 제일 작은 것은?
㉮ Fe   ㉯ Cu
㉰ Hg   ㉱ Mn
[해설] 열전도도가 크면 고유저항이 작으며 순서는 Ag>Cu>Au>Al>Zn>Ni>Fe>Pt>Sn>Pb>Hg이다.

문제 188. 다음에서 금속의 공통된 성질이 아닌 것은?
㉮ 전성과 연성이 적어 소성변형을 할 수 없다.
㉯ 열과 전기의 양도체이다.
㉰ 빛에 대하여 불투명하고 금속적 광택을 가진다.
㉱ 수은을 제외하고는 상온에서 고체상태로 결정구조를 가진다.

문제 189. 고유저항이 작은 것부터 높은 것으로 바르게 된 것은?
㉮ 은, 동, 알루미늄, 니켈

[해답] 179.㉮ 180.㉰ 181.㉰ 182.㉯ 183.㉯ 184.㉮ 185.㉯ 186.㉰ 187.㉯
188.㉮ 189.㉮

㈐ 은, 동, 니켈, 알루미늄
　㈑ 동, 은, 알루미늄, 니켈
　㈒ 동, 은, 니켈, 알루미늄

문제 190. 어떤 금속의 결정구조를 표시할 때에는 단위 세포의 각 모서리의 길이로 표시하는 데 이를 각 모서리의 길이를 무엇이라고 하는가?
　㈎ 결정경계　　㈏ 결정격자
　㈐ 격자상수　　㈑ 단위세포

문제 191. Fe-C 상태도에서 $(L)+\delta \rightarrow \gamma$ 로 변화반응은?
　㈎ 공정반응　　㈏ 공석반응
　㈐ 포정반응　　㈑ 편정반응

문제 192. 공정이 있는 합금계에서 공정 성분에 가까울수록 변화하는 성질 중 틀린 것은?
　㈎ 인장강도, 경도가 커진다.
　㈏ 용융점이 점차 상승한다.
　㈐ 연신율, 단면 수축률이 감소한다.
　㈑ 전기 및 열전도율이 적어진다.

문제 193. $Fe_3O_4+C \rightarrow 3FeO+CO$ 반응에서 이 반응이 진행되는 데 가장 많은 영향을 주는 원소는?
　㈎ C　　　　　㈏ Si
　㈐ Mn　　　　㈑ P

문제 194. 다음 조직 중 부식이 가장 잘 되는 것은?
　㈎ 시멘타이트　㈏ 트루스타이트
　㈐ 오스테나이트　㈑ 펄라이트

문제 195. 시멘타이트의 성분은?
　㈎ Fe+C　　　㈏ Fe+Si
　㈐ Fe+Mn　　㈑ Fe+P

문제 196. Fe-Fe_3C 상태도에서 A_{cm} 변태는 다음 중 어느 것인가?
　㈎ 오스테나이트 → 펄라이트 + 마텐자이트
　㈏ 오스테나이트 → 마텐자이트 + 시멘타이트
　㈐ 오스테나이트 → 오스테나이트 + 펄라이트
　㈑ 오스테나이트 → 오스테나이트 + 시멘타이트

문제 197. 금속이 열 및 전기전도도가 좋은 이유는?
　㈎ 변태점을 갖고 있다.
　㈏ 자유전자가 이동할 수 있다.
　㈐ 금속 고유의 광택을 갖고 있다.
　㈑ 금속은 대부분 상온에서 결정으로 되어 있다.

문제 198. 순금속이 냉각곡선에서 응고점에서 일정시간 동안 수평 부분이 존재하는 설명이 아닌 것은?
　㈎ 수평 부분에는 고체만 존재한다.
　㈏ 수평 부분에는 고체와 액체가 공존한다.
　㈐ 잠열을 발생하면서 진전된다.
　㈑ 이 때 발생되는 열량은 용해 과정에서 흡수된 열량과 같다.

문제 199. 다음에서 금속 원자구조와 관계 없는 것은?
　㈎ 전자수와 양자수는 같다.
　㈏ 중성자수와 양자수는 같다.
　㈐ 원자는 핵과 전자로 되어 있다.
　㈑ 원자번호는 전자수 및 양자수와 같다.

해답 190. ㈐　191. ㈐　192. ㈏　193. ㈎　194. ㈐　195. ㈎　196. ㈑　197. ㈏　198. ㈎
199. ㈏

문제 200. 다음 설명 중 틀린 것은?
㉮ 원자핵의 구조가 달라져도 원자의 외부 구조, 즉 전자배치가 같은 것을 동위원소라 한다.
㉯ 금속 원소에서 원소 원자핵의 질량은 양자 질량의 몇 배인가를 나타내는 정수를 질량수라고 한다.
㉰ 양자와 중성자의 질량은 거의 같다.
㉱ 전자의 질량은 양자의 질량의 1/180이다.

문제 201. 금속재료의 성질로서 틀린 것은?
㉮ 비중이 최저의 것이 Li, 최고의 것이 Ir 이다.
㉯ 용융온도는 낮은 것이 Sn, 높은 것이 W이다.
㉰ 열 및 전기의 양도체로서 Ag가 가장 높고, Au, Cu의 순이다.
㉱ 경도가 높은 것이 강, 낮은 것이 납이다.

문제 202. 면심 입방 격자에서 공간격자의 %는 얼마인가?
㉮ 18 % ㉯ 22 %
㉰ 26 % ㉱ 30 %
[해설] 면심 입방 격자에서 격자의 총부피는 a^3이고 격자 중 원자가 차지하는 부피는 $\frac{4}{3}\pi\left(\frac{1}{2} \times \frac{1}{\sqrt{2}} a\right)^3 \times 4$이다.

문제 203. 합금에 대한 설명이다. 틀린 것은?
㉮ 침탄 처리에 의해서 만들어진 것은 합금이 아니다.
㉯ 금속과 금속 혹은 비금속을 용융상태에서 융합시켜 만든다.
㉰ 유용한 성질을 부여하기 위하여 다른 원소를 첨가시킨 금속물질이다.
㉱ 압축 소결에 의하여 만들어진다.

문제 204. 원자에 대한 설명으로 가장 적당한 것은?
㉮ 원자핵 주위에 있는 전자가 원자번호와 같은 수이다.
㉯ 양자의 질량은 중성자의 대략 2배 정도이다.
㉰ 원자는 전자와 양성자만으로 구성되어 있다.
㉱ 원자핵은 (-)의 전하를 갖고 있다.

문제 205. 면심 입방 격자에서 귀속 원자수는 몇 개인가?
㉮ 1개   ㉯ 2개
㉰ 3개   ㉱ 4개
[해설] 각 면에 있는 원자수 $\times \frac{1}{2}$ + 각 모서리에 있는 원자수 $\times \frac{1}{8}$

문제 206. 정방정계의 축 길이 및 축 각으로 알맞는 것은?
㉮ $a = b = c, \alpha = \beta = \gamma = 90°$
㉯ $a \neq b \neq c, \alpha \neq \beta = \gamma = 90°$
㉰ $a = b \neq c, \alpha = \beta = \gamma = 90°$
㉱ $a \neq b = c, \alpha \neq \beta = \gamma = 90°$

문제 207. 다음 중 준금속이 아닌 것은?
㉮ Si   ㉯ Sn   ㉰ B   ㉱ As
[해설] 준금속이란 금속과 비금속의 중간적인 성질을 갖는 원소로서 B, Si, Ge, As, Te 등이다.

문제 208. 다음은 Gibbs의 상칙에 대한 설명이다. 틀린 것은?
㉮ 순금속에서 상칙의 성분수는 항상 1이다.
㉯ Gibbs의 상칙은 2원소에서만 적용된다.
㉰ 금속의 상태도에서 자유도의 수는 가변

[해답] 200. ㉱ 201. ㉰ 202. ㉰ 203. ㉮ 204. ㉮ 205. ㉱ 206. ㉰ 207. ㉯ 208. ㉯

수이다.
라 응축계의 상칙은 $F=C-P+1$이다.
해설 응축계의 상칙은 $F=C-P+1$이다.
(F: 자유도의 수, P: 상의 수, C: 성분의 수)

문제 **209.** 순금속의 용융점에서 자유도의 수는?
가 0 나 1 다 3 라 5
해설 순금속의 용융점에서 액상과 고상이 있고 성분은 순금속의 경우 1이므로 $P=2$, $C=1$이다.
∴ $F=C-P+1=0$이다.

문제 **210.** 용융금속의 단위체적 중에 생성된 결정핵의 수 N, 성장속도 G, 결정립의 크기를 S라고 할 때 맞는 식은?
가 $S=f\dfrac{G}{N}$ 나 $S=f\dfrac{N}{G}$
다 $S=f\cdot N\cdot G$ 라 $S=\dfrac{N\cdot G}{f}$

문제 **211.** 냉각가공을 행한 황동관, 봉 등에는 저장 중에 축방향으로 금이 생길 수 있는데 이 균열 현상의 방지법은?
가 500~600℃로 가열하고 완전풀림을 하여 기름을 발라둔다.
나 700~800℃로 가열한 후 수중에서 급랭한다.
다 잔유 응력을 유지시킨다.
라 도장 등의 방법으로 표면을 보호한다.

문제 **212.** 2원 합금에서 상의 수가 3일 때 자유도의 수는 얼마인가?
가 0 나 1 다 3 라 5

문제 **213.** 응축계의 상칙 $F=3-P$는 다음 중 어느 것인가?

가 1원계 나 2원계
다 3원계 라 4원계
해설 $F=C-P+1$에서, $C=2$이면 $F=3-P$이다.

문제 **214.** 다음 중에서 금속 및 합금의 고체상태에서 나타나는 상의 종류는 어느 것인가?
가 순금속, 금속간의 화합물, 고용체
나 순금속, 금속간의 화합물, 용융체
다 순금속, 불순고용체, 용융체
라 순금속, 불순고용체, 반응융체

문제 **215.** 금속의 응고과정에서 결정성장에 영향을 주는 요인이 아닌 것은?
가 결정경계상에 작용하는 각종 힘
나 금속이 표면장력
다 유동성
라 금속의 용융점 및 응고점

문제 **216.** 마텐자이트는 각종 열처리 조직 중에서 가장 경도가 크다. 이와 같은 큰 경도를 갖게 되는 원인이 아닌 것은?
가 마텐자이트가 변태할 때 응력이 생겨 원자 격자에 슬립이 생기며 내부 응력에 의하여 경도가 크게 된다.
나 마텐자이트 변화는 γ에서 마텐자이트로될 때 마텐자이트의 결정격자가 침입형 고용체에서 고용되어 있는 탄소원자 및 Fe_3C로 석출되면서 초격자에 의하여 경도가 크게 된다.
다 열처리 및 기타 원인으로 금속 결정 내부에 응력 또는 격자 조직이 잘 되어 경도가 커진다.
라 무확산 변태에 의한 체적 변화로 경도가 크게 된다.

해답 209. 가 210. 가 211. 가 212. 가 213. 나 214. 가 215. 라 216. 다

제 1 장 금속 및 합금의 조직과 상태도

문제 217. α-철의 결정구조는 다음 중 어느 것인가?
㉮ bcc ㉯ cph ㉰ fcc ㉱ gch
해설 체심 입방 격자(bcc), 면심 입방 격자(fcc), 조밀 육방 격자(cph)이다.

문제 218. 규칙-불규칙 변태에 의하여 규칙 격자 형성시 감소되는 성질은?
㉮ 연성 ㉯ 전기전도도
㉰ 경도 ㉱ 강도

문제 219. 다음 중 금속의 공통된 성질이 아닌 것은?
㉮ 전성과 연성이 적어 소성 변형을 할 수 있다.
㉯ 열과 전기의 양도체이다.
㉰ 빛에 대하여 불투명하고 금속적 광택을 가진다.
㉱ 수은을 제외하고는 상온에서 고체 상태로 결정구조를 갖는다.

문제 220. 금속재료의 기계적 성질은 일반적으로 상온에서 하지만 고온에서의 기계적 성질을 시험하기 위하여 고온상태에서도 실시하게 되는데, 특히 중요한 성질은 무엇인가?
㉮ 고온강도 ㉯ 취성
㉰ 인장강도 ㉱ 포면수축률

문제 221. 금속의 결정구조에 있어 입방정계에는 단순 입방 격자, 체심 입방 격자, 면심 입방 격자가 있다. 이 중 Al, Cu, Ag, Au 등의 금속이 갖는 면심 입방 격자의 보유 원자수는 얼마인가?
㉮ 2 ㉯ 4 ㉰ 6 ㉱ 8

문제 222. 금속의 일반적인 성질을 설명하였다. 틀린 것은?
㉮ 열과 전기의 양도체이다.
㉯ 비중이 비교적 작고 경도, 용융점이 높다.
㉰ 상온에서 Hg을 제외한 전 금속은 고체이며 결정체이다.
㉱ 가공이 용이하고 전연성이 크다.

문제 223. 온도에 변화에 따라 자장의 세기가 급격히 변화를 일으키는 것은?
㉮ 격자변태 ㉯ 동소변태
㉰ 자기변태 ㉱ 원자변태

문제 224. 탄소함유량이 0.3% 이하의 보통강으로 판, 봉, 파이프 등에 널리 쓰이는 강은?
㉮ 림드강 ㉯ 킬드강
㉰ 세미킬드강 ㉱ 공석강

문제 225. 합금이 순금속과 가장 다른 성질은?
㉮ 경도 감소
㉯ 열처리 가능
㉰ 전기, 열전도도 증가
㉱ 연신율 증가

문제 226. 금속의 소성변형 원리에 해당되지 않는 것은?
㉮ 쌍정 ㉯ 전위
㉰ 슬립 ㉱ 가공경화
해설 ① 쌍정(twin): 결정의 위치가 어떤 면을 경계로 대칭되는 것
② 전위: 결정 내의 불완전한 곳, 결함이 있는 곳에서부터 이동이 생기는 것

해답 217. ㉮ 218. ㉮ 219. ㉮ 220. ㉮ 221. ㉰ 222. ㉯ 223. ㉰ 224. ㉮ 225. ㉯ 226. ㉱

③ 슬립(slip) : 결정 내의 일정면이 미끄럼을 일으켜 이동하는 것

문제 227. 철이나 니켈 등을 가열하면 어떤 온도에서 강자성체의 금속이 되는 점은?
㋐ 융해점   ㋑ 퀴리점
㋓ 응고점   ㋒ 비등점

문제 228. 소성가공이 연삭 및 절삭가공보다 장점이 될 수 있는 것은?
㋐ 강한 성질을 얻는다.
㋑ 가공된 표면조도가 높다.
㋓ 대형 공작물 가공에 적합하다.
㋒ 정확한 치수를 얻는다.

문제 229. 둥근봉을 프레스 해머로 편평하게 만든 후 굽힐 때 타격을 가하지 않고 굽힌 것보다 어려운 이유는?
㋐ 에너지가 축적되므로
㋑ 결정격자 면적이 증가되므로
㋓ 결정격자 조직이 면심입방에서 조밀육방 격자로 변했기 때문에
㋒ 결정 내 요철이 일어나 슬립 변형이 생겼기 때문에

문제 230. 50 mm인 금속이 10℃ 상승하는 데 0.2 mm가 늘어났다면 선팽창계수는 얼마인가?
㋐ $2 \times 10 - 2 /℃$ ㋑ $2 \times 10 - 4 /℃$
㋓ $4 \times 10 - 2 /℃$ ㋒ $4 \times 10 - 4 /℃$

[해설] 온도 t[℃]에서 길이 l인 물체가 온도 t'[℃]로 가열되었을 경우 그 길이가 l'로 늘어났다고 하면,
선팽창계수 = $(l'-l)/[l(t'-t)]$
$= \dfrac{0.2}{50 \times 10} = 0.0004$

문제 231. 프레스 금형재료는 주로 냉간(상온)으로 사용되는 경우, 절단 또는 압력을 직접 받는 연속 작업일 때는 온도가 상승한다. 따라서 가공물의 종류, 형상, 크기, 경도 및 기계적 성질 중에 따라 구비조건이 아닌 것은?
㋐ 기계가공성이 적을 것
㋑ 열처리가 용이할 것
㋓ 내마모성이 클 것
㋒ 경도 및 인성이 클 것

문제 232. 열간가공은 단조 업세팅(up-setting), 압축, 다이캐스팅 등 그 용도에 따라 다르다. 다음 중 구비조건이 아닌 것은?
㋐ 내마모성이 양호할 것
㋑ 가열할 때 연화 저항이 클 것
㋓ 부식에 대한 저항이 클 것
㋒ 가공온도에서 기계적 성질, 경도, 인성이 클 것

문제 233. 열간가공의 이점이 아닌 것은?
㋐ 강괴 내부의 미세균열 및 가공의 압착
㋑ 합금원소의 확산으로 인한 재질의 균일화
㋓ 결정입자의 미세화
㋒ 방향성이 있는 구조조직을 제거할 수 있다.

문제 234. 소성가공이 연삭 및 절삭가공보다 장점이 될 수 있는 것은?
㋐ 가공면의 표면온도가 높다.
㋑ 대형 공작물 가공에 적합하다.
㋓ 정확한 치수를 얻는다.
㋒ 강한 성질을 얻는다.

[해답] 227. ㋑ 228. ㋐ 229. ㋒ 230. ㋒ 231. ㋐ 232. ㋑ 233. ㋒ 234. ㋒

제2장 탄소강의 특성 및 용도

1. 철강재료의 분류와 제조

1-1 철강재료의 분류

일반적으로 철강 재료는 순철(pure iron), 강(steel) 및 주철(cast iron)의 세 종류로 분류된다.

철(iron)에 탄소가 극히 적게 함유된 순철(C < 0.02 %)은 철심 등과 같은 구성품의 재료로 쓰이고, 탄소가 2.11 % 이하 함유된 강은 기계의 주요 부품의 재료로 쓰이며, 탄소가 2.11 % 이상 함유된 주철은 여리고 약해서 단련할 수 없으므로 주로 기계 몸체에 해당되는 주조물의 재료로 쓰인다.

철강 재료를 탄소 함유량에 따라 분류하면 다음과 같다.

- 철강 재료
  - 순철 : 0.00~0.025 % C
  - 강
    - 아공석강 : 0.025~0.8 % C
    - 공 석 강 : 0.8 % C
    - 과공석강 : 0.8~2.0 % C
  - 주철
    - 아공정 주철 : 2.0~4.30 % C
    - 공정 주철 : 4.30 % C
    - 과공정 주철 : 4.30~6.67 % C

(1) 강 (steel)

강은 탄소강과 합금강으로 구분되는 데 탄소강(carbon steel)은 철에 C 이외에 약간의 Si, Mn, P, S 등의 원소가 함유된 강이며, 합금강(alloy steel)은 특수한 성질을 부여하고자 탄소강에 Ni, Cr, Mn, Si, Mo, W, V 등의 원소를 1종 이상 첨가시킨 것이다.

(2) 주철 (cast iron)

주철은 철에 탄소와 규소가 함유된 보통 주철과 이 주철에 필요한 원소를 첨가시킨 합금 주철, 특수 주조 처리된 특수 주철로 구분된다.

1-2 철강재료의 제조

철강 재료를 제조하기 위하여 먼저 철광석을 녹여 선철을 만든다. 이 선철을 제강로에서 정련하여 강을 만들며, 용선로에서 용해하여 주철을 만든다.

(1) 선철 (pig iron)

① 선철의 탄소량 : 2.5~4.5 % C
② 선철의 종류 : 파단면의 색깔에 따라 백선, 회선, 반선으로, 용도에 따라 제강용선, 주물용선으로 구분된다.

(2) 강제조

제강용선을 다시 녹여 강을 만드는 제강로에는 평로(open hearth furnace), 전로(converter), 전기로(electric furnace), 도가니로(crucible furnace) 등이 있으며, 도가니로는 소량의 합금강의 제조에, 전기로는 탄소강, 합금강, 주강 등의 제조에 쓰인다.

① 평로 제강법 : 선철을 용해시키고 고철, 철광석 등을 추가로 장입하여 강을 만드는 제강법으로 내화벽돌의 종류에 따라 염기성 평로, 산성 평로가 있는데 대부분 염기성 평로를 사용한다.
② 전로 제강법 : 용해된 선철을 기울일 수 있는 전로에 주입한 후 송풍된 공기로 C, Si 및 불순물을 산화, 제거시켜 강을 만드는 제강법으로 규산질 내화벽돌의 베세머 전로(bessemer converter)와 염기성 내화벽돌의 토마스 전로(thomas converter)로 분류된다.
③ 전기로 제강법 : 전열을 이용해서 선철, 고철 등의 제강 원료를 용해하여 강을 만드는 제강법으로 전열발생 방식에는 아크식과 전기 저항식 및 전기 유도식이 있다.

(3) 탈 산

강은 탈산 정도에 따라 킬드강(killed steel), 세미킬드강(semikilled steel), 캡트강(capped steel) 및 림드강(rimmed steel)으로 구별된다. 그림 2-1은 각종 강의 내부와 탈산도와의 관계를 나타낸 것이다.

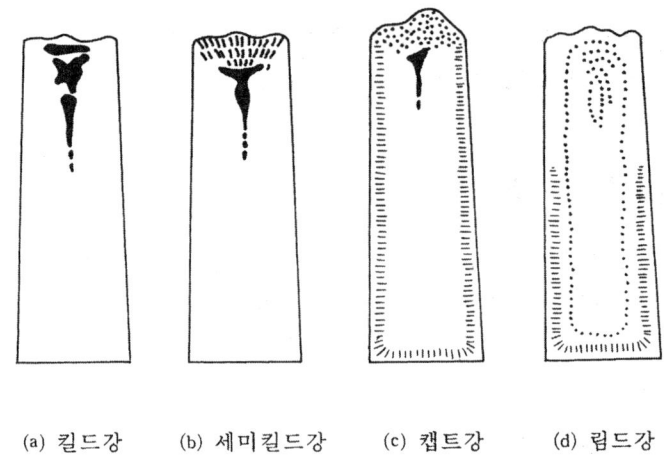

(a) 킬드강   (b) 세미킬드강   (c) 캡트강   (d) 림드강

그림 2-1 각종 강의 내부와 탈산도와의 관계

① 킬드강 : 노 내에서 페로실리콘, 알루미늄 등의 강력 탈산제에 의해 충분히 탈산된 강으로 킬드강에는 조용한 응고 때문에 기포나 편석은 없으나 헤어 크랙(hair crack)과 수축공(shrinkage cavity piping)이 있다.
② 세미킬드강 : 탈산의 정도를 적당히 하여 기포와 편석을 적게 한 강이다.
③ 캡트강 : 페로망간(Fe-Mn)으로 가볍게 탈산한 용강을 주형에 주입한 후 다시 탈산제를 투입하거나 주형에 뚜껑을 덮어 비등 교반 운동(rimming action)을 조기에 강제적으로 끝마치게 하여 조용히 응고하게 함으로써 표층부를 청정하게 만들고 내부를 편석과 수축공이 적은 상태로 만든 강이다.
④ 림드강 : 정련된 강을 페로망간으로 가볍게 탈산시키므로 비등 교반 운동을 하면서 응고되어 내부에 방출되지 못한 가스로 생긴 기포에 의한 기공(blow hole)이 많이 있는 강이다.

2. 순철과 탄소강

2-1 순 철

(1) 순철의 성질

 탄소의 함유량이 0.03 % 이하로 연하고 전연성이 높아 기계재료로는 부적당하지만 전기재료로 많이 사용된다. 표 2-1은 순철의 여러 가지 성질을 나타내고 있다.

표 2-1 순철의 성질

비중 : 7.87	인장강도 (kg_f/mm^2) : 18~25
용융온도 (℃) : 1,538	연신율 (%) : 40~50
열전도율 $(kcal/kg_f \cdot ℃)$: 0.18	경도 (H_B) : 60~70

(2) 순철의 변태

 순철의 변태는 A_2 (768℃), A_3 (910 ℃), A_4 (1400 ℃) 변태가 있으며 A_3, A_4 변태를 동소변태라 하고, A_2 변태를 자기변태라 한다.

 순철은 변태에 따라서 α 철, γ 철, δ 철의 3개 동소체가 있으며 α 철은 910℃ 이하에서 체심 입방 격자 (B.C.C) 원자배열이고, γ 철은 910~1400℃ 사이에서 면심 입방 격자 (F.C.C)로 존재하며, 1400℃ 이상에서는 δ 철이 체심 입방 격자로 존재한다.

 순철의 표준조직은 대체로 다각형 입자로 되어 있으며 상온에서 체심 입방 격자 구조인 α 조직 (ferrite structure) 이다.

2-2 탄 소 강

 탄소강에는 C 이외에 제선 및 제강 과정에서 혼입된 약간의 Si, Mn, P, S 등이 있으나 탄소강의 성질에 가장 큰 영향을 끼치는 원소는 C이다.

(1) 철 – 탄소계 평형 상태도

철-탄소계 평형 상태도에는 Fe-Fe₃C (cementite) 계와 Fe-C (graphite) 계의 두 종류가 있다. Fe-Fe₃C계 평형 상태도는 탄소강처럼 탄소가 유리 흑연으로 되지 않고 철과 화합하여 Fe₃C 상태로 존재할 때에 적용되며, 실선으로 나타낸다. Fe-C계 평형 상태도는 주철처럼 탄소가 유리 흑연으로 존재할 때에 적용되며, 점선으로 나타낸다.

그림 2-2는 철과 탄소의 2원 합금을 용융액에서부터 실온까지 천천히 냉각했을 때의 탄소 함유량과 온도에 따라 변태점을 연결한 Fe-Fe₃C 평형 상태도를 나타낸 것이다.

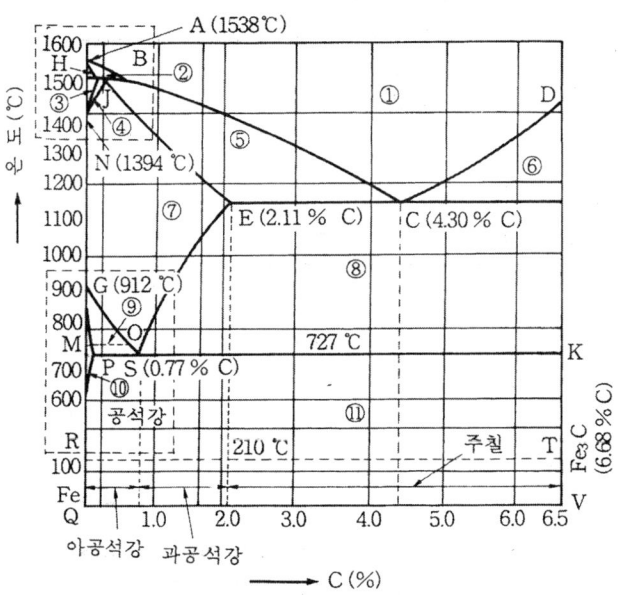

① 용액, ② δ고용체+용액, ③ δ고용체, ④ δ고용체+γ고용체,
⑤ γ고용체+용액, ⑥ 용액+Fe₃C, ⑦ γ고용체, ⑧ γ고용체+Fe₃C,
⑨ α고용체+γ고용체, ⑩ α고용체, ⑪ α고용체+Fe₃C

A : 순철의 용융점. 1538±3 ℃
AB : δ고용체의 정출 개시선 (액상선)
AH : δ고용체의 정출 완료선 (고상선)
B : 점 H 및 J를 이은 선이 용액과 만나는 점. 0.53 % C, 1495 ℃
BC : γ고용체의 정출 개시선 (액상선)
C : γ고용체와 시멘타이트가 동시에 정출되는 공정점. 4.30 % C, 1148 ℃
CD : 시멘타이트 (Fe₃C) 의 정출 개시선 (액상선)
D : 시멘타이트의 용융점. 6.68 % C, 1430 ℃

E : γ 고용체에 대한 시멘타이트의 최대 고용도를 나타내는 점. 즉, 포화점. 1148 ℃, 2.11 % C
ECF : 공정선. 1148 ℃, 용액(C) $\rightleftarrows$ 시멘타이트(F) + γ 고용체(E)
ES : γ 고용체의 시멘타이트 석출 개시선. γ 고용체에 대한 시멘타이트의 고용도 곡선(A_{cm} 선)
F : 시멘타이트의 공정점. 6.68 % C, 1148℃
G : 순철의 A_3 변태점. 912℃, γ 철 $\rightleftarrows$ α 철
GP : γ 고용체의 α 고용체 석출 완료선. 즉, A_3 변태의 끝남을 나타내는 선
GS : γ 고용체의 α 고용체 석출 개시선. 즉, A_3 변태의 시작을 나타내는 선
H : δ 고용체에 대한 탄소의 최대 고용도를 나타내는 점. 0.09 % C, 1495 ℃
HJB : 포정선. 용액(B)이 δ 고용체(H)와 반응해서 γ 고용체(J)로 되는 포정 반응을 일으키는 선
J : 포정점. 0.17 % C, 1495 ℃
JE : γ 고용체의 정출 완료선(고상선)
K : 시멘타이트의 공석점. 6.68 % C, 727 ℃
M : 순철의 자기 변태점. 768℃, A_2 변태점
MO : α 고용체의 자기 변태선. 768℃
N : 순철의 A_4 변태점. 1394℃. δ 철 $\rightleftarrows$ γ 철
NJ : δ 고용체의 γ 고용체 석출 완료선. 즉, A_4 변태의 끝남을 나타내는 선
NH : δ 고용체의 γ 고용체 석출 개시선. 즉, A_4 변태의 시작을 나타내는 선
O : 고용체의 자기 변태점. 0.67 % C, 768 ℃
P : α 고용체에 대한 탄소의 최대 고용도를 나타내는 점. 0.02 % C, 727 ℃
PSK : 공석선. 727℃, γ 고용체(S) $\rightleftarrows$ α 고용체(P) + 시멘타이트(K), A_1 변태점
R : α 고용체의 A_0 변태점. 0.005 % C, 210℃
RT : 시멘타이트의 자기 변태선. A_0 변태점. 210℃

그림 2-2 Fe-Fe₃C 평형 상태도

(2) 강의 기본 조직

강의 성질은 탄소 함유량과 냉각속도 등에 따라 현저히 달라지며 이들 가운데 다음을 기본 조직으로 한다.

① 페라이트(ferrite) : α 철에 탄소가 최대 0.02 % 고용된 α 고용체로 흰색의 입상으로 나타나는 주철에 가까운 조직으로 전연성이 크며, A_2점 이하에서는 강자성체이다.

② 오스테나이트(austenite) : γ 철에 탄소가 최대 2.11 % 고용된 γ 고용체로 A_1점 이상에서는 안정적으로 존재하나 실온에서는 존재하기 어려운 조직으로 인성이 크며 상자성체이다.

③ 델타 페라이트(delta ferrite) : δ 철에 탄소가 최대 0.09 % 고용된 δ 고용체로 A_4점 이상에서만 존재하는 조직으로 인성이 크며 상자성체이다.

④ 시멘타이트(cementite) : 철에 탄소가 6.68 % 화합된 철의 금속간 화합물(Fe_3C)로 흰색의 침상으로 나타나는 조직으로 대단히 단단하며 부수러지기 쉽다.

⑤ 펄라이트 (perarlite) : 0.77 % C의 오스테나이트가 727 ℃ 이하로 냉각될 때 0.02 % C의 페라이트와 6.68 % C 시멘타이트로 석출되어 생긴 공석강으로 페라이트와 시멘타이트가 층상으로 나타나는 조직이다.
⑥ 레데부라이트 (ledeburite) : 4.3 % C의 용융철이 1148 ℃ 이하로 냉각될 때 2.11 % C의 오스테나이트와 6.68 % C의 시멘타이트로 정출되어 생긴 공정주철로 A_1점 이상에서는 안정적으로 존재하는 조직이다.

(3) 탄소강의 성질

함유원소, 가공, 열처리 방법 등에 따라 다르나 표준상태에서는 주로 탄소함유량에 따라 결정된다.
① 물리적 성질 : 탄소 함유량의 증가와 더불어 비중, 선팽창 계수, 세로 탄성률, 열전도율은 감소되나, 고유 저항과 비열은 증가된다.
② 화학적 성질 : 알칼리에는 거의 부식되지 않으나 산에는 약하다. 0.2 % C 이하의 탄소강은 산에 대한 내식성이 있으나, 그 이상의 탄소강은 탄소가 많을수록 내식성이 없어진다.

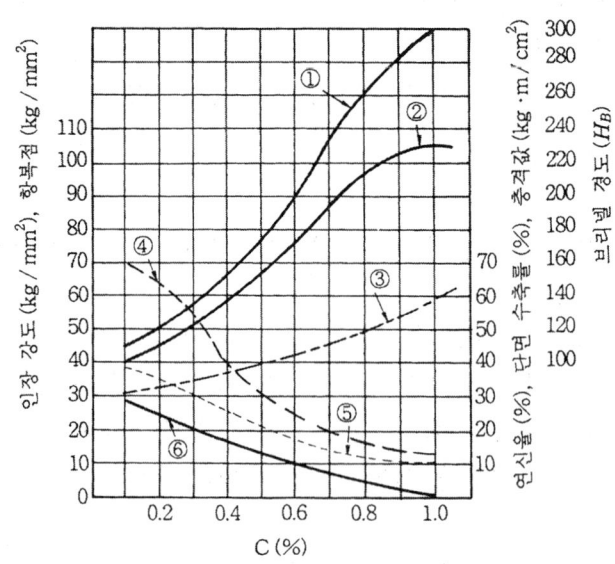

① 경도 (H_B), ② 인장강도, ③ 항복점, ④ 단면 수축률, ⑤ 연신율, ⑥ 충격값

그림 2-3 상온에서의 탄소강의 기계적 성질

③ 기계적 성질 : 표준상태에서 탄소가 많을수록 인장강도, 경도는 증가하다가 공석조직에서 최대가 되나 연신율과 충격값은 감소한다.

그림 2-3은 상온에서 탄소강의 기계적 성질을 나타낸 것이고, 그림 2-4는 고온에서의 탄소강의 기계적 성질을 나타낸 것이다. 탄소강은 200~300℃에서 상온일 때보다 더 메지게 되는데, 이를 탄소강의 청열 메짐(blue shortness)이라 하고, 황을 많이 함유한 탄소강은 약 950℃에서 메지게 되는데, 이를 탄소강의 적열 메짐(red shortness)이라 한다. 또한 온도가 상온 이하로 내려갈수록 강도와 경도가 증가되지만, 충격값이 크게 감소되어 메지게 되는데 이를 탄소강의 저온 메짐(cold shortness)이라 한다.

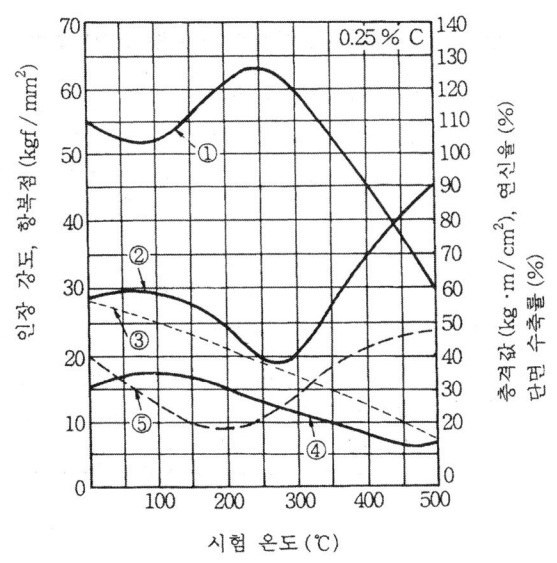

① 인장강도, ② 단면 수축률, ③ 항복점, ④ 충격값, ⑤ 연신율

그림 2-4 고온에서의 탄소강의 기계적 성질

(4) 탄소강 중에 존재하는 함유 원소의 영향

① Si : 인장강도, 탄성한도, 경도 등이 높아지나 단접성, 냉간 가공성, 연신율, 충격값은 감소된다.
② Mn : 강도와 고온 가공성을 증가시키고 연신율의 감소를 억제시키며 주조성과 담금질 효과를 향상시킨다. 특히, 황과 화합하여 황화망간(MnS)을 만드는 데 적열 메짐의 원인이 되는 황화철(FeS)의 생성을 방해한다.

③ P : 강도, 경도를 증가시키고 가공시 균열을 일으키며 상온메짐의 원인이 된다.
④ S : 적열 상태에서는 메짐성이 커지며 인장강도, 연신율, 충격값을 감소시킨다. 그러나 S은 절삭성을 향상시키기 때문에 황을 0.25% 정도 함유한 쾌삭강이 사용된다.
⑤ Cu : 인장강도, 탄성한도 및 내식성을 증가시키나, 압연시 균열의 원인이 된다.
⑥ H_2 : 헤어 크랙(hair crack)이라는 내부균열을 일으킨다.

(5) 탄소강의 종류와 용도

탄소강은 가공변형이 쉽고 기계적 성질이 우수하여 기계재료로 가장 많이 쓰이는 강으로 표 2-2는 탄소 함유량에 따른 탄소강의 분류를 나타낸 것이다.

표 2-2 탄소 함유량에 따른 탄소강의 분류

종 별	C [%]	인장강도 (kg_f/mm^2)	연신율 (%)	용 도
극 연 강	<0.12	<38	25	강판, 강선, 못, 강관, 리벳
연 강	0.13~0.20	38~44	22	강판, 강봉, 강판, 볼트, 리벳
반 연 강	0.20~0.30	44~50	20~18	기어, 레버, 강판, 볼트, 너트, 강관
반 경 강	0.30~0.40	50~55	18~14	강판, 차축
경 강	0.40~0.50	55~60	14~10	차축, 기어, 캠, 레일
최 경 강	0.50~0.70	60~70	10~7	축, 기어, 레일, 스프링, 피아노선
탄소공구강	0.60~1.50	70~50	7~2	목공구, 석공구, 절삭 공구, 세이지
표면경화용강	0.08~0.2	40~45	15~20	기어, 캠, 축

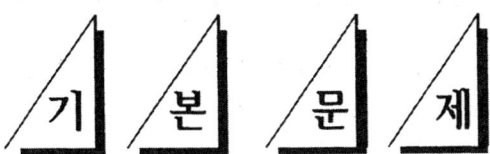

문제 1. 철강재료를 탄소 함유량에 따라 분류하시오.

해설 철강재료 $\begin{cases} \text{순철} : 0.00 \sim 0.025\ \%\ C \\ \text{강} : 0.025 \sim 2.0\ \%\ C \\ \text{주철} : 2.0 \sim 6.67\ \%\ C \end{cases}$

문제 2. 용광로, 평로, 전로, 전기로의 용량은 어떻게 나타내는지 설명하시오.

해설 용광로의 용량은 24시간 동안 생산된 선철의 무게로 나타내고, 평로, 전로, 전기로는 1회에 생산되는 용강의 무게로 나타낸다.

문제 3. 전기로 제강법의 장·단점에 대해 설명하시오.

해설 연료 계통의 설비가 필요 없으며, 온도 조절이 쉬워 탈산, 탈황 정련이 용이하므로 우수한 품질의 강을 만들 수 있다는 장점을 가지고 있으나, 전력비가 많이 들어 제품의 가격을 비싸게 한다는 결점도 가지고 있다.

문제 4. 킬드강에 대해 설명하시오.

해설 노 내에서 페로실리콘, 알루미늄 등의 강력 탈산제에 의해 충분히 탈산된 강으로 기포나 편석은 없으나 헤어 크랙(hair crack)과 수축공(shrinkage cavity piping)이 있다.

문제 5. 순철에는 어떤 변태점이 있으며 그 온도는 몇 도인가?

해설 A_2 변태(768℃), A_3 변태(910℃), A_4 변태(1400℃)

문제 6. 순철의 자기변태에 대해 설명하시오.

해설 상온에서 강자성체가 열을 가하면 768℃에서 급격히 상자성체로 되는데 이 온도를 변태점 또는 자기변태라 한다.

문제 7. 제철에는 어떤 광석이 사용되며, 제철 재료의 구비조건은 무엇인가?

해설 자철광, 적철광, 갈철광, 능철광 등이 사용되며 철광석은 철분이 40 % 이상, 인과 황이 0.1 % 이하이다.

문제 8. 제강법의 종류를 들고 설명하시오.

해설 ① 평로 제강법 : 선철과 고철의 배합물을 노속에 넣고 1700℃ 고온으로 용해하며 탄소 및 기타 불순물을 연소시켜 강을 제조하는 방법이다.
② 전로 제강법 : 용융한 선철을 전로에 넣고 노밑에서 고압의 공기를 불어 넣으면 선철중의 C, Si, P 등의 불순물이 산화되어 제거됨으로 양질의 강을 얻는 방법이다.
③ 전기 제강법 : 전기를 이용하여 강을 제조하는 방법으로 아크로와 유도로가 있으며, 고주파 전류를 통한 수냉 코일속에 철강을 넣으면 와류 전류가 유도되어 열이 발생되며 그 열로 철강을 용해하는 방법이다.
④ 기타 제강법 : 고주파 및 도가니 제강법 등이며 선철에서 강을 제조하지 않고 소량의 순도가 높은 철강이나 합금강의 용해에 사용되는 방법이다.

문제 9. 청열 메짐과 적열 메짐에 대해 설명하시오.

해설 ① 청열 메짐 (blue shortness) : 탄소강은 200~300℃에서 상온일 때 보다 오히려 메지게 되는 성질
② 적열 메짐 (red shortness) : 탄소강에 황(S)이 많을 경우는 고온가공(약 950℃)에서 메짐이 나타나는 현상

문제 10. 탄소강 중에서 인, 황은 어떤 해로운 작용을 하는지 설명하시오.

해설 ① 인 (P) : 결정입자를 크고 거칠게 하여 강도와 경도는 증가시키지만 연신율은 감소하며, 특히 상온에서 충격값을 저하시켜 저온 메짐을 일으키게 한다.
② 황 (S) : 고온 가공성을 나쁘게 하며 Mn을 가하여 황의 결점을 제거한다. 특히, 황과 망간은 절삭성을 개선함으로 쾌삭강으로 사용된다.

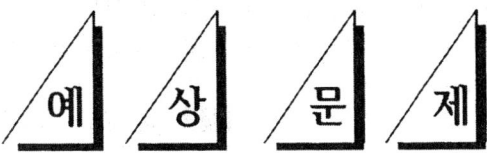

문제 1. 다음 중 철광석, 코크스, 석회석, 망간, 광석 등을 써서 선철을 제조하는 데 쓰이는 것은?
㉮ 고로 ㉯ 평로
㉰ 전로 ㉱ 용선로

[해설] 고로(shaft furnace)라고도 하는 용광로(blast furnace)에서 만들어진 철을 선철이라 한다.

문제 2. 다음 광물 중 우리나라에서 가장 많이 나는 철광석은?
㉮ 능철광 ㉯ 자철광
㉰ 적철광 ㉱ 갈철광

문제 3. 제철시 용광로에 주입되지 않는 것은?
㉮ 철광석 ㉯ 석회석
㉰ 코크스 ㉱ 석탄가스

[해설] 용광로에 철광석, 석회석, 코크스를 투입하며 파쇄는 사용하지 않는다.

문제 4. 용광로의 노내 반응은 어떤 반응인가?
㉮ 환원성 반응 ㉯ 염기성 반응
㉰ 연소성 반응 ㉱ 양성 반응

문제 5. 다음 중 철광석이 갖추어야 할 성분으로 옳은 것은?
㉮ 철분이 40% 이상, 인과 황이 0.1% 이하
㉯ 철분이 40% 이상, 인과 황이 0.3% 이상
㉰ 철분이 40% 이하, 인과 황이 0.3% 이하
㉱ 철분이 40% 이하, 인과 황이 0.1% 이상

[해설] 규소가 10% 이상이 되면 제철할 때 코크스, 석회석 등이 다량으로 필요하기 때문에 생산비용이 많이 든다.

문제 6. 철광석을 용해할 때, 사용되는 용제에 대한 설명 중 틀린 것은?
㉮ 철과 불순물이 분리가 잘 되도록 하기 위해서 첨가
㉯ 용제로 석회석 또는 형석이 쓰인다.
㉰ 탈산제로 사용한다.
㉱ 용제는 제철할 때 염기성 슬래그가 되도록 한 성분 조성이다.

[해설] 탈산제에는 페로실리콘, 페로망간(Fe-Mn)이 있다.

문제 7. 다음은 강괴의 탈산제들이다. 사용할 수 없는 것은?
㉮ Al ㉯ Fe-Si
㉰ Fe-Mn ㉱ Ni

문제 8. 용광로의 용량은?
㉮ 기계의 전 중량
㉯ 10시간 제철 능력
㉰ 1일의 제철 능력
㉱ 아침에서 저녁까지의 제철 능력

[해설] 용광로는 용량을 1일 제철 능력으로 나타내며 ton/1일로 나타낸다.

문제 9. 다음 중 제강법이 아닌 것은?

[해답] 1. ㉮ 2. ㉱ 3. ㉱ 4. ㉮ 5. ㉮ 6. ㉰ 7. ㉱ 8. ㉰ 9. ㉱

㉮ 평로 제강법　　㉯ 전로 제강법
㉰ 전기로 제강법　㉱ 용광로 제강법
해설 전기로는 탄소강, 합금강, 주강 등의 제조에 사용되며, 도가니로는 소량의 합금강 제조에 사용된다.

문제 10. 평로 제강에 사용되는 탈산제는?
㉮ 암모니아수
㉯ 코크스·석회석·규산
㉰ 산화철·석회석·철광석
㉱ 망간철·규산철·알루미늄
해설 평로 제강에 사용되는 탈산제는 망간철·규산철·알루미늄 등이다. 강의 탈산제로는 페로망간, 페로 실리콘 등이 쓰인다.

문제 11. 평로의 용량은?
㉮ 1시간에 용해할 수 있는 용선의 무게
㉯ 1회당 용해할 수 있는 용선의 무게
㉰ 10시간에 용해할 수 있는 용선의 무게
㉱ 1일에 용해할 수 있는 용선의 무게
해설 평로, 전로, 전기로는 1회에 용해할 수 있는 용선의 무게로 나타낸다.

문제 12. 다음 중 백점(white spot)의 원인은?
㉮ 열응력　　㉯ 메짐
㉰ 불순물　　㉱ 열변형

문제 13. 강을 제조법에 의해 분류할 때 해당되지 않는 것은?
㉮ 림드강　　㉯ 킬드강
㉰ 세미 림드강　㉱ 세미 킬드강
해설 강을 제조할 때, 탈산 정도에 따라 구분하면 ㉮ ㉯ ㉱와 같다.

문제 14. 제강로에서 선철을 많이 용해하는 노(爐)는?

㉮ 전로　　㉯ 평로
㉰ 전기로　㉱ 도가니로
해설 평로는 대량생산용 제강로이다.

문제 15. 강을 제강하는 데 가장 좋은 제품을 얻을 수 있는 노는?
㉮ 전로　　㉯ 평로
㉰ 전기로　㉱ 도가니로

문제 16. 전기로 제강법에서 틀린 것은?
㉮ 산성 조업을 할 수 없다.
㉯ 고온을 쉽게 얻을 수 있다.
㉰ 제강 원료를 선택할 필요가 없다.
㉱ 온도 조절을 쉽게 할 수 있다.
해설 전기로는 고온 정련이 되며, 또 노 내의 분위기를 산화성이나 환원성에도 적당하게 조정할 수 있어 정련 도중에도 솔직히 슬래그의 성질을 변화시킬 수 있고, 원료로서 값싼 고철을 사용할 수 있다.

문제 17. 노에서 페로실리콘, 알루미늄 등의 탈산제로 충분히 탈산시킨 강을 무슨강이라 하는가?
㉮ 킬드강　　㉯ 림드강
㉰ 탄소강　　㉱ 세미 킬드강
해설 용광로에서 산출된 탄소량이 많아 주조성은 우수하나, 메짐성(취성)을 가지고 있으므로 강인성을 가지도록 충분히 탈산시켜 주강을 만든다.

문제 18. 다음의 전기로 제강법에 관한 내용 중 관계 없는 것은 어느 것인가?
㉮ 고온 정련이 가능하다.
㉯ 정련 중에 슬래그의 성질은 변화가 불가능하다.
㉰ 산화성 및 환원성에 적당하다.
㉱ 온도 조절이 가능하다.

해답 10. ㉱　11. ㉯　12. ㉮　13. ㉰　14. ㉯　15. ㉰　16. ㉮　17. ㉮　18. ㉯

해설 전기로에서는 정련 중에 슬래그의 성질을 변화시킬 수 있다.

문제 19. 제강법 중 토머스법(thomas process)과 관계 없는 것은 어느 것인가?
㉮ 페로망간으로 산화
㉯ 노의 내면을 염기성 내화물을 이용
㉰ 원료는 저규소선
㉱ 전로 제강법

해설 전로 제강법 중에는 산성법과 염기성법이 있으며 산성법은 노의 내면을 규소 산화물이 많은 산성 산화물을 이용한 것(bessemer법)이고, 염기성법은 고인, 저규소를 선재로 사용, 내화물을 염기성으로 하여 제강하는 것(thomas법)이다.

문제 20. 다음 제강법 중 베서머법(bessemer process)과 관계 없는 것은 어느 것인가?
㉮ 노의 내면을 산성 내화물을 이용
㉯ 전로 제강법
㉰ 원료는 고규소선
㉱ 페로실리콘으로 산화

문제 21. 용해된 선철을 주입하고 공기를 불어 넣어 C, Si 및 불순물을 산화, 제거시켜 강을 만드는 제강법은 무엇인가?
㉮ 평로   ㉯ 전로
㉰ 전기로   ㉱ 도가니로

문제 22. 전로 제강법에서 저인 선철을 사용하여야 하는 것은?
㉮ 산성법   ㉯ 염기성법
㉰ 전기저항법   ㉱ Fe-Mn법

해설 산성 내화물을 이용한 베세머법은 정련할 때 탈인이나 탈황이 되지 않기 때문에 값이 비싼 고규소, 저인선 등을 사용한다.

문제 23. 강의 제조 과정에서 기포가 생기는 것과 관계가 없는 것은?
㉮ 산소   ㉯ 질소
㉰ 수소   ㉱ 불소

문제 24. 염기성 내화물을 이용한 금속의 제강법은?
㉮ 베서머법   ㉯ 토머스법
㉰ 전기 저항법   ㉱ 고주파법

문제 25. 석회석은 제철할 때 다음 어느 성질이 되도록 성분 조절을 하는가?
㉮ 염기성   ㉯ 중성
㉰ 산성   ㉱ 휘발성

문제 26. 강철을 만드는 법 중 지멘스-마탱법에 해당하는 것은 어느 것인가?
㉮ 고주파로 제강법   ㉯ 전로 제강법
㉰ 평로 제강법   ㉱ 도가니로 제강법

문제 27. 다음 제강로에서 공기를 필요로 하지 않는 노는?
㉮ 용선로   ㉯ 전로
㉰ 평로   ㉱ 전기로

문제 28. 선철을 만드는 과정에서 철분과 불순물을 분리하는 것은?
㉮ 석회석   ㉯ 망간
㉰ 내화물   ㉱ 코크스

문제 29. 제철을 하는데 용제(flux)로서 가장 적당한 것은?
㉮ 형석·석회석   ㉯ 석회석·장석
㉰ 석회석·화강암   ㉱ 형석·석영

해설 용제는 용광로 내에서 철과 불순물의 분리가 잘 되도록 하기 위하여 사용한다.

문제 30. 킬드강이란 무엇인가?

해답 19. ㉮ 20. ㉱ 21. ㉯ 22. ㉮ 23. ㉱ 24. ㉯ 25. ㉮ 26. ㉰ 27. ㉱ 28. ㉮ 29. ㉮
30. ㉱

㉮ 탈산하지 않는 강
㉯ 미완전 탈산강
㉰ 캡을 씌워 만든 강
㉱ 완전 탈산한 강
[해설] 킬드강은 노 내에서 페로실리콘, Al 등의 강력 탈산제에 의해 충분히 탈산된 강이다.

문제 31. 석회석은 제철할 때 어느 성질이 되도록 성분 조절을 하는가?
㉮ 산성　　㉯ 알칼리성
㉰ 염기성　㉱ 중성

문제 32. 철광석을 용광로 내에서 용해할 때 일어나는 환원 반응은 주로 무엇에 의해 일어나는가?
㉮ Ca　　㉯ Si
㉰ CO　　㉱ CO_2

문제 33. 킬드강에는 어떤 결함이 주로 생기는가?
㉮ 내부의 기포
㉯ 외부의 기포
㉰ 내부의 수축공
㉱ 상부 중앙의 수축공
[해설] 킬드강은 조용한 응고 때문에 기포나 편석은 없으나 헤어 크랙(hair crack)과 상부 중앙에 수축공이 있다.

문제 34. 다음에서 철강재료를 구성하는 철의 5대 원소는?
㉮ C, Si, Mn, P, S　㉯ C, Si, Mo, P, S
㉰ C, Ni, Si, P, S　㉱ C, Cr, Si, P, S

문제 35. 철을 제련할 때 직접환원은 어느 것인가?
㉮ Si에 의한 환원
㉯ 탄소에 의한 환원
㉰ CO가스에 의한 환원
㉱ SiO_2에 의한 환원

문제 36. 킬드강을 제조할 때 사용하는 탈산제는?
㉮ Al, Si　㉯ Mn, Mg
㉰ C, Si　　㉱ Mg, Si

문제 37. 다음의 강 중 탈산이 충분히 된 것은?
㉮ 림드강　　㉯ 세미 킬드강
㉰ 탈산강　　㉱ 킬드강

문제 38. 노 안에서 충분히 탈산을 시킨 강으로 기공, 편석은 없으나 표면에 헤어 크랙(hair crack)과 수축공이 생기는 강괴는?
㉮ 림드강　　㉯ 킬드강
㉰ 세미 림드　㉱ 세미 킬드강
[해설] 킬드강은 주로 평로나 전기로 등에서 만들어지는 고급강에 쓰인다.

문제 39. 다음 중 철광석이 아닌 것은?
㉮ 적철광　　㉯ 자철광
㉰ 능철광　　㉱ 휘철광

문제 40. 철강의 분류는 무엇에 의해서 하는가?
㉮ 성질　　㉯ 탄소 함유량
㉰ 조직　　㉱ 제작 방법
[해설] 철강 중에는 탄소 이외에 규소, 망간, 인, 황 등이 함유되어 있다.

문제 41. 탄소강은 탄소 함유량이 얼마인가?
㉮ 0.006~2.0 %　㉯ 0.025~2.0 %
㉰ 0.86~2.0 %　㉱ 2.5~4.5 %

[해답] 31. ㉰　32. ㉰　33. ㉱　34. ㉮　35. ㉰　36. ㉮　37. ㉱　38. ㉯　39. ㉱　40. ㉯　41. ㉯

[해설] 탄소강은 철과 탄소의 합금으로 탄소량이 0.02~2.0%의 것을 강, 2.0~6.68%의 것을 주철이라 한다.

[문제] 42. 강과 주철을 구별하는 탄소 함유량은 얼마인가?
- ㉮ 2.0%
- ㉯ 4.3%
- ㉰ 0.85%
- ㉱ 6.67%

[해설] ① 순철 : 0.00~0.25% C
② 강 : 0.025~2.0% C
③ 주철 : 2.0~6.68% C

[문제] 43. 주철의 탄소 함유량은 몇 %인가?
- ㉮ 0.85~2.0%
- ㉯ 0.5~4.5%
- ㉰ 2.0~6.68%
- ㉱ 0.035~2.0%

[문제] 44. 철광석을 용해할 때 사용하는 용재의 설명이 틀린 것은?
- ㉮ 철과 불순물의 분리가 잘되도록 하기 위해서 용재를 첨가한다.
- ㉯ 용재로는 석회석 또는 형석 등이 쓰인다.
- ㉰ 용재는 제철할 때 염기성 슬랙이 되도록 성분 조성을 한다.
- ㉱ 탈산제로 사용한다.

[문제] 45. 강철내부에 머리카락 모양의 미세한 균열인 헤어 크랙(hair crack)의 발생 원인은?
- ㉮ H_2
- ㉯ N_2
- ㉰ O_2
- ㉱ CO

[문제] 46. 강철의 온도가 상온보다 낮아지면 충격값이 감소되는 데 이러한 현상을 무엇이라고 하는가?
- ㉮ 청열 여림
- ㉯ 저온 여림
- ㉰ 상온 여림
- ㉱ 적열 여림

[해설] 강은 200~300℃에서는 상온일 때보다 오히려 메지게 되는 것을 강의 청열메짐이라 하고, 또한 황이 많은 강은 적열메짐이라 하는데 고온에서 메짐이 나타난다.

[문제] 47. 인이나 황이 포함된 강괴를 압연하면 불순물이 긴 띠 모양으로 늘어난다. 부식이나 파손이 원인이 되는 이 긴 띠를 무엇이라고 하는가?
- ㉮ 헤어 크랙
- ㉯ 수축관
- ㉰ 고스트 라인
- ㉱ 헤어 라인

[문제] 48. 다음 원소와 철강재에 미치는 영향과 관계가 없는 것은 어느 것인가?
- ㉮ S : 고온 가공성이 나쁘고, 절삭성이 증가된다.
- ㉯ Mn : 황의 해를 막는다.
- ㉰ H_2 : 유동성을 좋게 한다.
- ㉱ P : 편석을 일으키기 쉽다.

[해설] H_2(수소)는 철강에서 헤어 크랙(hair crack)의 원인이 된다. 이것은 머리카락과 같이 미세한 균열이다.

[문제] 49. 기계 구조용 탄소강의 기호표시 중에 SM 45 C라고 기입된 것이 있다. 이 중에서 45는 무엇을 뜻하는가?
- ㉮ 탄소함유량
- ㉯ 경도
- ㉰ 항복점
- ㉱ 인장강도

[해설] 45의 숫자는 탄소 함유량을 뜻하며, 0.42% C~0.48% C의 평균치를 나타낸다.

[문제] 50. 강에 Mn을 첨가하면 어떤 성질이 생기는가?
- ㉮ 내식성 증가
- ㉯ 내산성 증가
- ㉰ 인장강도 증가
- ㉱ 내마멸성 증가

[해설] 강중에 Mn은 0.2~0.8% 함유되어 있으며 Mn은 유황의 해를 제거하며 내마멸성 및 절삭성을 증가시킨다.

[해답] 42. ㉮ 43. ㉰ 44. ㉱ 45. ㉮ 46. ㉯ 47. ㉰ 48. ㉰ 49. ㉮ 50. ㉱

문제 51. 다음 중 산성 전로 제강법의 제강 원료로 적당한 것은?
㉮ P이 적고 Si가 많은 선철
㉯ Si가 적고 P이 많은 선철
㉰ P, Si가 많은 선철
㉱ P, Si가 적은 선철

문제 52. 림드강(rimmed steel)에 관한 설명 중 옳지 않은 것은?
㉮ 편석을 일으킨다.
㉯ 기공이 생기며, 가스 방출이 거의 없다.
㉰ 탈산이 불충분하다.
㉱ 탄소가 0.3% 이하인 강이다.
[해설] 강괴는 탄소(%)에 따라 구분한 것이 아니고 탈산정도에 따라 구분한 것이다.

문제 53. 순철의 변태점에서 알맞는 것은?
㉮ 체심 입방 격자 910℃ 면심 입방 격자
㉯ 면심 입방 격자 910℃ 면심 입방 격자
㉰ 체심 입방 격자 1410℃ 면심 입방 격자
㉱ 면심 입방 격자 14000℃ 체심 입방 격자
[해설] $-273 \sim 910$℃에서의 α철은 체심 입방 격자이고, 이것이 가열하면 910℃에서 면심 입방 격자인 γ철로 변한다. 그러나 1400℃에서는 다시 체심 입방 격자인 δ철로 되는 동소변태가 일어난다.

문제 54. 순철의 동소변태와 변태 온도를 올바르게 나타낸 것은?
㉮ A_0 변태, -210℃   ㉯ A_1 변태, -723℃
㉰ A_2 변태, -770℃   ㉱ A_3 변태, -910℃
[해설] 910℃에서 α철이 γ철로 되는 변태를 A_3 동소변태, 1400℃에서 γ철이 δ철로 되는 변태를 A_4 동소변태라고 한다.

문제 55. 순철에는 α, γ, δ의 3개의 동소체가 있다. 그 중 γ철은 910~1400℃ 사이에서 결정 격자가 어떤 상태인가?
㉮ 체심 입방 격자   ㉯ 수지상 결정
㉰ 면심 입방 격자   ㉱ 조밀 육방 격자

문제 56. 순철의 비중은 얼마인가?
㉮ 5.5   ㉯ 7.9
㉰ 9.5   ㉱ 11.5
[해설] 순철의 비중은 7.87, 용융점은 1538℃

문제 57. 순철의 변태점 중에서 자기 변태점은 어느 것인가?
㉮ A_0 변태점   ㉯ A_1 변태점
㉰ A_2 변태점   ㉱ A_3 변태점
[해설] 순철은 A_2, A_3, A_4의 3개의 변태점을 가지고 있으며 A_2 변태점은 768℃로 자기 변태점이다.

문제 58. 순철의 기계적 성질을 가장 바르게 나타낸 것은 어느 것인가?
㉮ 인장강도 18~25 kg/mm^2, 경도 60~70 H_B
㉯ 인장강도 25~40 kg/mm^2, 경도 150~220 H_B
㉰ 인장강도 40~50 kg/mm^2, 경도 25~32 H_B
㉱ 인장강도 60~75 kg/mm^2, 경도 420~570 H_B

문제 59. 순철의 자기 변태점과 동소변태점은 어느 것인가?
㉮ A_2 변태·-721℃, A_3 변태·-810℃, A_4 변태·-1320℃
㉯ A_2 변태·-721℃, A_3 변태·-910℃, A_4 변태·-1400℃
㉰ A_2 변태·-768℃, A_3 변태·-810℃, A_4 변태·-1320℃
㉱ A_2 변태·-768℃, A_3 변태·-910℃, A_4 변태·-1400℃

[해답] 51. ㉮ 52. ㉱ 53. ㉮ 54. ㉱ 55. ㉰ 56. ㉯ 57. ㉰ 58. ㉮ 59. ㉱

문제 60. 순철의 용도로서 적당한 것은?
- ㉮ 기계구조용
- ㉯ 전기재료
- ㉰ 크랭크 축
- ㉱ 목공구

문제 61. 순철의 퀴리점은 몇 도인가?
- ㉮ 768 ℃
- ㉯ 910 ℃
- ㉰ 1310 ℃
- ㉱ 1400 ℃

문제 62. 상온에서 전연성이 크기 때문에 소성가공이 가장 용이한 것은?
- ㉮ 순철
- ㉯ 탄소강
- ㉰ 주철
- ㉱ 합금강

문제 63. 코크스가 갖추어야 할 조건이 아닌 것은?
- ㉮ 코크스의 크기는 5 cm 정도의 것이 좋다.
- ㉯ 코크스는 노 내에서 부서지지 않아야 한다.
- ㉰ 코크스는 인과 황의 성분이 많을수록 좋다.
- ㉱ 코크스는 인과 황의 성분이 0.1 % 정도이어야 한다.

문제 64. 암코철, 전해질, 수소환원철, 카보닐철이란 무엇을 말하는가?
- ㉮ 선철
- ㉯ 주철
- ㉰ 순철
- ㉱ 주강

[해설] 순철 중 순도가 비교적 높은 철에는 암코철(armco iron), 전해철 등이 있으며 일반적으로 전기 분해법으로 제조한다.

문제 65. 순철의 용융 온도는?
- ㉮ 1400 ℃
- ㉯ 1538 ℃
- ㉰ 1769 ℃
- ㉱ 2610 ℃

문제 66. 탄소량이 0.8 % C 이하인 강을 무슨 강이라 하는가?
- ㉮ 자석강
- ㉯ 공석강
- ㉰ 아공석강
- ㉱ 과공석강

[해설] 0.8 % C의 강을 공석강, 0.8 % C 이하의 강을 아공석강, 0.8 % C 이상의 강을 과공석강이라 한다. 아공석강의 조직은 페라이트+펄라이트이다.

문제 67. 다음 조직 중 순철에 가장 가까운 것은?
- ㉮ 페라이트
- ㉯ 소르바이트
- ㉰ 펄라이트
- ㉱ 마텐자이트

[해설] 페라이트 조직이 가장 순철에 가깝고 조직이 매우 연하다.

문제 68. 다음 순철에 관한 설명 중 틀린 것은?
- ㉮ 항자력이 낮고 투자율이 높다.
- ㉯ 변압기나 발전기의 철심으로 사용한다.
- ㉰ 연성 자성이 커서 소성 가공이 용이하다.
- ㉱ 단접이 용이하나 용접성이 좋지 않다.

문제 69. 철봉을 1500℃에서부터 서냉시킬 때 A_2 변태를 할 때 길이는?
- ㉮ 길어진다.
- ㉯ 짧아진다.
- ㉰ 변하지 않는다.
- ㉱ 경우에 따라 달라진다.

문제 70. 순철에는 몇 개의 동소 변태점이 있는가?
- ㉮ 1개
- ㉯ 2개
- ㉰ 3개
- ㉱ 4개

문제 71. δ철에서 γ철로 변화할 때 격자상수는 어떻게 되는가?

[해답] 60. ㉯ 61. ㉮ 62. ㉮ 63. ㉰ 64. ㉰ 65. ㉯ 66. ㉰ 67. ㉮ 68. ㉱ 69. ㉯ 70. ㉯
71. ㉮

㉮ 길어진다.
㉯ 짧아진다.
㉰ 변화가 없다.
㉱ 경우에 따라 다르다.

문제 72. 순철의 탄소 함유량은 얼마 이하인가?
㉮ 0.015 % 이하   ㉯ 0.025 % 이하
㉰ 0.035 % 이하   ㉱ 0.038 % 이하

문제 73. 탄소강에서 탄소량이 증가할 경우 알맞은 사항은?
㉮ 경도 감소, 연성 감소
㉯ 경도 감소, 연성 증가
㉰ 경도 증가, 연성 증가
㉱ 경도 증가, 연성 감소
[해설] 탄소함유량이 증가하면 강도·경도와 전기저항은 증가하며 연성, 단면 수축률은 저하한다.

문제 74. 다음 중 강의 표준 조직이 아닌 것은?
㉮ 트루스타이트   ㉯ 페라이트
㉰ 시멘타이트   ㉱ 펄라이트
[해설] 강의 표준 조직에는 α (페라이트)와 Fe_3C (시멘타이트), $\alpha + Fe_3C$의 펄라이트가 있다.

문제 75. 탄소강이 가열되어 200~300 ℃ 부근에서 상온일 때보다 메지게 되는 현상을 무엇이라 하는가?
㉮ 적열메짐   ㉯ 청열메짐
㉰ 고온메짐   ㉱ 상온메짐
[해설] 강은 상온일 때보다 200~300℃에서는 연신율이 저하되고 강도는 높아지며 부스러지기 쉬운데 이것을 청열메짐이라 한다. 보통 P (인)이 원인이 된다.

문제 76. 약 950 ℃에서 메지게 되는 적열메짐의 원인이 되는 원소는?
㉮ P   ㉯ S
㉰ Mn   ㉱ Si

문제 77. 강에서 가장 유해한 불순물은?
㉮ P   ㉯ S
㉰ Si   ㉱ Mn
[해설] 황은 강의 고온 가공성을 나쁘게 하므로 0.017 % 정도 함유되어도 균열이 나타나 열간 가공이 되지 않는다.

문제 78. 탄소강에서 가공도가 크게 되면 어떤 현상이 일어나는가?
㉮ 강도가 작아진다.
㉯ 연신율이 크게 된다.
㉰ 경도가 작아진다.
㉱ 항장력이 크게 된다.

문제 79. 레일을 만드는 탄소강으로서 탄소의 함유량은 어느 것이 적당한가?
㉮ 0.40~0.50   ㉯ 0.15~0.3
㉰ 0.85~0.95   ㉱ 0.15~2.15

문제 80. 탄소강에서 가장 중요한 원소는?
㉮ Si   ㉯ Mn
㉰ P   ㉱ S
[해설] Mn은 0.2~0.8 % 정도로 탄소강에 가장 많이 함유되어 있으며, 강도와 고온가공성은 증가시키고 연신율의 감소를 억제시킨다.

문제 81. 탄소강 중에서 고온취성(high temperatrure shortness), 즉 적열취성 (hot shortness)의 원인이 되는 원소는?
㉮ Si   ㉯ Mn
㉰ S   ㉱ P
[해설] 강이 고온(950℃ 이상)이 되면 유화철이 되어서 유황(S)은 결정립계에 분포하여 취성(brittleness)을 갖게 된다.

[해답] 72. ㉯ 73. ㉱ 74. ㉮ 75. ㉯ 76. ㉯ 77. ㉯ 78. ㉱ 79. ㉮ 80. ㉯ 81. ㉰

※ 다음 Fe-C 상태도를 보고 나서 물음 (문제 82~87번)에 답하여라.

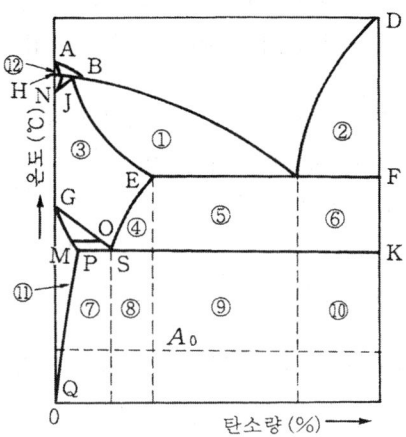

문제 82. 공정점 E의 온도는 몇 도인가?
- ㉮ 910 ℃
- ㉯ 1010 ℃
- ㉰ 1130 ℃
- ㉱ 1400 ℃

문제 83. 구역 ①의 조직은?
- ㉮ 오스테나이트+시멘타이트
- ㉯ 레데부라이트(γ+Fe$_3$C)+시멘타이트
- ㉰ 시멘타이트(Fe$_3$C)+용액
- ㉱ 오스테나이트(γ)+용액

문제 84. PSK 선에서 일어나는 반응은?
- ㉮ 공석반응
- ㉯ 공정반응
- ㉰ 포정반응
- ㉱ 고용반응

문제 85. ③ 구역에서의 자유도는 얼마인가?
- ㉮ 2
- ㉯ 3
- ㉰ 4
- ㉱ 5

문제 86. 다음 그림에서 C점에서의 반응으로 생기는 조직은?
- ㉮ 오스테나이트
- ㉯ 레데부라이트
- ㉰ 시멘타이트
- ㉱ 페라이트

문제 87. PSK 선(A$_1$ 변태점)의 온도는 몇 ℃인가?
- ㉮ 727 ℃
- ㉯ 910 ℃
- ㉰ 1130 ℃
- ㉱ 1400 ℃

[해설] Fe-C 평형 상태도에서 탄소량 0.025~6.67% 범위 내에 있어서 727 ℃에서 일어나는 변태는 공석 변태이며 A$_1$ 변태라고도 한다.

문제 88. 강철의 조직 중에서 오스테나이트 조직은 어느 것인가?
- ㉮ α 고용체
- ㉯ γ 고용체
- ㉰ Fe$_3$C
- ㉱ δ 고용체

[해설] ① 오스테나이트 → γ-Fe+Fe$_3$C 고용체
② 마텐자이트 → α-Fe+Fe$_3$C 고용체
③ 트루스타이트 → α-Fe+Fe$_3$C 혼합물
④ 펄라이트 → α-Fe+Fe$_3$C 혼합물
⑤ 소르바이트 → α-Fe+Fe$_3$C 혼합물

문제 89. 아공석강 중에서 탄소가 0.4% 함유된 탄소강의 브리넬 경도는? (단, 공식에 의해서 구할 것)
- ㉮ 148
- ㉯ 168
- ㉰ 132
- ㉱ 102

[해설] 인장강도(σ_B) = 20+100×C[%]이므로,
σ_B = 60 kg/mm^2
브리넬 경도(H_B) = 2.8×σ_B이므로,
H_B = 60×2.8 = 168

문제 90. Fe-C 평형 상태도에 의하여 α철은 910℃ 이하에서 어떠한 원자 배열을 가지고 있는가?
- ㉮ 면심 입방 격자
- ㉯ 체심 입방 격자
- ㉰ 조밀 육방 격자
- ㉱ 정방 격자

문제 91. 1.5% C가 들어 있는 강의 표준 현미경 조직은?

[해답] 82. ㉰ 83. ㉱ 84. ㉮ 85. ㉮ 86. ㉯ 87. ㉮ 88. ㉯ 89. ㉯ 90. ㉯ 91. ㉯

㉮ 펄라이트
㉯ 펄라이트+시멘타이트
㉰ 펄라이트+페라이트
㉱ 페라이트+시멘타이트

문제 92. 탄소강에 인(P)이 주는 영향이 아닌 것은?
㉮ 연신율(ductility) 증가
㉯ 충격치(impact value) 감소
㉰ 가공시 균열
㉱ 강도, 경도(hardness) 증가
[해설] 인은 제강시 편석을 일으키고, 이 때문에 담금 균열이 생기며 연신율(ductility)을 감소시키고 조직을 거칠게 하여 강을 메지게 하므로 함량을 최대로 줄여야 한다.

문제 93. 레데부라이트(ledeburite)는 다음 중 어느 것인가?
㉮ 시멘타이트의 용해 및 응고점
㉯ δ고용체가 석출을 끝내는 고상선
㉰ γ고용체로부터 α고용체와 시멘타이트가 동시에 석출하는 점
㉱ 포화되고 있는 2.1% C의 γ고용체와 6.67% C의 Fe_3C와의 공정
[해설] 금속 조직학적으로 Fe-C 평형상태도에서 탄소 함유량 4.3%에서는 γ-Fe+Fe_3C의 공정으로 이 공정을 레데부라이트라 한다.

문제 94. 시멘타이트(cementite) 조직이란?
㉮ Fe와 C의 화합물 ㉯ Fe와 S의 화합물
㉰ Fe와 P의 화합물 ㉱ Fe와 O의 화합물
[해설] 시멘타이트는 C 6.7%와 Fe과의 금속간의 화합물이며 경도가 가장 높다.

문제 95. A_0 변태는 다음 중 어느 것인가?
㉮ α고용체가 자기변태로 변하는 점
㉯ γ고용체가 탄소를 최대로 고용하는 점
㉰ 오스테나이트에서 펄라이트가 생기는 변태
㉱ 시멘타이트의 자기 변태에서 탄소량에 관계 없이 210℃에서 일어나는 점

문제 96. 빙점(0℃) 이하의 온도에서 사용되는 내한강의 탄소강 조직은 다음 중 어느 것이 가장 좋은가?
㉮ 소르바이트   ㉯ 트루스타이트
㉰ 마텐자이트   ㉱ 펄라이트

문제 97. 탄소강의 조직 중 연하고 연성이 크며 자성을 갖고 있는 것은?
㉮ 오스테나이트   ㉯ 페라이트
㉰ 펄라이트   ㉱ 시멘타이트
[해설] 탄소강의 조직 중 경도가 가장 큰 것은 시멘타이트이다.

문제 98. 강 중의 펄라이트 조직이라 하는 것은?
㉮ α고용체와 Fe_3C의 혼합물
㉯ γ고용체와 Fe_3C의 혼합물
㉰ α고용체와 γ고용체의 혼합물
㉱ δ고용체와 α고용체의 혼합물
[해설] 0.77% C의 오스테나이트가 727℃ 이하로 냉각될 때 0.02% C의 페라이트와 6.68% C 시멘타이트로 석출되어 생긴 공석강이다.

문제 99. 다음 설명 중 규소의 영향으로 옳은 것은?
㉮ 강의 유동성을 증가시킨다.
㉯ 상온 메짐을 크게 일으킨다.
㉰ 강의 유동성을 해치고 고온 메짐을 일으킨다.
㉱ 담금성을 현저하게 증가시킨다.
[해설] 규소는 용융금속의 유동성을 좋게 하므로 주

[해답] 92. ㉮ 93. ㉱ 94. ㉮ 95. ㉱ 96. ㉰ 97. ㉯ 98. ㉮ 99. ㉮

조하기 쉽게 하여 주며 탄소강 중에는 0.2~0.6 % 정도 함유시킨다.

문제 100. 탄소강에 함유된 원소 중에서 절삭성을 좋게 할 수 있는 것은?
㉮ Si　　㉯ Mn
㉰ P　　㉱ S

해설 S가 0.02 % 정도 함유되어도 균열이 나타나 열간가공은 되지 않으나, 절삭성을 향상시키기 때문에 대량 생산이 요구되는 부품의 재료로는 S을 0.25 % 정도 함유한 쾌삭강이 사용된다.

문제 101. 압연이나 단조작업을 할 수 없는 것은?
㉮ 페라이트　　㉯ 오스테나이트
㉰ 시멘타이트　　㉱ 레데부라이트

해설 시멘타이트는 철에 탄소가 6.68 % 화합된 철의 금속간 화합물(Fe₃C)로 대단히 단단하고 부스러지기 쉽다.

문제 102. Fe-C 상태도에서 공정점의 탄소 함유량은 얼마인가?
㉮ 0.8　　㉯ 1.7
㉰ 4.3　　㉱ 6.67

문제 103. 아공석강의 탄소함유량은 얼마인가?
㉮ 0.025~0.8 %　　㉯ 0.8 %
㉰ 0.8~2.0 %　　㉱ 2.0~4.3 %

해설 강 { 아공석강 : 0.025~0.8 % C
　　　　공석강 : 0.8 % C
　　　　과공석강 : 0.8~2.0 % C

문제 104. 탄소공구강의 재료 기호는?
㉮ SPS　　㉯ STS
㉰ STC　　㉱ SNC

해설 강재의 KS 기호는 다음과 같다.

기호	설 명	기호	설 명
SM	기계 구조용 탄소강재	SBB	보일러용 압연강재
SBV	리벳용 압연강재	SEH	내열강
SKH	고속도 공구강재	BMC	흑심가단 주철
WMC	백심가단 주철	SS	일반구조용 압연강재
DC	구상 흑연 주철	SK	자석강
SNC	Ni-Cr 강재	SF	단조품
GC	회주철	STC	탄소공구강
SC	주강	STS	합금공구강
SWS	용접 구조용 압연강재	SPS	스프링강

문제 105. KS 규격에서 SM 40 C란 의미는?
㉮ 인장강도가 40 kg/mm² 의 연강을 말한다.
㉯ 인장강도가 40 kg/mm² 의 기계구조용 탄소강을 말한다.
㉰ 탄소함유량이 40 %인 연강을 말한다.
㉱ 탄소함유량이 0.4 %인 탄소강을 말한다.

해설 SM 45 C는 탄소함유량이 0.38~0.42 % 정도인 기계구조용 탄소강으로 여기서 40의 의미는 탄소량의 중간값을 소수점 이하의 숫자만을 표기한 것이다.

문제 106. SS 34에서 34의 의미는?
㉮ 최저 인장강도　　㉯ 탄소 함유량
㉰ 경도　　㉱ 연신율

해설 SS는 일반구조용 압연강재의 기호이다.

문제 107. 철에는 몇 개의 동소체가 있는가?
㉮ 1개　　㉯ 2개
㉰ 3개　　㉱ 4개

문제 108. 전로 제강법에서 토머스법으로 제강할 때 가장 늦게 산화제거 되는 것은?
㉮ 탄소　　㉯ 인
㉰ 규소　　㉱ 망간

해설 토머스법의 발열 방법은 Si, Mn, C의 순서이고 마지막이 P이다.

해답 100. ㉱　101. ㉰　102. ㉰　103. ㉮　104. ㉰　105. ㉱　106. ㉮　107. ㉰　108. ㉯

문제 109. 아공석강 중에서 탄소가 0.7 %인 압연된 탄소강의 브리넬 경도는?

㉮ 152 ㉯ 202
㉰ 252 ㉱ 302

[해설] 인장강도는 $\sigma_B = 20+100\times C$이므로 90 kg/mm²이며, 브리넬 경도는 $H_B = 2.8 \times \sigma_B$ 이다.

문제 110. 탄소강의 종류와 용도 및 특성을 설명한 것 중 잘못 표현된 것은?

㉮ 대량생산 및 가공변형이 쉽고 기계적 성질이 우수하며 가장 널리 쓰인다.
㉯ 탄소량이 적은 것은 스프링 공구강으로 쓰이고 탄소량이 많은 것은 여러 가지 구조용 재료로 쓰인다.
㉰ 극연강, 연강은 단접은 잘 되나 물이나 기름에 높은 온도에서 급히 담가 식혀도 단단해지기 어렵다.
㉱ 반지름강, 경강은 단접이 잘 되지 않은 대신 열처리 효과가 대단히 크다.

문제 111. 강도가 가장 큰 탄소강은?

㉮ 공석강 ㉯ 아공석강
㉰ 과공석강 ㉱ 고탄소강

[해설] 인장강도와 경도는 공석조직 부근에서 최대가 되며, 과공석 조직에서는 망상의 초석 시멘타이트가 생기면서 변형이 잘 되지 않고 경도는 증가하나 강도는 급격히 감소된다.

문제 112. 탄소강의 탄성계수 (kg₁/mm²) 는 얼마인가?

㉮ 15000~17000 ㉯ 18000~21000
㉰ 21000~23000 ㉱ 25000~27000

문제 113. 탄소강에서 산소는 어떤 영향을 주는가?

㉮ 상온취성 ㉯ 청열취성
㉰ 저온취성 ㉱ 고온취성

문제 114. 탄소강에서 탄소 함량에 관계 없이 항상 일정한 것은?

㉮ 경도 ㉯ 인장강도
㉰ 탄성계수 ㉱ 비열

문제 115. 아공석강에서 인장강도 σ_t [kgf/mm²] 에서 브리넬 경도 (H_B)를 구하는 식은?

㉮ $H_B = 1.2\,\sigma_t$ ㉯ $H_B = 1.8\,\sigma_t$
㉰ $H_B = 2.2\,\sigma_t$ ㉱ $H_B = 2.8\,\sigma_t$

[해설] 인장강도 σ_t [kgf/mm²] 를 구하는 식은 $\sigma_t = 20+100\times C$ 이다.

문제 116. 순철의 기계적 성질을 바르게 나타낸 것은?

㉮ 경도 20~30 H_B, 인장강도 10~15 kgf/mm²
㉯ 경도 40~50 H_B, 인장강도 15~18 kgf/mm²
㉰ 경도 60~70 H_B, 인장강도 18~25 kgf/mm²
㉱ 경도 70~80 H_B, 인장강도 25~30 kgf/mm²

문제 117. 탄소강에서 경도와 마모량의 관계를 나타낸 것이다. 맞는 것은?

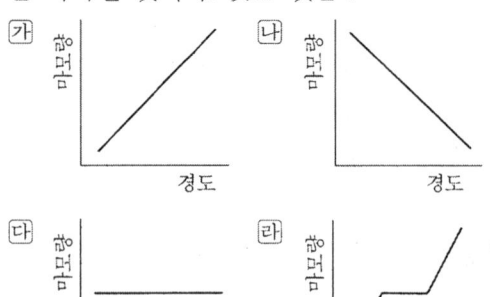

해답 109. ㉰ 110. ㉯ 111. ㉮ 112. ㉰ 113. ㉰ 114. ㉱ 115. ㉱ 116. ㉰ 117. ㉯

문제 118. 탄소강에서 탄소의 양이 증가됨에 따라 나타나는 현상 중 틀린 것은?
㉮ 전기저항 감소
㉯ 열팽창 계수, 열전도도 감소
㉰ 비열 증가
㉱ 비중 감소

문제 119. 탄소강의 고온 가공(열간가공)과 상온가공(저온가공)이 기계적 성질에 미치는 영향을 옳게 표현한 것은?
㉮ 상온가공하면 강도, 경도는 증가하고 단면수축률, 연신율은 감소한다.
㉯ 상온가공하면 재결정을 하지 않으므로 강도, 경도, 연신율, 단면수축률이 증가한다.
㉰ 고온가공하면 강도, 경도는 증가하고 탄성한도, 연신율은 감소한다.
㉱ 고온가공하면 재결정하므로 기계적 성질의 변화는 없다.

문제 120. 다음 설명 중 틀린 것은?
㉮ 철은 자기변태점을 갖고 있다.
㉯ Mn은 강에서 담금질 효과를 크게 한다.
㉰ 림드강은 킬드강보다 탈산이 잘 되지 않는다.
㉱ S은 강철에서 헤어 크랙(hair crack)을 일으킨다.

문제 121. 탄소강에서 강인성과 동시에 내마모성을 요구하는 경우 적당한 탄소 함유량은?
㉮ 0.2~0.3%   ㉯ 0.3~0.45%
㉰ 0.45~0.6%   ㉱ 0.6~1.0%

문제 122. 다음은 자기변태에 대한 설명이다. 틀린 것은?
㉮ 원자의 내부에 어떤 변화를 일으킨다.
㉯ 철의 자기 변태점은 907℃이다.
㉰ 강자성 금속, 즉 Fe, Ni, Co 등을 가열하여 어떤 온도에 이르면 보통 자성의 금속이 된다.
㉱ 자기 변태가 일어나는 점을 자기 변태점이라 하며 퀴리점이라고도 한다.
[해설] 철은 상온에서 강한 자성체이나 이것을 가열하면 점점 자성이 약하게 되며, 770℃ 부근에서는 급격히 상자성체로 되는데 이 변화를 자기변태라 하고 보통 이 온도를 A_2 변태점 또는 자기 변태점이라 한다.

문제 123. 탄소강에 특수 원소를 첨가하면 γ 고용체의 영역이 변화한다. γ 영역을 확대시키는 원소는 다음 중 어느 것인가?
㉮ Co   ㉯ Cr
㉰ V   ㉱ Si
[해설] γ 영역을 확대시키는 원소는 Ni, Mn, Cu, Co, N이고 γ 영역을 축소 시키는 원소 Cr, Mo, W, V, Si이다.

문제 124. 탄소공구강에 대한 설명이다. 틀린 것은?
㉮ 뜨임은 150~220℃에서 한다.
㉯ 담금질 온도는 760~840℃에서 중·대형은 수중, 소형은 유중에서 한다.
㉰ 고탄소 공구강은 담금질 전에 탄화물(Fe_3C)을 구상화 처리하면 담금질 균열이 생긴다.
㉱ 과공석강은 커터나 바이트에, 아공석강은 점성이 커 끌이나 단조 공구에 사용된다.

문제 125. 냉간가공의 장점은 무엇인가?

[해답] 118. ㉮ 119. ㉮ 120. ㉱ 121. ㉰ 122. ㉯ 123. ㉮ 124. ㉰ 125. ㉮

㉮ 제품이 아름답다.
㉯ 작업 능률이 양호하다.
㉰ 단시간에 완성할 수 있다.
㉱ 매우 경제적이다.

문제 126. 열간가공에서 가장 중요한 점은?
㉮ 가공온도를 높게 해야 한다.
㉯ 가공온도를 낮게 해야 한다.
㉰ 끝맺음 온도를 높게 해야 한다.
㉱ 끝맺음 온도를 낮게 해야 한다.
해설 열간가공의 결점은 치수가 부정확하다.

문제 127. 아공석강에서 냉각속도를 빨리 하면 어떠한가?
㉮ 펄라이트 중의 C%가 0.8% C 보다 많다.
㉯ 펄라이트 중의 C%가 0.8% C 보다 적다.
㉰ 0.8% C가 된다.
㉱ 관계 없다.

문제 128. Fe-C 상태도에서 안정 온도에서 일어나는 반응이 3개소 있다. 맞는 것은?
㉮ 공정, 공석, 포정 ㉯ 공정, 공석, 변성
㉰ 공정, 포정, 편정 ㉱ 공정, 공석, 포석

문제 129. 탄소강에서 가장 팽창된 것은 다음 중 어느 것인가?
㉮ 마텐자이트   ㉯ 소르바이트
㉰ 펄라이트   ㉱ 오스테나이트

문제 130. $L + \delta = \gamma$ 의 반응은 탄소 몇 %에서 일어나는가?
㉮ 0.1~0.5% C   ㉯ 0.3~0.6% C
㉰ 0.6~1.0% C   ㉱ 0.8~1.5% C

문제 131. 다음 설명 중 옳은 것은?
㉮ 마텐자이트는 먼저 페라이트가 생긴다.
㉯ 펄라이트는 먼저 페라이트가 생긴다.
㉰ 베이나이트는 먼저 페라이트가 생긴다.
㉱ 트루스타이트는 먼저 페라이트가 생긴다.

문제 132. 철강 재료를 크게 분류한 것 중 옳은 것은?
㉮ 철, 강, 탄소강이 있다.
㉯ 철, 강, 주철이 있다.
㉰ 철, 합금강, 특수강이 있다.
㉱ 철, 합금강, 주강이 있다.

문제 133. 페라이트의 H_B는 80, 펄라이트의 H_B는 200이다. 0.3% 탄소강의 브리넬 경도(H_B)는 얼마인가?
㉮ H_B 50   ㉯ H_B 75
㉰ H_B 100   ㉱ H_B 125
해설 $H_B = \dfrac{80 \times F + 200 \times P}{100}$
$= 80 \times 62.5 + 37.5 \times 200 = 125\, H_B$

문제 134. 탄소강에서 탄소량이 증가하면 용해 온도는?
㉮ 높아진다.
㉯ 낮아진다.
㉰ 같다.
㉱ 다른 원소에 따라 틀리다.

문제 135. 탄소강을 200~300℃ 부근에서 가공을 피해야 하는 이유는?
㉮ 청열취성이 있다.
㉯ 온도가 너무 낮다.
㉰ 온도가 너무 높다.
㉱ 쾌삭성이 있기 때문이다.

문제 136. 탄소강의 조직 중 연하고 연성이 크며 자성을 갖는 것은?

해답 126. ㉱ 127. ㉯ 128. ㉮ 129. ㉮ 130. ㉮ 131. ㉰ 132. ㉯ 133. ㉱ 134. ㉯ 135. ㉮
136. ㉰

㋐ 펄라이트   ㋑ 시멘타이트
㋓ 페라이트   ㋒ 오스테나이트

문제 137. 레데부라이트의 설명으로 적당한 것은?
㋐ α고용체로부터 γ고용체와 시멘타이트가 동시에 석출하는 점
㋑ γ고용체가 석출을 끝내는 고상선
㋓ 펄라이트의 용해 및 응고점
㋒ 포화되고 있는 1.7 % C의 γ고용체와 6.67 % C의 Fe₃C와의 공정점

문제 138. 탄소강의 조직에서 페라이트와 펄라이트 양이 동일할 때 C의 양은?
㋐ 0.11 % C   ㋑ 0.21 % C
㋓ 0.31 % C   ㋒ 0.41 % C

문제 139. 펄라이트란 어떤 것인가?
㋐ 혼합물   ㋑ 화합물
㋓ 고용체   ㋒ 순금속

문제 140. 0.8 % C에서 공석점의 탄소량은 1이다. 0.7 % C강과 0.9 % C강의 표준 조직에서 펄라이트의 양은?
㋐ 0.7 %가 많다.   ㋑ 0.9 %가 많다.
㋓ 같다.   ㋒ 비슷하다.

[해설] 페라이트 $= \dfrac{0.8-C[\%]}{0.8} \times 100$

펄라이트 $= \dfrac{C[\%]}{0.8} \times 100$

문제 141. 탄소강의 강도와 경도는 온도에 따라 어떻게 되는가?
㋐ 200~300 ℃에서 최대이다.
㋑ 350℃ 이상에서 증가한다.
㋓ 상온 이하에서 감소한다.
㋒ 온도와는 관계가 없다.

문제 142. 스프링용 강의 조직으로 적당한 것은?
㋐ 오스테나이트, 레데부라이트
㋑ 마텐자이트, 시멘타이트
㋓ 트루스타이트, 소르바이트
㋒ 펄라이트, 페라이트

문제 143. 온도의 변화에 따라 자장의 세기가 급격히 변화를 일으키는 것은?
㋐ 자기변태   ㋑ 격자변태
㋓ 열량변태   ㋒ 동소변태

[해설] 동소변태란 고체 내에서 원자배열이 변하는 것을 말하며, 동소변태 금속에는 Fe, Co, Ti, Sn 등이 있다.

문제 144. 제철시 용광로 속에 주입되는 순서로 맞는 것은?
㋐ 광석 → 코크스 → 석회석
㋑ 광석 → 석회석 → 코크스
㋓ 코크스 → 광석 → 석회석
㋒ 코크스 → 석회석 → 광석

[해답] 137. ㋒ 138. ㋒ 139. ㋐ 140. ㋑ 141. ㋐ 142. ㋓ 143. ㋐ 144. ㋓

제3장 탄소강의 열처리

1. 열처리의 개요

금속 재료를 각종 사용 목적에 따라 기능을 충분히 발휘하려면 합금만으로는 되지 않는다. 그러므로 충분한 기능을 발휘시키기 위해서 금속을 적당한 온도로 가열 및 냉각시켜 특별한 성질을 부여하는 것을 열처리(heat treatment)라 한다.

2. 일반 열처리

2-1 담금질 (quenching)

강을 A_3 또는 A_{cm} 변태점보다 30~50 ℃ 정도 높은 온도로 가열한 다음 물이나 기름 속에 급속히 냉각시켜 오스테나이트로부터 펄라이트에 이르는 도중에 마텐자이트 조직을 얻는 것으로 경도와 강도를 증가시키는 것으로 다음 4가지 조직이 있다.

① 오스테나이트(austenite) : 고온에서 오스테나이트 조직으로 된 것을 냉각 중에 변태를 일으키지 못하도록 급히 냉각하여 상온으로 만든 조직으로 비자성체이며 전기 저항이 크고, 경도는 낮으나 인장강도에 비하여 연신율이 크다.

② 소르바이트(sorbite) : 트루스타이트보다 냉각속도가 느린 경우에 나타나는 조직으로 강인성과 경도가 크다.

③ 트루스타이트 (troostite) : 마텐자이트보다 냉각속도가 느린 경우에 나타나는 조직으로 기름이나 온탕에서 급속히 냉각할 때 재료 중앙에 잘 나타난다.

④ 마텐자이트 (martensite) : 강을 물 속에서 급속히 냉각시켰을 때 나타나는 침상조직으로 내식성이 강하고 강도와 경도가 크며 강자성체이나, 여리고 전연성이 매우 작은 조직이다. 또한, 비중이 오스테나이트보다 작으므로 변태될 때에 팽창되는 특성을 가지고 있다.

이상의 4가지 조직들을 단단한 순으로 나열하면 다음과 같다.

마텐자이트＞트루스타이트＞소르바이트＞오스테나이트

또한, 펄라이트의 경도와 강도는 소르바이트와 오스테나이트의 중간 정도이다.

(1) 담금질액과 담금질 온도

담금질 효과는 냉각속도에 영향을 받게 되며 냉각제와 밀접한 관계가 있다. 냉각제로는 물, 기름 및 소금물 등이 사용되며 물과 기름은 담금질 경화능 (hardenability) 에 영향이 크다. 물은 처음에는 경화능이 크나 기포가 생기면서 냉각 능력이 감소하고, 기름은 처음에는 냉각능 (coolingability) 이 약하나 온도 상승과 더불어 냉각능이 커진다.

일반적으로 탄소강, 망간강, 텅스텐강 등의 간단한 것은 물에 담금질하고 복잡한 형상 및 그 밖의 각종 특수강들은 기름에 담금질한다.

담금질 온도는 그림 3-1과 같이 A_3 또는 A_{cm} 변태점보다 30~50℃ 정도 높은 온도에서 하는 것이 좋으며, 열처리할 재료의 크기와 관계가 있으므로 큰 재료는 냉각속도가 느리게 되므로 다소 높은 온도로 가열하여 물 또는 기름에 담금질하는 것이 좋다. 또한 담금질에 의해 경화되려는 탄소강의 탄소 함유량은 0.3 % 이상이어야 한다.

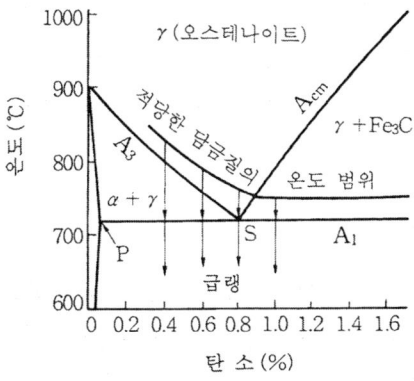

그림 3-1 담금질 온도 범위

(2) 담금질 균열과 방지책

재료를 경화하기 위하여 급속히 냉각하면 재료 내외의 온도차에 의한 열응력과 변태응력으로 인하여 내부 변형 또는 균열이 일어나는 것을 담금질 균열(quenching crack)이라 하며 그 방지책은 다음과 같다.
① 급속한 냉각을 피하고 일정한 속도로 냉각한다.
② 가능한 한 물보다 기름에 담금질하여야 한다.
③ 부분적인 온도차를 적게 하기 위하여 부분 단면을 적게 한다.
④ 재료 표면의 스케일(scale)을 완전히 제거하여 담금질액이 잘 접촉하게 한다.
⑤ 설계시 가능한 한 직각 부분을 적게 한다.
⑥ 탄소 함유량이 0.5% 이상의 강은 담금질 후 오랜 시간의 뜨임 처리나 서브 제로(sub zero) 처리를 한다.

(3) 서브 제로 처리

오스테나이트 조직은 경도를 저하시키므로 이 조직을 적게 하기 위하여 담금질하여 상온으로 한 다음 0℃ 이하의 냉각제 중에 넣어 마텐자이트 변태를 완전에 가까울 정도로 진행시키는 처리로 심랭 처리라고도 한다.

(4) 질량효과와 경화능

재질이 같은 큰 재료와 작은 재료를 같은 조건에서 담금질하면 질량이 작은 재료는 내부까지 급랭되어 외부와 내부가 거의 동시에 경도가 증가하나 질량이 큰 재료는 내부가 급랭되지 못하므로 온도차가 생겨 외부는 경화하여도 내부는 경화되지 않는다. 이러한 현상을 담금질의 질량효과(mass effect)라 한다. 따라서 질량이 큰 재료일수록 담금질 효과가 감소하므로 특수 원소를 첨가하여 질량효과를 작게 하면 열처리가 쉽다. 강의 경화능(hardenability)이란 담금질성이라고도 하며 급랭 경화된 깊이로 나타낸다. 담금질성을 향상시키는 합금 원소로는 B, Mn, Mo, Cr 등이 있다.

2-2 뜨임 (tempering)

담금질한 강은 경도가 크나 메지므로 내부응력을 제거하고 인성을 증가시키기 위하여 A_1 변태점 이하에서 재가열한 다음 냉각시키는 열처리를 뜨임이라 한다. 뜨임 처리는 뜨임 온도에 따라 저온 뜨임, 고온 뜨임으로 나뉜다.

① 저온 뜨임: 담금질에 의하여 생긴 재료 내부의 잔류응력을 제거하고 비교적 높은 경도를 필요로 한 경우에 150℃ 부근에서 뜨임하는 것을 말한다.
② 고온 뜨임: 담금질한 강을 500~600 ℃ 부근에서 뜨임하는 것으로 인성을 필요로 한 재질을 만들기 위한 조작을 말한다.

(1) 뜨임온도와 조직변화

담금질만 한 강은 급랭으로 인한 내부응력의 증가로 상온에서 안정된 조직이라 할 수 없으므로 재가열하면 가열온도에 따라 다음과 같은 조직의 변화가 생긴다.
M (마텐자이트) → T (트루스타이트) → S (소르바이트) → P (펄라이트)

(2) 뜨임색

담금질한 강을 뜨임하면 가열온도와 시간에 따라 그 표면에 여러 가지 색깔이 나타난다. 이것을 뜨임색 (temper colour)이라 하며 이것으로 뜨임온도를 측정할 수 있으나 온도가 일정해도 가열시간이 길면 고온의 색을 나타내기 쉬우므로 정확한 측정이 어렵다. 표 3-1은 뜨임색을 나타내었다.

표 3-1 뜨임 온도와 뜨임색 (가열 시간 5~6분)

뜨임 온도(℃)	뜨 임 색	뜨임 온도(℃)	뜨 임 색
200	엷은황색	290	짙은청색
220	황 색	300	청 색
240	갈 색	320	엷은 회청색
260	자 주 색	350	청 회 색
280	보 라 색	400	회 색

2-3 불림 (normalizing)

단조, 압연 등의 소성가공으로 인해 거칠어진 조직을 미세화하고 편석이나 잔류응력을 제거하기 위해 A_3 변태점보다 30~50 ℃ 정도 높게 가열하여 공기 중에서 자연 냉각하는 조작을 불림이라 한다.

불림 처리한 강의 성질은 결정입자의 조직이 미세하게 되어 연신율과 인성이 증가하여 단면 수축 등이 잘 된다.

2-4 풀림 (annealing)

재료를 단조, 주조 및 기계가공을 하면 조직이 불균일하여 거칠어지고 가공경화나 내부응력이 생기게 되는데 이를 제거하기 위하여 변태점 이상의 적당한 온도로 가열하고 서서히 냉각시키는 열처리를 풀림이라 하며 그 목적은 다음과 같다.
① 기계적 성질의 개선
② 가스 혹은 불순물의 방출 또는 확산을 일으키고 내부응력 제거
③ 조직을 균질화
④ 인성의 향상
⑤ 조직을 개선하고 담금질 효과 향상

또한 풀림에는 저온 풀림과 고온 풀림이 있는데 저온 풀림은 A_1점 이하에서 실시하는 것으로 응력제거 풀림, 프로세서 풀림, 재결정 풀림 등이 있으며, 고온 풀림은 A_3점 이상에서 실시하는 것으로 완전 풀림, 확산 풀림, 항온 풀림 등이 있다.

2-5 항온 열처리

(1) 항온 냉각 변태곡선

강을 오스테나이트 상태에서 A_1점 이하의 온도, 즉 항온까지 급랭하여 이 온도에서 그대로 항온 유지했을 때 일어나는 변태를 항온 변태 (isothermal transformation)라 하고 이 조직변화를 그림으로 나타낸 것을 항온 변태곡선(time-temperature transformation curve : TTT 곡선)이라 하며, 그 모양이 S자 모양이므로 S 곡선이라고도 하고 C 곡선 또는 TTT 곡선이라고도 한다.

그림 3-2에서 베이나이트는 마텐자이트와 트루스타이트의 중간 상태의 조직이다.

(2) 연속냉각 변태곡선

강재를 오스테나이트 상태에서 급랭 또는 서냉할 때의 냉각곡선을 연속냉각 변태곡선(continuous cooling transformation curve : CCT 곡선)이라 하며 그림 3-3은 연속 냉각 변태곡선의 모형을 나타낸 것이다.

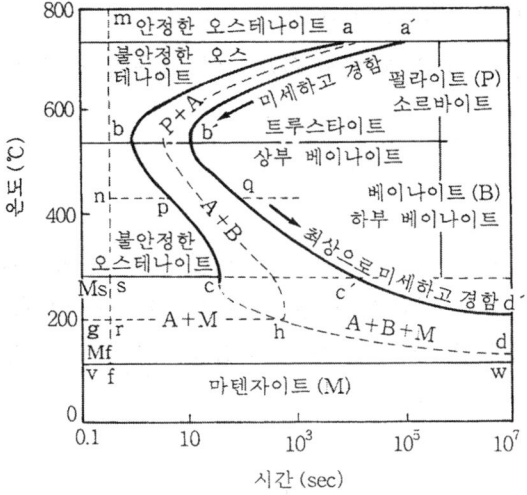

그림 3-2 항온 변태곡선

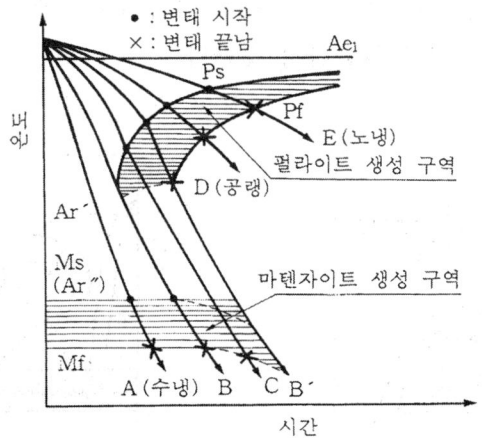

그림 3-3 연속냉각 변태곡선

(3) 항온 열처리

강을 변태점 이상으로 가열한 후 보통의 열처리와 같이 연속적으로 냉각하지 않고 열욕중에 담금질하여 그 온도로 어느 일정한 시간 동안 항온 유지하였다가 냉각하는 열처리를 항온 열처리라 하며 그 특징은 다음과 같다.

① 계단 열처리보다 균열 및 변형 감소와 인성이 좋아진다.
② Ni, Cr 등의 특수강 및 공구강에 좋다.
③ 고속도강의 경우 1250~1300 ℃에서 580 ℃의 염욕에 담금하여 일정시간 유지 후 공랭한다.

(4) 항온 풀림

풀림 온도로 가열한 강재를 노즈(nose)보다 조금 높은 온도인 600~700 ℃까지 열욕에 냉각시켜 그 온도에서 항온 변태시킨 후 꺼내어 공랭한다. 보통 풀림 방법에 비하여 처리시간이 단축되므로 공구강, 특수강, 기타 자경성이 강한 특수강의 풀림에 적합하다.

(5) 항온 담금질

① 오스템퍼(austemper) : 오스테나이트 상태에서 Ar′와 Ar″(Ms) 변태점간 염욕에 담금질하여 점성이 큰 베이나이트 조직을 얻을 수 있고 뜨임이 불필요하며 담금질 균열과 변형이 적다.
② 마템퍼(martemper) : 오스테나이트 상태에서 Ms점과 Mf 점 사이에서 항온 변태 후 열처리하여 얻은 마텐자이트와 베이나이트의 혼합조직으로 항온 유지 시간이 너무 길어서 공업적으로는 거의 사용하지 않는다.

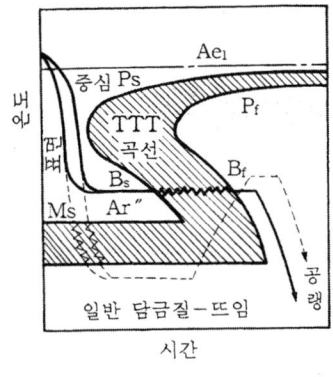

그림 3-4 오스템퍼

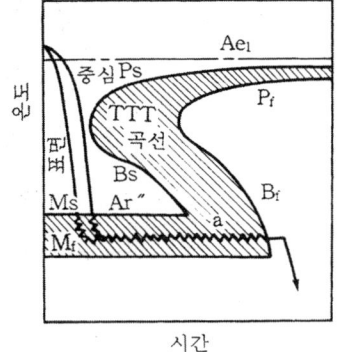

그림 3-5 마템퍼

③ 마퀜칭(marquenching) : 담금질 온도로 가열한 강재를 Ar″(Ms) 점보다 다소 높은 온도의 열욕에 담금질한 후 강재의 내부, 외부가 동일한 온도가 될 때까지 항온 유지하고 서서히 냉각시켜 마텐자이트 변태를 완료시킨 후 뜨임하는 방법이다. 수냉한

것보다 경도는 다소 낮아지나 강의 내·외부가 동시에 마텐자이트로 변하므로 담금질 균열이나 변형이 없어 고탄소강, 합금강, 게이지강, 공구강 등의 형상이 복잡한 부품에 적합하다.
- ④ Ms 퀜칭(Ms quenching) : 담금질 온도로 가열한 강재를 Ms점보다 약간 낮은 온도의 열욕에 넣어 강의 내·외부가 동일 온도로 될 때까지 항온 유지한 후 꺼내어 물 또는 기름 중에 급랭하는 방법이다.

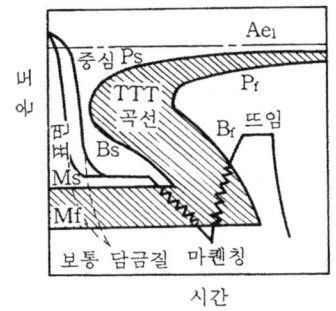

그림 3-6 마퀜칭

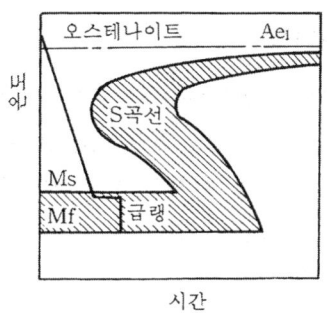

그림 3-7 Ms 퀜칭

3. 표면 경화법

기계의 축, 기어, 캠 등에는 강도, 인성뿐만 아니라 접촉부의 내마멸성도 있어야 한다. 이러한 성질을 고루 갖추기 위하여 강도 및 인성이 큰 강철에 표면 경도만을 높이는 열처리를 표면 경화 처리(surface hardening)라 한다.

표면 경화 처리 방법에는 첨가 원소의 확산에 의한 화학적인 방법과 물리 작용에 의한 물리적인 방법이 있다.

3-1 침탄법

표면 경화법 중 가장 널리 이용되는 방법으로 저탄소강의 표면에 탄소를 침투시켜 표면만 고탄소 성분으로 한 다음 이것을 담금질하여 표면만 경화시키는 방법으로 침탄하지 않아야 할 부분은 Cu 도금을 한다.

침탄법은 침탄제의 종류에 따라 고체, 액체, 가스 침탄법으로 나눈다.

(1) 고체 침탄법

가장 일반적인 침탄방법으로 침탄하고자 하는 제품을 주철상자 내에 침탄제와 침탄촉진제를 6 : 4 비율로 넣고 내화점토로 밀봉하여 900~950 ℃로 4~6시간 가열한다.

침탄제로는 목탄, 코크스(cokes), 골탄 등이 사용되며 촉진제로는 탄산바륨($BaCO_3$), 탄산나트륨(Na_2CO_3) 등이 사용되며 침탄시간이 길수록 깊이 침탄되며 0.5~2.0 mm 정도의 침탄층을 얻을 수 있다.

(2) 액체 침탄법

침탄 소재를 시안화나트륨(NaCN), 시안화칼륨(KCN) 등에 염화 물이나 탄산염 등을 40~50 % 첨가하여 600~900 ℃로 용해시킨 염욕 중에 일정 시간 넣어 두어 탄소와 질소가 소재 표면으로 침투하게 하는 침탄법을 액체 침탄법 또는 침탄 질화법(carbonitriding), 시안화법(cyaniding)이라 한다.

(3) 가스 침탄법

침탄 소재를 메탄(CH_4) 가스나 프로판(C_3H_3) 가스와 같은 탄화수소계 가스로 가득 찬 노 안에 넣고 일정시간 가열하여 소재 표면으로 탄소의 확산이 이루어지게 하는 침탄법으로 주로 작은 제품에 이용된다.

3-2 질화법

질소는 강에 잘 용해되지 않지만, 500 ℃정도에서 암모니아(NH_3) 가스로부터 분해된 발생기 질소는 강 중에 함유된 다른 원소와 강하게 반응하여 질화물을 만들면서 강으로 침투된다. 이와 같이, 암모니아 가스로 소재를 질화시키는 열처리를 질화법(nitriding)이라 한다.

질화는 높은 표면 경도, 우수한 내마멸성과 내식성, 고온에서의 안정성, 질화 후에도 담금질을 하지 않아 치수 변화가 거의 일어나지 않는 무변형성 등의 장점과 침탄보다 10여 배 긴 시간이 필요하고, 많은 처리 비용이 소요되는 등의 결점을 가지고 있다.

표 3-2는 질화 처리 시간과 질화층과의 관계를 나타낸 것이고 표 3-3은 침탄법과 질화법의 비교를 나타내었다.

표 3-2 질화 처리 시간과 질화층과의 관계

처리 시간 (h)	깊이 (mm)
10	0.15
20	0.30
50	0.50
80	0.60

표 3-3 침탄법과 질화법의 비교

침 탄 법	질 화 법
1. 경도가 작음	1. 경도가 큼
2. 침탄 후 열처리가 큼	2. 열처리 불필요
3. 침탄 후 수정 가능함	3. 질화 후 수정이 불가능
4. 단시간 표면경화	4. 시간 길다
5. 변형 생김	5. 변형 적음
6. 침탄층 단단함	6. 여리다

3-3 금속 침투법

금속제품 표면에 다른 종류의 금속을 확산 침투시켜 합금 피복층을 얻는 방법을 금속 침투법이라 한다.

(1) 세라다이징 (sheradizing : Zn 침투법)

Zn을 재료표면에 침투시키는 방법으로 300메시 (mesh) 정도의 Zn 분말 속에 재료를 묻고 약 300~420℃로 1~5시간 가열하면 재료표면에 Zn이 0.015 mm 정도 침투하여 표면 경화층을 얻는다.

(2) 크로마이징 (chromizing : Cr 침투법)

Cr을 재료표면에 침투시키는 방법으로 재료를 Al_2O_3를 혼합한 Cr 분말 속에 묻고 1000~1400℃로 가열하면 Cr이 침투된 표면층은 고 Cr의 조성이 되어 스테인리스강의 성질을 갖게 되므로 내식, 내열성 및 내마모성이 향상된다.

(3) 칼로라이징 (calorizing : Al 침투법)

주로 강철 표면에 Al을 침투시키는 방법으로 Al 분말에 소량의 염화암모늄을 혼합하여 노중에서 850~950 ℃로 4~6시간 가열 후 800~1000 ℃에서 12~40시간 재가열하여 침투 Al이 확산되도록 한다.

(4) 실리코나이징 (siliconizing : Si 침투법)

Si를 침투시켜 내산성을 향상시키는 방법이다.

(5) 보로나이징 (boronizing : B 침투법)

철강에 붕소를 침투시켜 표면경도를 증가 (H_V 1300~1400) 시키는 방법이다.

3-4 기타 표면 경화법

(1) 화염 경화법

0.4% 전후의 강을 산소-아세틸렌 화염으로 표면만을 가열 냉각시키는 방법으로 경화층의 깊이는 불꽃의 온도, 가열시간, 불꽃 이동 속도 등의 조정으로 조절된다.

(2) 고주파 경화법

고주파 열로 표면을 열처리 하는 방법으로 경화시간이 짧고 탄화물을 고용시키기가 쉽다.

(3) 숏 피닝 (shot peening)

소재 표면에 강이나 주철로 된 작은 입자 (ϕ 0.5~1.0 mm) 들을 고속으로 분사시켜 가공 경화에 의하여 표면의 경도를 높이는 표면 경화법을 숏 피닝 (shot peening) 이라 하며 숏 피닝을 한 재료는 휨이나 비틀림의 반복응력에 대한 피로한도를 크게 증가시키므로 스프링 재료에 이용된다.

(4) 방전 경화법

전기의 방전현상을 이용하여 강의 표면을 침탄, 질화시키는 방법이다. 즉, 탄화텅스텐 (WC) 이나 탄화티탄 (TiC) 등의 초경합금을 음극으로하여 재료표면에 방전시키면 탄화텅스텐이나 탄화티탄이 재료표면에 용착되어 경화된다. 경화층은 대단히 얇으나 H_V 1400~1600에 달하므로 내마모성이 향상되어 공구의 절삭수명이 길어진다.

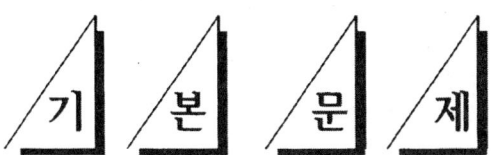

문제 1. 강의 열처리 종류와 방법을 간단히 설명하시오.

해설 ① 담금질(quenching) : 가열 후 급랭시키는 작업으로 그 목적은 경도와 강도를 증가시키기 위하여 마텐자이트(martensite)라고 부르는 대단히 굳은 조직으로 하는 것이다.
② 뜨임(tempering) : 담금질하여 생긴 마텐자이트는 탄소가 많아 결정 격자가 변형되고 내부 응력이 커서 경도가 크고 메지므로 내부 응력을 제거하기 위하여 재가열하는 조작이다.
③ 풀림(annealing) : 재질의 경도를 연화시킬 목적으로 한다.
④ 불림(normalizing) : 결정 입자를 미세화하여 강력한 재료로 만들기 위한 열처리이다.

문제 2. 담금질에서 물과 기름의 냉각 효과를 설명하시오.

해설 기름은 물에 비하여 냉각속도가 늦다. 그러므로 탄소강을 담금질할 때 물에 급랭하면 마텐자이트(martensite), 기름 중에 냉각하면 트루스타이트(troostite) 조직이 된다.

문제 3. 질량 효과(mass effect)에 대해 설명하시오.

해설 재료의 크기에 따라 냉각속도가 다르므로 내부와 외부의 경도차가 생기는 현상을 담금질의 질량효과라 한다.

문제 4. 서브제로(sub-zero) 처리에 대해 설명하시오.

해설 담금질된 강의 경도를 증가시키고 시효 변형을 방지하기 위한 목적으로 0℃ 이하의 온도에서 처리하는 것으로 심랭처리라고도 한다.

문제 5. 표면경화에 대해 설명하시오.

해설 내마멸성을 주기 위해 담금질을 하면 경도는 크게 되나 메지게 되어 충격값이 감소하므로 표면만의 경도를 크게 한 열처리를 말한다.

문제 6. 질화법은 어떤 장점을 갖고 있는지 설명하시오.

해설 ① 경도는 침탄층보다 높다.
② 질화 후의 열처리는 필요가 없다.
③ 경화로 인한 변형이 적다.
④ 고온으로 가열하여도 경도는 저하되지 않는다.

문제 7. 열처리의 종류를 분류하시오.

해설 ① 일반 열처리 : 담금질, 뜨임, 풀림, 노멀라이징 처리
② 항온 열처리 : 오스템퍼, 마퀜칭, 마템퍼
③ 표면 경화 열처리 : 화열 경화법, 고주파 경화법, 침탄법, 시안화화법, 질화법

문제 8. 항온 변태 곡선에 대해 설명하시오.

해설 강을 오스테나이트 상태에서 냉각할 때, 냉각 도중 어떤 온도에서 냉각을 정지하고 그 온도에서 변태를 시켜 변태 개시 온도와 변태 완료 온도를 온도−시간 곡선으로 나타낸 것을 항온 변태 곡선 또는 TTT 곡선(S 곡선)이라 한다.

문제 9. 완전 풀림에 대하여 설명하시오.

해설 탄소강은 용융상태에서 주조한 것 또는 고온으로 가열한 것은 결정입자가 크고 거칠며 재질이 약하다. 이와 같은 결점을 제거하기 위해 하는 열처리를 완전 풀림이라 하며, 이 때 $A_3 \sim A_1$ 변태점보다 30~50 ℃ 높은 온도에서 풀림한다.

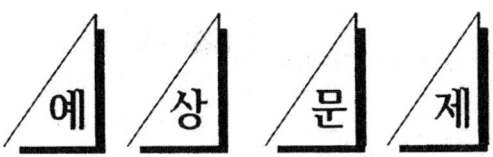

문제 1. 강을 담금질할 때 냉각효과가 가장 빠른 냉각액은?
㉮ 소금물   ㉯ 기름
㉰ 비눗물   ㉱ 물
[해설] 칠드(chilled)된 부분은 시멘타이트(Fe₃C) 조직이 됨으로써 경도가 높아져 내마멸성과 압축강도가 크게 된다.

문제 2. 강의 열처리 중 가장 서냉시키는 것은?
㉮ 담금질   ㉯ 뜨임
㉰ 풀림   ㉱ 불림

문제 3. 강의 조직을 표준상태로 하기 위한 열처리는?
㉮ 담금질   ㉯ 풀림
㉰ 불림   ㉱ 뜨임

문제 4. 강의 내부응력을 제거하고 조직을 균일하게 하는 열처리는?
㉮ 담금질   ㉯ 뜨임
㉰ 불림   ㉱ 풀림

문제 5. 다음 중 풀림의 목적이 아닌 것은?
㉮ 구상화 처리   ㉯ 조직의 균일화
㉰ 인성의 향상   ㉱ 내부응력 제거

문제 6. 담금질과 가장 관계가 깊은 것은?
㉮ 변태점   ㉯ 금속간 화합물
㉰ 열전대   ㉱ 고용체

문제 7. 다음 중 경도가 가장 낮은 조직은?
㉮ 마텐자이트   ㉯ 트루스타이트
㉰ 소르바이트   ㉱ 오스테나이트
[해설] 경도가 낮은 것부터의 순서는 다음과 같다. 페라이트(90~100), 오스테나이트(150~155), 펄라이트(200~225), 소르바이트(270~275), 트루스타이트(400~500), 마텐자이트(600~720), 시멘타이트(800~920)

문제 8. 담금질 조직 중에서 가장 경도가 큰 것은?
㉮ 오스테나이트   ㉯ 마텐자이트
㉰ 트루스타이트   ㉱ 소르바이트

문제 9. 강철의 담금질에 있어서 잔류 오스테나이트를 소멸시키기 위하여 0℃ 이하의 냉각제 중에서 처리하는 담금질 작업은?
㉮ 심랭처리   ㉯ 염욕처리
㉰ 항온변태처리   ㉱ 오스템퍼링
[해설] 심랭처리는 서브제로(sub-zero) 처리라고도 하며, 담금질된 강의 경도를 증가시키고 시효변형을 방지하기 위한 목적으로 한다.

문제 10. 다음 탄소강 조직 중 단단하고 취약하여 담금질을 하여도 경화되지 않는 것은?
㉮ 마텐자이트   ㉯ 오스테나이트
㉰ 소르바이트   ㉱ 시멘타이트
[해설] 시멘타이트는 단단하고 취약하여 연성은

[해답] 1. ㉮ 2. ㉰ 3. ㉰ 4. ㉱ 5. ㉯ 6. ㉮ 7. ㉱ 8. ㉯ 9. ㉮ 10. ㉱

고 상온에서 강자성을 가지고 있으며 담금질 효과가 없다.

문제 11. 담금질한 후 시간이 경과함에 따라 경도가 높아지는 현상은?
㉮ 표면경화 ㉯ 시효경화
㉰ 가공경화 ㉱ 담금질

문제 12. 고속도강(HSS)의 담금질 온도는?
㉮ 800~900℃ ㉯ 910~1200℃
㉰ 1250~1300℃ ㉱ 1530℃ 이상
[해설] 고속도강의 뜨임온도는 550~580℃이다.

문제 13. 고속도강과 같은 고합금강의 뜨임 취성은 몇 도인가?
㉮ 250℃ ㉯ 350℃
㉰ 450℃ ㉱ 550℃

문제 14. 고속도강을 물에 담금질하면 어떤 현상이 일어나기 쉬운가?
㉮ 균열 ㉯ 변형
㉰ 조직의 미세화 ㉱ 결정립의 조대화
[해설] 고속도강을 물에 급랭하면 균열이 일어난다.

문제 15. 고속도강의 담금질 조직은?
㉮ 소르바이트 ㉯ 트루스타이트
㉰ 시멘타이트 ㉱ 마텐자이트

문제 16. 다음 중 강철의 담금질 성질을 높이기 위한 원소가 아닌 것은?
㉮ 니켈 ㉯ 망간
㉰ 텅스텐 ㉱ 크롬
[해설] 니켈, 크롬, 망간은 강철의 담금질 성질을 높여준다.

문제 17. 다음 중 뜨임 취성을 방지하기 위하여 첨가하는 원소는?
㉮ Ni, Cr ㉯ Mo, V
㉰ Mn, W ㉱ Ti, P

문제 18. 다음 중 담금질 조직이 아닌 것은?
㉮ 소르바이트 ㉯ 레데부라이트
㉰ 마텐자이트 ㉱ 트루스타이트
[해설] 레데부라이트(ledeburite): 공정반응에서 생긴 공정 조직을 말하며, 탄소 함량 4.3%이고 오스테나이트와 시멘타이트의 공정이다.

문제 19. 탄소강을 담금질하는 목적은?
㉮ 재질 전체를 경화시키기 위해서
㉯ 재질 표면을 경화시키고 내부에 인성을 주기 위해서
㉰ 조직을 구상화하기 위해서
㉱ 재료의 내부응력을 제거하기 위하여
[해설] 담금질은 강을 경화시킬 목적으로 실시하며 탄소량이 최소 0.25%이상에서 A_3 변태점보다 30~50℃ 정도 높게 가열하여 물 및 기름에 염욕 냉각시켜 행한다. 물은 기름 염욕보다 냉각 효율은 좋으나 담금 균열의 원인이 된다.

문제 20. 다음 중 표면경화법과 관계 없는 것은?
㉮ 침투법(subfurizing)
㉯ 침탄법(carburizing)
㉰ 질화법(nitriding)
㉱ 청화법(cyaniding)
[해설] ㉯, ㉰, ㉱ 모두가 경화법으로 쓰이는 데 침탄, 질화, 청화법은 표면 경화를 목적으로 하지만, 침투법(금속침투법)은 타 금속을 침투시켜 내산성, 내부식성, 내마모성을 갖게 함으로써 이에 따라 표면 경화를 수반하는 정도이며, 이를 금속 시멘테이션(metal cementation)이라 한다.

문제 21. 고체침탄법의 설명 중 틀린 것은?
㉮ 침탄제로 목탄, 코크스, 골탄 등을 사용한다.

[해답] 11. ㉯ 12. ㉰ 13. ㉱ 14. ㉮ 15. ㉱ 16. ㉰ 17. ㉯ 18. ㉯ 19. ㉮ 20. ㉮ 21. ㉰

㉯ 가열온도는 900~950℃이다.
㉰ 촉진제로 NaCN을 사용한다.
㉱ 침탄층의 깊이는 약 0.5~2 mm이다.
해설 촉진제로는 탄산바륨(BaCO₃), 탄산소다(Na₂CO₃), 염화나트륨(NaCl) 등을 사용하며, 가스 침탄법은 메탄가스나 프로판 가스와 같은 탄화수소계의 가스를 사용한 침탄방법이다.

문제 22. 고체 침탄법에 사용하는 침탄제인 것은?
㉮ 질소(N)
㉯ Na₂CO₃ (탄산나트륨)
㉰ 목탄
㉱ BaCO₃ (탄산바륨)
해설 침탄제로는 목탄, 코크스(cokes), 골탄 등이 사용되며 촉진제로는 탄산바륨(Ba CO₃), 탄산나트륨(Na₂CO₃) 등이 사용된다.

문제 23. 질화법과 침탄법을 비교 설명한 것이 아닌 것은?
㉮ 침탄법은 질화법보다 경도가 높다.
㉯ 침탄법은 질화법보다 시간이 짧으나 질화층 보다 여리지 않다.
㉰ 침탄층은 침탄 후 수정이 가능하지만, 질화층은 수정이 불가능하다.
㉱ 침탄층은 침탄 후 열처리가 필요하지만, 질화층은 열처리가 필요없다.
해설 • 침탄법과 질화법의 비교

부 분	침 탄 법	질 화 법
경 도	질화법보다 낮다	침탄법보다 높다
열처리	1차 2차 담금질한 후 뜨임한다	열처리가 필요없다
소요시간	짧다(4~6시간)	길다(2~100시간)
변 형	변형이 크다	변형이 적다
고온경도	낮아진다	낮아지지 않는다
사용재료	강의 종류에 제한이 적다	질화강이어야 질화가 가능하다

문제 24. 질화법의 장점이 아닌 것은?
㉮ 경화층은 얇고, 경도는 침탄층보다 크다.
㉯ 담금질할 필요가 없다.
㉰ 마모 및 부식에 대한 저항이 크다.
㉱ NH₃ 가스 분위기 중에서의 작업시간이 18~19시간 정도 걸린다.

문제 25. 침탄법이 질화법보다 좋은 이유는?
㉮ 변형이 적다
㉯ 열처리가 필요없다.
㉰ 경화 후 수정이 가능하다.
㉱ 경도가 크다

문제 26. 침탄법에서 침탄층의 깊이는?
㉮ 3~6 mm ㉯ 2~3 mm
㉰ 0.5~2 mm ㉱ 0.5 mm 이하

문제 27. 질화법에 의한 표면 경화시 가열 온도는?
㉮ 500~550 ℃ ㉯ 600~660 ℃
㉰ 700~770 ℃ ㉱ 800~880 ℃

문제 28. 고속도강의 풀림온도는?
㉮ 800~850 ℃ ㉯ 850~900 ℃
㉰ 950~1050 ℃ ㉱ 1250 ℃

문제 29. 침탄층의 깊이와 관계 없는 것은?
㉮ 침탄로의 종류 ㉯ 원재료의 성분
㉰ 가열온도와 시간 ㉱ 침탄제의 종류
해설 침탄깊이는 침탄제의 종류, 강재의 종류, 침탄온도, 침탄시간 등에 따라 결정된다.

문제 30. 가공에 의해 경화된 것을 연하게 할 뿐 아니라 조직적으로도 가공의 영향을 완전히 없애기 위하여는 일정한 오스테나이트 조직까지 가열한 후 서냉하여야 하는데

해답 22.㉰ 23.㉮ 24.㉱ 25.㉰ 26.㉰ 27.㉮ 28.㉯ 29.㉮ 30.㉮

이와 같은 풀림을 무엇이라고 하는가?
㉮ 완전풀림　　㉯ 등온풀림
㉰ 구상화풀림　㉱ 확산풀림

[해설] 풀림은 고온풀림과 저온풀림으로 나눈다. 고온풀림은 A_1 점보다 높은 온도에서 처리하는 것으로서 완전풀림, 항온풀림, 확산풀림 등이 있으며 저온풀림은 A_1점 이하로 가열하여 처리하는 것으로서 응력 제거풀림, 중간 풀림, 재결정 풀림 등이 있다.

문제 31. 강의 열처리에서 저온 풀림이 아닌 것은 어느 것인가?
㉮ 재결정풀림　　㉯ 확산풀림
㉰ 응력 제거풀림　㉱ 중간풀림

[해설] 확산풀림(diffusion annealing)은 강괴 내부의 성분 분포를 균일하게 하고 편석을 교정하는 것이 목적이다.

문제 32. 다음 중 고온풀림이 아닌 것은?
㉮ 완전풀림　　㉯ 구상화풀림
㉰ 항온풀림　　㉱ 확산풀림

문제 33. 금속의 표면 경화법이 아닌 것은?
㉮ 고주파 경화법　㉯ 침탄법
㉰ 질화법　　　　㉱ 담금질법

문제 34. 탄소 공구강을 담금질하기 전에 필히 행하여야 할 조작은?
㉮ 풀림 처리　　㉯ 구상화 처리
㉰ 심랭 처리　　㉱ 뜨임 처리

문제 35. 경화능이 크다는 것은 어떤 의미인가?
㉮ 일정한 경도를 지니는 재질의 중량이 크다는 것이다.
㉯ 일정한 경도를 지니는 재질의 중량이 적다는 것이다.
㉰ 일정한 경도를 지니는 재질의 깊이가 크다는 것이다.
㉱ 일정한 경도를 지니는 재질의 깊이가 적다는 것이다.

문제 36. 다음 중 강의 자경성(selfhardening)을 높여 주는 원소는?
㉮ Cr　　㉯ Mo
㉰ Mn　　㉱ Si

[해설] 담금질 효과에서 적당한 양의 Ni, Cr 등이 포함된 강은 고온에서 공기 중에 방치해 두어도 경화되는 성질을 자경성이라 한다.

문제 37. 황화물의 편석을 제거하기 위하여 1100~1150℃로 가열하는 풀림은?
㉮ 확산풀림　　㉯ 재결정풀림
㉰ 중간풀림　　㉱ 구상화풀림

문제 38. 다음 중 300℃의 뜨임색은 어느 것인가?
㉮ 황색　　㉯ 갈색
㉰ 청색　　㉱ 회색

[해설] 220℃: 황색, 240℃: 갈색, 260℃: 자주색, 280℃: 보라색, 400℃: 회색이다.

문제 39. 강철의 표준 조직이란?
㉮ A_1 또는 A_3 변태점 이상으로 가열했다가 노속에서 서서히 냉각한 것
㉯ A_{C_3} 또는 A_{cm} 변태점 이상으로 가열했다가 공랭한 것
㉰ A_{C_3} 또는 A_{cm} 변태점 이상으로 가열했다가 기름에 담금질한 것
㉱ A_{C_3} 또는 A_{cm} 변태점 이하로 가열했다가 기름에 담금질한 것

문제 40. 강의 결정입자가 상온에서 미세하게 되고 조직이 표준화되는 열처리는?

해답 31. ㉯　32. ㉯　33. ㉱　34. ㉯　35. ㉰　36. ㉮　37. ㉮　38. ㉰　39. ㉮　40. ㉱

㉮ 뜨임　　　　　㉯ 담금질
㉰ 풀림　　　　　㉱ 불림

[해설] 편석이나 잔류응력을 제거하기 위해 A_3변태점보다 30~50℃ 높게 가열하여 공기 중에서 자연 냉각하는 조작을 불림이라 한다.

문제 41. 다음 열처리 중 경도를 증가시키는 방법이 아닌 것은?

㉮ 표면경화　　　㉯ 담금질
㉰ 불림　　　　　㉱ 마퀜칭

[해설] 불림의 목적은 단조된 재료나 주조된 재료 내부에 생긴 내부 응력을 제거하거나 결정조직을 균일화시키는 데 있다.

문제 42. 다음 중 풀림의 목적이 아닌 것은?

㉮ 기계적 성질의 개선
㉯ 내부응력 제거
㉰ 시효경화 향상
㉱ 피절삭성의 개선

[해설] 풀림의 목적은 인성의 향상, 조직을 개선하고 담금질 효과를 향상시킨다.

문제 43. 담금질한 후 시간이 경과함에 따라 경도가 커지는 현상은?

㉮ 표면경화　　　㉯ 가공경화
㉰ 담금질 경화　　㉱ 시효경화

문제 44. 상온가공한 강의 탄성한계를 향상시키기 위하여 250~370℃로 가열하는 작업은?

㉮ 블루잉 (blueing)
㉯ 오스몬다이트 (osmondite)
㉰ 서브 제로 처리
㉱ 크로마이징 (chromizing)

[해설] 400℃로 뜨임한 것은 가장 부식되기 쉬운데 이 조직을 오스몬다이트라 한다.

문제 45. 강을 담금질할 때의 온도는 A_{C_1} 및 A_{C_3}선보다 몇도 높게 가열하는가?

㉮ 30~50℃　　　㉯ 50~80℃
㉰ 80~100℃　　　㉱ 같게 한다.

문제 46. 다음 열처리시 가열온도와 냉각방법이 틀린 것은?

㉮ 담금질 : A_{C_1} ~ A_{C_3}+30~50℃ → 수냉
㉯ 뜨임 : A_{C_1} 이하 → 공랭
㉰ 불림 : A_{C_3} ~ A_{cm}+30~50℃ → 공랭
㉱ 풀림 : A_{C_1} ~ A_{cm}+30~50℃ → 공랭

문제 47. 가공으로 인해 잔류응력 제거를 위한 열처리는?

㉮ 담금질　　　　㉯ 뜨임
㉰ 풀림　　　　　㉱ 불림

문제 48. 담금질된 강을 뜨임처리하는 목적은 무엇인가?

㉮ 인성의 증가　　㉯ 강도의 증가
㉰ 내식성의 증가　㉱ 내마모성의 증가

문제 49. 다음 냉각제 중 냉각효과가 가장 좋은 것은?

㉮ 물　　　　　　㉯ 공기
㉰ 기름　　　　　㉱ 소금물

문제 50. 어떤 재료를 단조시켰더니 경도가 너무 높아 가공이 곤란해졌다. 이 때는 어떤 열처리를 해야 하는가?

㉮ 담금질　　　　㉯ 뜨임
㉰ 풀림　　　　　㉱ 불림

문제 51. 강을 오스테나이트 범위로 가열하여 공기 중에서 서냉하는 열처리는?

㉮ 담금질　　　　㉯ 풀림
㉰ 뜨임　　　　　㉱ 불림

[해답] 41. ㉰　42. ㉰　43. ㉱　44. ㉮　45. ㉮　46. ㉱　47. ㉰　48. ㉮　49. ㉱　50. ㉰　51. ㉱

[해설] 불림과 풀림은 비슷한 조직이지만, 가열온도가 불림은 변태점 이상 30~50℃이고, 풀림은 변태점 이상 20~30℃로 약간 낮은 것이 다르며 냉각 방법에서도 불림은 공기 중에서 서냉하지만 풀림은 노냉한다는 점이 다르다.

문제 52. 다음 중 강의 표준조직이 아닌 것은?
㉮ 펄라이트 ㉯ 시멘타이트
㉰ 트루스타이트 ㉱ 페라이트
[해설] 트루스타이트는 오스테나이트, 마텐자이트, 소르바이트와 함께 담금질 4대 조직의 하나이다.

문제 53. 다음 중 풀림의 목적이 될 수 없는 것은?
㉮ 가공 후 변형제거
㉯ 가공 중 균열제거
㉰ 점성제거
㉱ 재료 내부의 변형제거

문제 54. 주철의 열처리 설명 중 틀린 것은?
㉮ 열처리 방법은 강과 거의 같다.
㉯ 사용하기 전에 담금질과 뜨임을 주면 주철에 인성이 늘어나 좋다.
㉰ 주철의 내부응력 제거는 500℃ 부근에서 장시간 풀림처리로 한다.
㉱ 담금질, 뜨임처리는 특수주철의 강도와 내마모성 개선시에만 한다.

문제 55. 다음은 항온 열처리에 대한 설명이다. 틀린 것은?
㉮ C 곡선 또는 TTT 곡선이라 한다.
㉯ A_1 변태점 이하의 항온 중에 담금질한다.
㉰ 베이나이트 조직을 얻을 수 있다.
㉱ 변태곡선의 6점(560℃) 부근에서 변태속도가 최소로 된다.
[해설] 6점 부근에서 변태속도가 최대로 되는데 이 부분을 S곡선의 노즈(nose)라고 한다.

문제 56. 일반 열처리에 속하지 않는 것은?
㉮ 담금질 ㉯ 노멀라이징 처리
㉰ 풀림 ㉱ 마템퍼링
[해설] 마템퍼링(martempering)은 항온 담금질로 이 때 얻어지는 조직은 마텐자이트와 베이나이트의 혼합조직이다.

문제 57. 강의 담금질 조직 중 마텐자이트가 가장 경도가 큰 이유는?
㉮ 시효경화 ㉯ 표면팽창
㉰ 표면수축 ㉱ 표면경화
[해설] 마텐자이트는 부식저항이 크고 인장강도 및 경도는 조직 중 가장 크나 취성이 있다.

문제 58. 다음 담금질의 냉각제 중 냉각능이 가장 큰 것은?
㉮ NaOH액 ㉯ 소금물
㉰ 기름 ㉱ 0℃ 물
[해설] 물보다 냉각능이 큰 것으로는 NaOH 용액, 소금물 등이 있으며 일반적으로 탄소강 등의 간단한 재료는 물을 사용하고 형상이 복잡한 특수강 종류는 기름에 담금질한다.

문제 59. 금속침투법 중 알루미늄을 침투시키는 것은?
㉮ 칼로라이징(calorizing)
㉯ 세라다이징(sheradizing)
㉰ 크로마이징(chromizing)
㉱ 실리코나이징(siliconizing)
[해설] ① 칼로라이징→Al 침투, ② 세라다이징→Zn 침투, ③ 크로마이징→Cr 침투, ④ 실리코나이징→Si 침투

문제 60. 강제 표면에 Cr을 침투시키는 법은?
㉮ 세라다이징 ㉯ 칼로라이징
㉰ 크로마이징 ㉱ 실리코나이징

[해답] 52. ㉰ 53. ㉰ 54. ㉯ 55. ㉱ 56. ㉱ 57. ㉯ 58. ㉮ 59. ㉮ 60. ㉰

문제 61. 강제표면에 Zn을 침투 확산시키는 방법을 세라다이징이라 한다. 이것은 어떤 성질을 개선하기 위함인가?
㉮ 내식성 ㉯ 내열성
㉰ 전연성 ㉱ 내충격성

문제 62. 내식, 내열성 및 내마모성을 좋게 하기 위한 금속침투법은?
㉮ 칼로라이징 ㉯ 세라다이징
㉰ 실리코나이징 ㉱ 크로마이징
[해설] Cr이 침투된 표면층은 고 Cr이 조성되어 스테인리스강의 성질을 갖게 되므로 내식, 내열성 및 내마모성이 향상된다.

문제 63. 질화강의 질화층 생성을 방해하는 금속은?
㉮ Al ㉯ Mo
㉰ Ni ㉱ Cr
[해설] 질화강(nitriding steel): Al, Cr, Mo은 질화층의 경도를 높이는 성질을 이용하여 이들을 포함했기 때문에 표면을 질화하는데 적당한 것이다.

문제 64. 질화강의 질화층의 경도를 높여 주는 금속끼리 짝지워진 것은?
㉮ Al, Cr ㉯ Co, Cu
㉰ Ni, Cl ㉱ Mo, Fe

문제 65. 질화법에서 질화가 쉽게 이루어지는 강은?
㉮ Ni ㉯ Co
㉰ Ti ㉱ Au

문제 66. 강의 표면을 고온 산화에 견디게 하기 위해 행하는 처리는?
㉮ 실리코나이징 ㉯ 보로나이징
㉰ 크로마이징 ㉱ 칼로라이징

문제 67. 항온변태에서 TTT 곡선은 어떻게 불리워지는가?
㉮ 변태곡선 ㉯ S곡선
㉰ H 곡선 ㉱ 냉각곡선
[해설] 항온변태곡선은 그 모양이 S자 모양이므로 S 곡선이라고 하며 C 곡선이라고도 한다.

문제 68. Bain의 S 곡선이나 C 곡선을 무엇이라고 하는가?
㉮ TTT 곡선 ㉯ SSS 곡선
㉰ TSC 곡선 ㉱ SCT 곡선

문제 69. 특수강의 열처리에서 수인법(water toughning)을 사용하는 이유는?
㉮ 취성을 얻기 위해
㉯ 인성을 얻기 위해
㉰ 경도 증가를 위해
㉱ 기공을 없애기 위해
[해설] 수인법을 사용하여 완전한 오스테나이트 조직을 얻어 인성을 증가시킨다.

문제 70. 다음 중 베이나이트 조직을 얻기 위한 항온열처리는?
㉮ 오스템퍼링 ㉯ 마템퍼링
㉰ 마퀜칭 ㉱ 패턴팅
[해설] 마템퍼링은 마텐자이트와 베이나이트의 혼합조직이며, 패턴팅(patenting)은 가열된 강재를 400~550℃의 열욕 또는 수증기 중에 담금질하는 방법으로 소르바이트 조직을 얻는다.

문제 71. 잔류 오스테나이트를 마텐자이트로 만들기 위하여 하는 방법은?
㉮ 심랭처리 ㉯ 풀림
㉰ 불림 ㉱ 뜨임
[해설] 담금질한 강의 경도를 증가시키고 시효변형을 방지하기 위하여 0℃ 이하의 온도에서 처리하는 것은 심랭처리 또는 서브제로 처리(sub-zero treatment)라 한다.

[해답] 61. ㉮ 62. ㉱ 63. ㉰ 64. ㉮ 65. ㉰ 66. ㉱ 67. ㉯ 68. ㉮ 69. ㉯ 70. ㉮ 71. ㉮

문제 72. 보통 강철은 시효경화를 촉진시키기 위해 적당히 가열하여 인공시효시킨다. 이 때의 온도로서 가장 적당한 것은?
㉮ 100~200℃   ㉯ 300~400℃
㉰ 500~600℃   ㉱ 700~800℃

문제 73. 강을 열처리할 때의 조직이 변화하는 순서는?
㉮ 오스테나이트-마텐자이트-트루스타이트-소르바이트
㉯ 마텐자이트-트루스타이트-소르바이트-오스테나이트
㉰ 트루스타이트-소르바이트-오스테나이트-마텐자이트
㉱ 소르바이트-오스테나이트-마텐자이트-트루스타이트

문제 74. 다음 중 담금질이 가장 잘되는 탄소강은?
㉮ SM 20 C   ㉯ SM 30 C
㉰ SM 40 C   ㉱ SM 50 C
[해설] 탄소강의 담금질은 탄소의 함유량이 많을수록 담금질이 잘된다.

문제 75. 다음 담금질 효과에 대한 설명 중 옳지 않은 것은?
㉮ 담금질 효과는 냉각속도에 영향을 받는다.
㉯ 냉각속도가 늦을수록 좋다.
㉰ 냉각속도가 빠를수록 좋다.
㉱ 냉각액의 온도가 낮은 것이 높은 것보다 효과가 좋다.

문제 76. 강을 담금질하였을 때 경도의 순서는?
㉮ 마텐자이트>트루스타이트>소르바이트>오스테나이트
㉯ 오스테나이트>마텐자이트>트루스타이트>소르바이트
㉰ 마텐자이트>오스테나이트>트루스타이트>소르바이트
㉱ 마텐자이트>오스테나이트>트루스타이트>소르바이트

문제 77. 마텐자이트 조직을 300~400℃로 뜨임했을 때 나타나는 조직은?
㉮ 트루스타이트   ㉯ 오스테나이트
㉰ 소르바이트   ㉱ 펄라이트

문제 78. 850℃에서 담금질하고 600℃에서 풀림하면 강한 소르바이트 조직이 되는 것은?
㉮ Ni-Mo   ㉯ Ni-Cr
㉰ Cr-Mo   ㉱ Cr-W

문제 79. 강의 열처리 중 Mf점을 바르게 설명한 것은?
㉮ 마텐자이트에서 오스테나이트로 변화하는 온도
㉯ 전체가 마텐자이트 조직
㉰ 고용 탄소가 유리 탄소로 변화하는 온도
㉱ 오스테나이트가 전부 미세한 펄라이트로 변화하는 온도

문제 80. 마텐자이트와 베이나이트 혼합조직이 얻어지는 항온 열처리 방법은?
㉮ 오스템퍼   ㉯ 노멀라이징
㉰ 마템퍼   ㉱ 마퀜칭
[해설] 마템퍼는 Ms점 이하의 항온 염욕 중에 담금질하여 항온변태 완료 후에 상온까지 냉각하는데, 경도가 크고 인성이 있다.

문제 81. 다음 중 표면경화용 질화강에 해당하는 것은?

[해답] 72. ㉮ 73. ㉮ 74. ㉱ 75. ㉯ 76. ㉮ 77. ㉮ 78. ㉯ 79. ㉯ 80. ㉰ 81. ㉱

㉮ W-Cr-V ㉯ Mn-Cr-Ni
㉰ Cr-Mn-Mo ㉱ Al-Cr-Mo

문제 82. 강철 표면에 타금속을 침투시켜 표면에 합금층이나 금속피복을 만들어 경화시키는 것은?
㉮ 고주파 표면경화 ㉯ 시멘테이션
㉰ 화염 경화 ㉱ 하드 페이싱

문제 83. 다음 중 고망간 강의 담금질 방법으로 가장 적당한 것은?
㉮ 650~760℃에서 공랭
㉯ 760~800℃에서 공랭
㉰ 800~900℃에서 수냉
㉱ 1000~1100℃에서 수냉
[해설] 고망간 강을 1000~1100℃에서 수냉하는 것을 수인법이라 한다.

문제 84. 표면경화 열처리 중 질화처리한 것의 특징으로 틀린 것은?
㉮ 경화층이 얇고, 경도는 침탄한 것보다 크다.
㉯ 마모 및 부식에 대한 저항이 적고, 산화가 잘 된다.
㉰ 질화처리 후 담금질할 필요가 없다.
㉱ 600℃ 이하의 온도에서 경도가 감소되지 않는다.
[해설] 질화처리한 강은 내마멸성과 내식성이 있어 고온에서도 안정하다.

문제 85. 표면경화강인 질화강에서 질화층의 경도를 높여 주는 역할을 하는 원소는?
㉮ 크롬 ㉯ 구리
㉰ 몰리브덴 ㉱ 알루미늄

문제 86. 강재의 두께가 커지면 담금질이 잘 되지 않는 것은?
㉮ 변태점 ㉯ 노치효과
㉰ 심랭처리 ㉱ 질량효과

문제 87. 탄소공구강의 소입(quenching) 후 나타나는 soft spot의 원인이 아닌 것은?
㉮ 소입제의 양이 부족할 때
㉯ 부적당한 치구를 사용할 때
㉰ 제품두께가 너무 얇을 때 (4″ 이하)
㉱ 소입제(물)에 공기, 기름, 비누 등의 혼입시

문제 88. 퀜칭(quenching)한 강을 템퍼링(tempering)하여 고급 칼날과 같은 탄성한계가 높은 트루스타이트 조직을 얻고자 할 때 적당한 온도는?
㉮ 100~150℃ ㉯ 250~400℃
㉰ 450~600℃ ㉱ 600~700℃

문제 89. 다음 중 강을 가열(A_3) 염욕에 넣어 소르바이트 조직을 얻는 과정은?
㉮ 마퀜칭 ㉯ 마템퍼링
㉰ 마템퍼 ㉱ 오스템퍼

문제 90. 철사를 연속 동작으로 굽혔다 폈다 할 때 철사가 단단해져서 결국 절단되는 성질은?
㉮ 가공경화 ㉯ 시효경화
㉰ 가단성 현상 ㉱ 재결정 현상

문제 91. 다음 중 풀림(annealing)의 목적과 관계 없는 것은?
㉮ 강을 연화시킨다.
㉯ 표준 조직으로 만들어 준다.
㉰ 결정 조직을 균일화시킨다.
㉱ 내부 응력을 제거한다.

[해답] 82. ㉯ 83. ㉱ 84. ㉯ 85. ㉱ 86. ㉱ 87. ㉰ 88. ㉯ 89. ㉮ 90. ㉮ 91. ㉯

문제 92. 마텐자이트와 베이나이트의 혼합 조직을 얻는 열처리는?
㉮ 마퀜칭 ㉯ 마템퍼링
㉰ 오스템퍼링 ㉱ 항온풀림
[해설] Ms 점 이하의 항온 염욕 중에 담금질하여 항온변태 완료 후에 상온까지 냉각하는데, 경도가 크고 인성이 있다.

문제 93. 알루미늄 합금의 열처리 기호 중 T_6는 무엇을 의미하는가?
㉮ 소입 후 냉간가공한 것
㉯ 소입 후 냉간가공하여 인공시효한 것
㉰ 소입 후 인공시효 경화시킨 것
㉱ 제조 후 소입하지 않고 바로 인공시효한 것

문제 94. 금소의 표면에 스텔라이트나 경합금 등의 특수금속을 용착시켜 표면 경화층을 만드는 것은?
㉮ 하드 페이싱 ㉯ 시안화법
㉰ 숏 피닝 ㉱ 금속 침투법

문제 95. 강을 오스테나이트 상태에서 냉각할 때 어떤 정지온도에서 변태를 시켜 곡선으로 나타낸 것을 이용한 열처리 방법은?
㉮ 항온열처리 ㉯ 풀림
㉰ 침탄법 ㉱ 금속침투법

문제 96. 표면경화처리 중 담금질이 필수적인 것은?
㉮ 침탄법 ㉯ 질화법
㉰ 크로마이징 ㉱ 숏 피닝

문제 97. 마텐자이트와 가장 관계가 깊은 것은?
㉮ 온도와 시간 ㉯ 시간
㉰ 온도 ㉱ 확산

문제 98. 침탄용 강의 구비조건이 아닌 것은?
㉮ 저탄소강이어야 한다.
㉯ 침탄 방지 부분이 있는 제품은 피한다.
㉰ 강재 주조시 완전을 기해야 한다.
㉱ 침탄시 고온에서 장시간 가열해도 결정 입자가 성장하지 않는 강이어야 한다.

문제 99. 강의 표면을 고온 산화에 견디게 하기 위해서 하는 처리는?
㉮ 세라다이징 ㉯ 보로나이징
㉰ 크로마이징 ㉱ 칼로라이징

문제 100. 다음은 저온 풀림에 대한 설명이다. 맞는 것은?
㉮ A_{cm} 이상에서 가열한 후 서서히 냉각한다.
㉯ A_1 변태점 바로 위에서 가열한 후 서서히 냉각한다.
㉰ A_1 변태점 이하에서 가열한 후 서서히 냉각한다.
㉱ A_3 변태점 이상에서 가열한 후 서서히 냉각한다.

문제 101. 고체 침탄시 가열 온도는?
㉮ 450~500℃ ㉯ 700~750℃
㉰ 900~950℃ ㉱ 1100~1150℃
[해설] 고체 침탄법은 900~950℃로 3~4시간 가열하여 표면에서 0.5~2 mm 정도의 침탄층을 얻는다.

문제 102. 650℃로 담금질하고 이 온도에서 1일간 유지한 후 실온에서 담금질을 한 조직은?
㉮ 상부 베이나이트
㉯ 하부 베이나이트
㉰ 베이나이트+펄라이트
㉱ 베이나이트+마텐자이트

[해답] 92. ㉰ 93. ㉰ 94. ㉱ 95. ㉮ 96. ㉮ 97. ㉮ 98. ㉯ 99. ㉱ 100. ㉰ 101. ㉰ 102. ㉰

문제 103. 소르바이트를 약간 뜨임을 하면 어떤 조직이 나타나는가?
㉮ 소르바이트 ㉯ 마텐자이트
㉰ 펄라이트 ㉱ 베이나이트

문제 104. 저온 풀림과 고온 풀림을 구분하는 변태점은?
㉮ A_0 ㉯ A_1
㉰ A_2 ㉱ A_3

문제 105. 다음은 담금질에 대한 설명이다. 틀린 것은?
㉮ 산화나 탈탄을 방지하여 강의 성질을 손상시키지 않아야 한다.
㉯ 필요한 깊이까지 경화되어야 한다.
㉰ 담금질에 의해서 충분한 경도가 되어야 한다.
㉱ 담금질 균열이 생기지 않아야 한다.

문제 106. 강의 담금질 방법에 대한 설명 중 가장 적당한 것은?
㉮ 탄소 함유량이 0.2~0.3%일 때가 가장 효과가 좋다.
㉯ A_3 변태점보다 약간 높게 가열하여 급랭시킨다.
㉰ 냉각제는 기름을 사용하는 것이 물을 사용할 때보다 좋다.
㉱ 담금질 온도는 탄소 함유량이 많을수록 크다.

문제 107. 질화법에 대한 설명이다. 틀린 것은?
㉮ 가열온도가 높으므로 경도가 감소되고 산화가 잘 일어난다.
㉯ 마모 및 부식에 대한 저항이 크다.
㉰ 경화층이 얇고 경도는 침탄한 것보다 높다.
㉱ 질화 후 담금질할 필요가 없고 변형이 적다.

해설 질화법은 암모니아(NH_3)로 표면을 경화하는 방법으로 암모니아는 고온에서 분해하여 질소가스를 발생한다. 또한, 질화층은 경도가 대단히 크고, 내마멸성과 내식성이 큰데 질화처리를 520~550℃에서 50~100시간 동안 한다.

문제 108. 내연기관에서 연료 밸브의 표면 경화법으로 가장 적당한 것은?
㉮ 침탄법 ㉯ 질화법
㉰ 도금법 ㉱ 청화법

문제 109. 다음 중 패턴팅 처리의 목적은 무엇인가?
㉮ 연성을 부여하기 위한 처리
㉯ 경도의 저하를 위한 처리
㉰ 재료의 절삭성을 향상하기 위한 처리
㉱ 재료를 강인하게 하기 위한 처리

문제 110. 베이나이트 조직에 대한 설명 중 틀린 것은?
㉮ 항온변태시 얻을 수 있는 조직이다.
㉯ 경도 및 점성이 적당하다.
㉰ 퀴리점 이하로 가열한다.
㉱ 열처리에 의한 응력 발생이 적다.

문제 111. 담금질과 가장 관계가 깊은 것은?
㉮ 고용체 ㉯ 열전대
㉰ 변태점 ㉱ 금속간 화합물

문제 112. 다음 열처리 조직 중 냉각속도가 가장 늦을 때 생기는 것은?
㉮ 소르바이트 ㉯ 마텐자이트
㉰ 오스테나이트 ㉱ 트루스타이트

해답 103. ㉰ 104. ㉯ 105. ㉮ 106. ㉯ 107. ㉮ 108. ㉯ 109. ㉱ 110. ㉰ 111. ㉰ 112. ㉰

문제 113. 침탄 후 열처리의 제1차 담금질의 목적은?
㉮ 표면경화 ㉯ 표면연화
㉰ 표면 미세화 ㉱ 중심부 미세화
해설 침탄 후 열처리의 제2차 담금질의 목적은 표면경화이다.

문제 114. 다음은 트루스타이트에 대한 설명이다. 옳은 것은?
㉮ α철과 시멘타이트와의 기계적 혼합물이다.
㉯ α철과 마텐자이트와의 기계적 혼합물이다.
㉰ γ철과 시멘타이트와의 기계적 혼합물이다.
㉱ γ철과 마텐자이트와의 기계적 혼합물이다.

문제 115. CCT 곡선이란 무엇인가?
㉮ 항온 변태곡선 ㉯ 자기 변태곡선
㉰ 연속 냉각곡선 ㉱ 탄성곡선

문제 116. 염욕에 대한 설명이다. 틀린 것은?
㉮ 공작물이 과열되거나 연소가 생기는 일이 없다.
㉯ 공작물은 산화 탈탄이나 황의 해를 입지 않는다.
㉰ 전기식은 노의 온도 조절이 쉽고, 사용 전력으로 노의 온도를 판단할 수 있다.
㉱ 주된 염류의 용융점은 염화바륨 925℃, 탄산나트륨 700℃, 납 628℃ 등이다.

문제 117. 다음 중 불꽃 경화법은?
㉮ 하드 페이싱법 ㉯ 숏 라이징법
㉰ 숏 피닝법 ㉱ 토코법

문제 118. 다음 A, B 두 금속의 상온에서의 조직이 B조직 바탕에 A 금속이 중간중간 섞여 있는 상태의 것을 상태도 중에 표시한 a, b, c, d의 네 성분 중 어느 것인가?

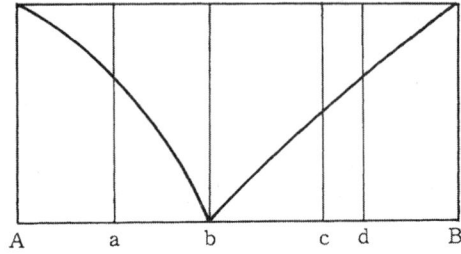

㉮ a ㉯ c
㉰ a와 b ㉱ a와 d

문제 119. 다음은 유도 가열 경화법의 장점이다. 틀린 것은?
㉮ 가열시간이 짧다.
㉯ 변형이 작다.
㉰ 피로 강도가 증가한다.
㉱ 전체적인 경화가 잘 된다.

문제 120. 질량 효과의 크기를 비교하는 방법은?
㉮ 담금질 깊이의 역수로서 비교
㉯ 담금질 속도의 역수로서 비교
㉰ 담금질 시간의 역수로서 비교
㉱ 완전히 경화되는 두께의 역수로서 비교

문제 121. TTT 곡선에서 결정 입자가 거칠수록 노즈(nose) 부분의 유지 시간은 어떻게 변화하는가?
㉮ 입자가 거칠수록 시간이 짧아진다.
㉯ 입자가 거칠수록 시간이 길어진다.
㉰ 입자의 영향을 받지 않는다.
㉱ 경우에 따라 다르다.

해답 113. ㉮ 114. ㉮ 115. ㉰ 116. ㉮ 117. ㉯ 118. ㉯ 119. ㉱ 120. ㉮ 121. ㉯

해설 강을 오스테나이트 상태에서 냉각할 때, 냉각도중 어떤 온도에서 변태를 시켜 변태개시 온도와 변태완료 온도를 온도-시간 곡선으로 나타낸 것을 항온변태곡선 또는 TTT 곡선(S곡선)이라 한다.

문제 122. 다음 중 S 곡선의 코(nose)-시간에 영향을 주지 않는 인자는?
㉮ 탄소량 ㉯ 결정구조
㉰ 합금원소 ㉱ 결정립의 크기

문제 123. S곡선의 노즈-시간은 탄소량에 따라 어떻게 되는가?
㉮ 탄소량이 0.2% 범위에서 가장 길다.
㉯ 탄소량이 0.5% 범위에서 벗어날수록 길어진다.
㉰ 탄소량이 0.8% 범위에서 벗어날수록 짧아진다.
㉱ 탄소량에는 관계가 없다.

문제 124. 다음 풀림은 무엇인가?

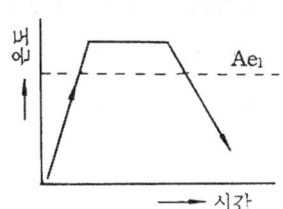

㉮ 항온 풀림 ㉯ 완전 풀림
㉰ 구상화 풀림 ㉱ 풀림 과정

문제 125. 열처리의 가열에서 가장 중요한 것은?
㉮ 천천히 가열하는 것
㉯ 균일하게 가열하는 것
㉰ 천천히 가열한 후 소요의 조건 부근까지 반복 가열한다.
㉱ 반복하여 가열한 후 소요의 조건 부근에서는 급속히 가열한다.

문제 126. 다음 풀림은 무엇인가?

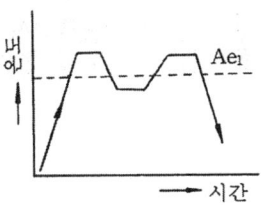

㉮ 항온 풀림 ㉯ 완전 풀림
㉰ 재료 구상화 ㉱ 항온 변태

문제 127. 마텐자이트로 되기 위한 팽창의 시간적 차에 따라 발생하기 쉬운 현상은?
㉮ 질량효과 ㉯ 노치효과
㉰ 담금균열 ㉱ 마템퍼

문제 128. 다음은 솔트배스의 장점이다. 틀린 것은?
㉮ 각 부를 빠르고 균일하게 가열할 수 있다.
㉯ 공작물에 물이 묻어 있으면 솔트가 튄다.
㉰ 열처리에 따른 변형이나 균열을 적게 한다.
㉱ 표면이 산화되지 않으므로 탈탄이 없고 다듬질면이 깨끗하다.

문제 129. 노 안에서 가열냉각시켜 변형이 적고 인성이 커서 기계적 성질이 우수한 열처리 방법은?
㉮ 항온 열처리 ㉯ 서브제로 처리
㉰ 구상화 처리 ㉱ 계단 열처리

해답 122. ㉱ 123. ㉰ 124. ㉯ 125. ㉯ 126. ㉰ 127. ㉰ 128. ㉯ 129. ㉱

제4장 특수강의 종류 및 특성과 용도

1. 특수강의 개요

1-1 특수강

특수강은 탄소강에 하나 또는 둘 이상의 다른 원소를 첨가하여 강의 기계적 성질을 개선하거나 특수한 성질을 부여하기 위하여 탄소강에 Ni, Cr, Mn, W, Co, Mo 등의 금속 원소를 첨가한 것으로 합금강(alloy steel)이라고도 한다.

특수강을 용도에 따라 분류하면 표 4-1과 같다.

표 4-1 용도별 특수강의 종류

분 류	종 류
구조용 특수강	강인강, 표면 경화용강(침탄강, 질화강), 스프링강, 쾌삭강
공구용 특수강(공구강)	합금 공구강, 고속도강, 다이스강, 비철 합금 공구재료
특수 용도 특수강	내식용 특수강, 내열용 특수강, 자성용 특수강, 전기용 특수강, 베어링강, 불변강

1-2 첨가 원소의 영향

첨가 원소의 영향은 표 4-2와 같다.

표 4-2 첨가 원소의 영향

첨가 원소	효 과
Ni	강인성, 내식성 및 내산성을 증가시킨다.
Cr	내식성, 내열성 및 자경성을 크게 증가시키는 외에, 탄화물의 생성을 용이하게 하여 내마멸성으로 증가시킨다.
Mo	담금질 깊이를 깊게 하고, 크리프 저항과 내식성을 증가시켜 뜨임 메짐을 방지하게 한다.
Mn	내마멸성 증가 및 적열 메짐을 방지하게 한다.
Si	내식성과 내마멸성을 크게 증가시키고, 전자기적 성질도 개선시킨다.
W	탄화물 생성을 용이하게 하여 경도와 내마멸성을 크게 증가시킨다. 특히, 고온강도와 경도도 증가시킨다.
Co	크롬과 함께 사용되며 고온 강도와 고온 경도를 크게 증가시킨다.
V	몰리브덴과 비슷한 작용을 하나 경화성은 훨씬 크다.

2. 특수강의 종류

2-1 구조용 특수강

탄소강보다 큰 강도 및 우수한 기계적 성질이 요구될 때 사용되며 탄소강에 Ni, Cr, Mo, Mn, Si 등을 첨가한다.

(1) 강인강

① Ni강 : 강인성과 열처리성, 내마멸성 및 내식성을 크게 하기 위하여 탄소강에 Ni을 첨가시킨 특수강
② Cr강 : 담금질성과 뜨임 효과를 크게 하여 기계적 성질을 개선하고자 0.13~0.48 % C의 탄소강에 Cr을 0.9~1.2 % 첨가시킨 특수강
③ Ni-Cr강 : Ni강과 Cr강의 장점을 조합해서 만든 특수강
④ Cr-Mo강 : Cr강에 Mo을 첨가한 Cr-Mo강은 기계적 성질이 Ni-Cr강과 비슷하나 Mo의 첨가로 뜨임 취성이 없고 용접성도 좋고 가공이 쉽고, 특히 고온 강도가 큰 장점이 있다.

⑤ Ni-Cr-Mo강 : Ni-Cr강은 경화성은 좋으나 뜨임 메짐을 일으키기 쉬운 결점이 있다. 이러한 뜨임 메짐성을 개선하기 위하여, 적은 양의 Mo을 첨가하여 강인성을 증가시키고 열처리할 경우에 질량 효과를 감소시켜 메짐을 방지할 수 있도록 개선한 강으로서, 구조용 특수강 중에서 가장 우수한 강이다.

(2) 표면 경화용강

① 침탄용강 : 저탄소강 및 저탄소 특수강이 사용되며 침탄용강으로는 기계구조용 탄소강 (SM 9 CK, 15 CK, 20 CK), 크롬강 (SCr 415, 420), 니켈-크롬강 (SNC 415, 815), 크롬-몰리브덴강 (SCM 415, 418, 420, 421, 822), 니켈-크롬-몰리브덴강 (SNCM 220, 415, 420, 815), 기계구조용 망간강 및 망간-크롬강 (SMn 420, SMnC 420) 등이 있다.

② 질화용강 : 질화법에 사용되는 표면경화용강으로 Al, Cr, Mo, W 등을 함유하는 특수강을 사용한다. Al은 질화를 촉진시켜 주며, Cr과 Mo은 기계적 성질을 개선시켜 준다.

2-2 공구용 특수강

금속재료를 절삭하거나 소성가공할 때 사용되는 바이트 (byte), 드릴 (drill), 줄 (file), 커터 (cutter), 펀치 (punch) 등은 공구강이라 하며 공구재료의 구비조건은 다음과 같다.
① 상온 및 고온경도가 클 것
② 내마모성이 클 것
③ 강인성이 클 것
④ 가공이 용이하고 열처리에 의한 변형이 적을 것
⑤ 가격이 쌀 것

(1) 합금 공구강

탄소 공구강은 주로 일반 공구 재료로 쓰이지만, 고온 경도와 담금질 효과가 좋지 않아 고속 절삭이나 강력 절삭용 공구재료로는 부적당하다. 이러한 탄소는 공구강에 Ni, Cr, Mn, W, V, Mo 등을 첨가하여 만든 것을 합금 공구강 (alloy tool steel) 이라 한다. 이 강은 담금질 효과가 좋으며, 결정 입자도 미세화시키고, 또한 경도와 내마멸성이 우수하다.

(2) 고속도강

고속도강(high speed steel)은 절삭 공구강의 대표적인 강으로 하이스(HSS)라고도 한다.

절삭속도가 탄소공구강의 약 2배가 넘으며 사용온도가 500~600 ℃까지는 경도가 저하되지 않고 고속 절삭하여도 절삭력이 저하되지 않는다. 그림 4-1은 고속도강의 고온에서의 기계적 성질을 표시한 것이다.

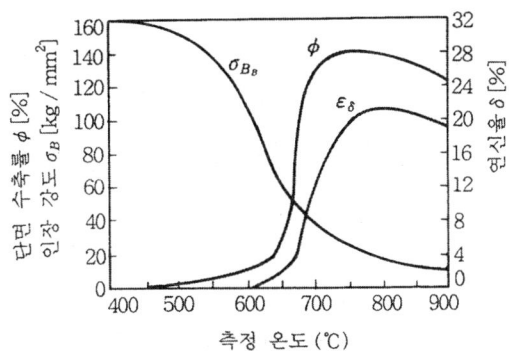

그림 4-1 고속도강의 고온에서의 기계적 성질

① W계 고속도강 : 고속도강의 표준형으로 가장 널리 사용되고 있으며 대표적인 것으로는 W 18%, Cr 4%, V 1%를 함유한 18-14-1형이 있다.
② Co계 고속도강 : Co 고속도강은 용융온도가 높기 때문에 담금질 온도를 높여야 한다. 따라서 담금질 경도는 증가시키지 않으나 담금질 후 뜨임 경도를 크게 증가시키는 장점이 있다. 고온경도가 증가되어 강력한 절삭공구로서 적당하며 고급 고속도강이라 하며, 단점은 단조가 곤란하며 균열이 생기기 쉽다.
③ Mo계 고속도강 : Mo을 5~8% 첨가한 고속도강을 말한다.

(3) 주조-경질 합금강

주조한 상태의 것을 연마하여 사용하는 공구이며, 열처리하지 않아도 충분한 경도를 가진다. 대표적인 주조 경질 합금은 Co를 주성분으로 한 Co-Cr-W-C 합금인 스텔라이트(stellite)이다. 이것은 단조 또는 절삭할 수 없으므로 금형에 주입하여 연마 성형한다.

(4) 초경 합금

금속 탄화물의 분말형 금속원소를 프레스로 성형한 다음 이것을 소결하여 만든 합금으로 초경 합금 또는 소결 경질 합금이라 한다. 금속 탄화물에는 탄화 텅스텐(WC), 탄화티탄(TiC), 탄화탄탈륨(TaC), 탄화크롬(Cr_3C_3) 등이 있으며 결합제로는 Co를 사용한다. 제조과정은 원료분말과 Co 분말을 혼합해서 틀에 넣고 압축 성형한 후 제1차 예비소결을 800~1000℃에서 하고 희망하는 모양으로 조형한 후 제2차 소결은 1400~1500℃의 수소기류 중에서 소결한다.

(5) 세라믹(ceramics)

공구 재료로 사용되는 것은 Al_2O_3(알루미나)를 주성분으로 하는 산화물계의 세라믹으로 1600℃ 이상에서 소결하여 제조한 것이다. 고온경도가 크고 내산성, 내마모, 내열성이 우수하며 절삭가공 중 피절삭재료와 공구가 융착되는 일이 없는 특징이 있어 고속정밀가공에 적합하다. 그러나 상온경도 및 인성이 적고 충격에 약하며 항절력이 초경합금의 1/2밖에 되지 않고 잘 부러지는 결점이 있다.

표 4-3 공구 재료의 성질 비교표

구 분	고탄소강	고속도강	WC 공구	세라믹 공구
비 중	7.85	8.5~8.8	8~15	3.7~4.1
열전도율 (cal/$cm^2 \cdot s \cdot$℃)	0.07~0.10	0.07	0.05~0.18	약 0.05
열팽창계수	$11~15 \times 10^{-6}$	11×10^{-6}	$5~7 \times 10^{-6}$	약 8×10^{-6}
탄성계수 (kg/mm^2)	2.1×10^4	$3~4 \times 10^4$	$4.5~6 \times 10^4$	$3~4 \times 10^4$
압축강도 (kg/mm^2)	열처리 따라 다름	350	100~560	200
로크웰경도 (H_{RC})	H_{RC} 55~62	H_{RC} 58~61	H_{RC} 88~91	H_{RC} 86~94
연화온도 (℃)	200~400	600	1100~1200	1.500
열 처 리	필 요	필 요	불필요	불필요
가 격	저	중	고	고

2-3 특수 용도 특수강

(1) 쾌삭강

강의 피절삭강을 좋게 하여 정밀 가공성을 높이고, 공구의 수명을 길게 하고 가공능률을 향상시키기 위하여 S, Pb 또는 흑연을 첨가시킨 강을 쾌삭강(free cutting steel)이라 한다.

① 황 쾌삭강 : 강에 S을 0.16 % 정도 첨가시킨 쾌삭강
② 납 쾌삭강 : 강에 Pb은 0.1~0.3 % 첨가시킨 쾌삭강으로 Pb은 절삭가공시 윤활제의 역할을 하여 절삭능을 크게 향상시킨다.

(2) 스테인리스강

스테인리스강(stainless steel)은 Cr 및 Ni을 다량 첨가하여 내식성을 크게 향상시킨 강으로 녹이 슬지 않는다고하여 불수강이라고도 한다. 일반적으로 Cr의 함유량이 12 % 이상인 강을 스테인리스강이라 하고 그 이하는 내식강이라 하며 금속 조직학상 마텐자이트계와 페라이트계 및 오스테나이트계로 분류되는 데 Cr계와 Cr-Ni계로 크게 나눈다.

① Cr계 스테인리스강 : 13 Cr형 스테인리스강이라고도 하며 Cr 함유량은 12~14 % 정도이다. 잘 연마된 것은 대기중이나 수중에서 거의 부식되지 않으며 유기산이나 질산에도 침식되지 않으나 황산, 염산에는 침식되기 쉽다. 또한 가공이 쉽고 담금질하면 마텐자이트 조직이 되므로 마텐자이트계 스테인리스강이라고도 한다.

② Ni-Cr계 스테인리스강 : 13 Cr계 스테인리스강보다 내식성, 내산성이 현저히 크며 오스테나이트 조직으로 비자성체이다. C < 0.2 %, Cr 17~20 %, Ni 7~10 %를 함유하므로 18-8 스테인리스강이라고 하며, 조직이 오스테나이트이므로 오스테나이트계 스테인리스강이라고도 한다. 이 강은 담금질에 의해 경화되지 않으며 1000~1100 ℃로 가열하여 급랭하면 더욱 연화되어 가공성 및 내식성이 증가된다. 또한 산과 알칼리에 강하며 용접이 쉬운 장점이 있는 반면 염산, 묽은 황산, 염소 가스 등에 약하며 입계부식이 발생하기 쉽다. 이 계의 스테인리스강은 화학공업용, 식기, 의료기구, 밸브, 자동차용, 파이프, 펌프 등 널리 사용된다.

(3) 게이지(gauge) 강

블록 게이지, 와이어 게이지 등 정밀기계기구에 사용되는 게이지강은 다음과 같은 성질이 요구된다.
① 내마모성이 크고 경도가 높을 것 (H_{RC} 55 이상)
② 담금질 변형 및 담금질 균열이 적을 것
③ 오랜 시간 경과하여도 치수변형이 적을 것
④ 열팽창계수는 강과 유사하며 내식성이 좋을 것

게이지강의 성분은 C 0.85~1.2 %, W 0.5~3.0 %, Cr 0.5~3.6 %, Mn 0.9~1.45 %의 것이 실용되며 치수변화를 방지하기 위해 담금질 후 150~200 ℃로 장시간 뜨임하는 시효처리를 하거나 심랭처리를 한다.

(4) 스프링강

스프링은 보통 코일 스프링, 판 스프링 등이 있으며 탄성한계, 항복점이 높아야 하므로 0.5~1.0 % C의 탄소강 외에 Mn강, Si-Mn강, Si-Cr강, Cr-V강 등의 특수강이 열간가공으로 만들어지며 강철선, 피아노선 등은 냉간가공에 의하여 만들어진다.

2-4 내열강

화력 발전 장치, 항공기, 자동차 등의 기관이나 화학 공업 장치의 주요 부품 재료에는 고온에서의 산화 또는 가스 침식에 잘 견디는 성질과 우수한 기계적 성질이 요구된다. 즉, 자동차의 흡·배기 밸브, 증기 터빈의 날개, 보일러의 부품 등에는 내열성과 고온 강도가 필요하다. 이러한 조건을 만족시키기 위하여 탄소강에 Ni, Cr, Al, Si 등의 합금 원소를 첨가하여 내열성과 고온 강도를 부여한 합금강을 내열강이라 하며, 내열강의 구비 조건은 다음과 같다.

① 고온에서 화학적으로 안정되어 각종 가스에 부식되지 않을 것
② 고온에서도 크리프(creep) 한도 및 열에 대한 피로강도 등이 좋을 것
③ 조직이 안정되어 있으며 열팽창, 열응력이 좋을 것
④ 소성가공, 절삭가공 및 용접 등이 쉬울 것

(1) 페라이트계 내열강

Cr을 다량 첨가한 고 Cr 내열강으로 내산성이 좋고 크리프 강도가 높으며 페라이트 조직이다. 이 강은 550℃를 넘으면 강도가 갑자기 낮아지므로 석유공업, 암모니아 공업, 열처리용 가열로의 부품 등 크리프 강도가 낮아져도 사용 가능한 부분에 사용한다.

(2) 오스테나이트계 내열강

18-8계 스테인리스강에 Ti, Mo, Ta, W 등을 첨가한 오스테나이트 조직의 내열강으로 페라이트계 내열강보다 내열성이 크며 오스테나이트 조직을 만들기 위하여 많은 양의 Ni, Mn, Cr 등을 첨가한다.

2-5 불변강

불변강(invariable steel)이란 주위의 온도가 변화하여도 선팽창 계수 및 탄성계수가 변하지 않는 강을 말한다.

(1) 인바 (invar)

Ni 35~36%, Mn 약 4%가 함유된 철 합금의 인바는 200℃ 이하에서의 선팽창 계수가 현저하게 작으며, 20℃에서의 선팽창 계수가 1.2×10^{-6} 정도로 탄소강의 12.0×10^{-6}보다 1/10밖에 안 되는 특성을 가지고 있으므로 줄자, 표준자, 시계 추 등의 재료로 쓰인다.

(2) 초 인바 (super invar)

Ni 30.5~32.5%, Co 4.0~6.0%가 함유된 철 합금의 초 인바는 20℃에서의 선팽창 계수가 0.1×10^{-6} 정도로 인바의 1/12밖에 안 되는 특성을 가지고 있으므로 정밀 기계 부품의 재료로 쓰인다.

(3) 엘린바 (elinvar)

온도 변화에 따른 탄성률의 변화가 거의 없는 Fe-Ni-Cr 합금으로 고급 시계, 정밀 저울의 스프링 및 정밀계기 등에 사용된다.

(4) 코엘린바 (coelinvar)

엘린바에 Co가 함유된 코엘린바는 온도 변화에 따른 탄성률의 변화가 매우 작고, 공기나 물 속에서 부식되지 않는 특성을 가지고 있으므로, 주로 스프링, 기상 관측용 기구 부품 등의 재료로 쓰인다.

(5) 플래티나이트 (platinite)

Ni 42~46%의 Fe-Ni 합금으로 열팽창계수 $8~9.2 \times 10^{-6}$으로 유리 (8×10^{-6}) 및 Pt (9×10^{-6})과 거의 동일하므로 전구의 도입선과 같은 유리와 금속의 봉착재료로 사용된다.

2-6 자기재료 및 기타 특수강

(1) 규소강

저탄소강에 0.5~4.5%의 Si를 첨가한 규소강은 잔류 자속 밀도가 적다. 따라서 히스테라시스 (hysteresis) 손실이 적으므로 전동기, 발전기 및 변압기 등에 쓰이는 철심의 재료로 사용된다.

(2) 자석강

영구자석강은 재료 자체가 자성을 가지고 있기 때문에 온도변화와 기계적 진동 또는 산란자장의 영향에 대해서 안정하여야 하고 잔류자기와 항자력이 커야 한다.

또한 강한 영구자석 재료는 결정입자가 극히 미세하고 결정립계가 많은 것이 좋다. 자석강은 각종 전기계기, 무선기기, 발전기 등에 쓰이며 중요한 자석강과 자석은 다음과 같다.

① KS 자석강 : Fe-Co-Cr-W계 합금
② MK 자석강 : Fe-Ni-Al 소량의 Co, Cr-W계 합금
③ OP 자석 : Fe_3O_4와 $CoFe_2O_4$의 분말을 소결시킨 후 자화시킨 것
④ 알루니코 (alunico) : Fe-Al-Co계 합금

(3) 비자성강

전기계기, 나침판 케이스, 발전기 커버 및 배전판 등에 자성체 금속을 사용하면 맴돌이 전류가 발생되므로 이것을 피하기 위하여 비자성강을 사용하는데 Ni의 일부를 Mn으로 대치한 Ni-Mn강 또는 Ni-Cr-Mn강 등을 사용한다.

기 본 문 제

문제 1. 특수강에 대하여 설명하시오.

해설 합금강(alloy steel)이라고도 하며 탄소강에 특수한 성질을 부여하거나 강의 기계적 성질을 개선하기 위하여 Ni, Cr, Mn, W 등의 원소를 첨가하여 여러 가지 특성을 얻을 수 있는 강을 말한다.

문제 2. Ni-Cr 강의 특징을 설명하시오.

해설 연신율 및 충격값의 감소가 적으면서 경도가 크고 열처리 효과도 크다. 그러나 백점을 발생하기 쉬우므로 단조 압연시 주의가 필요하며, 뜨임 메짐이 있으므로 뜨임한 뒤에 급랭하여야 한다.

문제 3. 고망간(오스테나이트)의 특징을 설명하시오.

해설 망간 10~14%의 강은 상온에서 오스테나이트 조직을 가지고 있어 오스테나이트 망간강(austenite Mn steel) 또는 하드필드 망간강(hardfield Mn steel)이라고도 한다. 그 성분은 탄소 약 1.2%, 망간 13%, 규소 < 0.1%를 표준으로 하여 1000~1100℃에서 담금질한다. 이것은 내마멸성이 우수하고 경도가 크므로, 각종 광산 기계, 기차 레일의 교차점, 칠드 롤러 불도저, 냉간 인발용의 드로잉 다이스 등의 용도에 쓰인다.

문제 4. 표면 경화강에 대하여 설명하시오.

해설 내부 강도와 표면 경도가 큰 재료가 요구될 때 사용되는 강으로 침탄강, 질화강 및 고주파 경화용강 등이 있다.

문제 5. 스프링강에 Si와 Mn을 사용하는 이유를 설명하시오.

해설 Si는 경화성의 증가와 탄성 한도가 높아지며 Mn은 Si가 많은 재료에 열처리에 따른 탈탄층이 발생되어 피로 파괴의 원인이 되므로 이 결점을 완화하기 위하여 사용한다.

문제 6. 공구강의 특징을 설명하시오.

해설 ① 경도가 크고 높은 온도에서도 그 경도를 유지할 것
② 내마멸성이 클 것
③ 강인성이 클 것
④ 열처리가 쉬울 것
⑤ 제조와 취급이 쉽고 가격이 쌀 것

문제 7. 고속도강에 대해 설명하시오.

해설 HSS라 부르며 고온 경화시켜 고속 절삭(탄소 공구강의 2배)을 할 수 있어 고속도강이라 하며 0.8%의 탄소, 18%의 텅스텐, 4% 크롬 및 1% 바나듐으로 된 고속도강은 18(W)-4(Cr)-1(V) 형이라 하며 고속도강의 표준형이다.

문제 8. 고속도강의 담금질 온도와 뜨임 온도는 몇 ℃인가 서술하시오.

해설 담금질 온도는 1250~1300 ℃이고 뜨임 온도는 550~580 ℃이다.

문제 9. 주조 경질 합금에 대해 설명하시오.

해설 코발트를 주성분으로 한 Co-Cr-W-C 합금인 스텔라이트(stellite)로 주조에 의하여 만들어진다.

문제 10. 세라믹(ceramics) 공구에 대하여 설명하시오.

해설 알루미나(Al_2O_3)를 주성분으로 하여 점토를 소결한 것으로 철과 친화력이 없으므로 고속 정밀가공에 적합하나 항절력이 초경합금의 1/2밖에 되지 않고 잘 부러지는 결점이 있다.

문제 11. 스테인리스강 중에서 대표적인 두 가지에 대하여 설명하시오.

해설 ① 페라이트계: 13형 크롬 스테인리스강
② 오스테나이트계: 18-8 크롬, 니켈, 스테인리스강

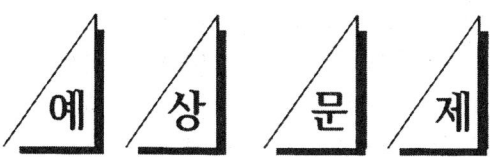

문제 1. 다음 중 흑연화를 방해하는 원소는?
㉮ Ti   ㉯ Cr
㉰ Al   ㉱ Ni
해설 크롬(Cr)은 흑연화를 방지하며 탄화물을 안정시킨다.

문제 2. 합금의 공통적인 성질은?
㉮ 경도는 감소한다.
㉯ 융해점은 내려간다.
㉰ 주조성은 일반적으로 감소한다.
㉱ 압축력은 약해진다.
해설 합금은 순금속보다 융해점이 내려간다.

문제 3. 다음은 고탄소강의 결점을 든 것이다. 틀린 것은 어느 것인가?
㉮ 담금질 효과가 나쁘다.
㉯ 고온에서 경도가 저하된다.
㉰ 담금질 균열과 변형이 많이 생긴다.
㉱ 고속 절삭이나 강력 절삭용 공구로 적합하다.

문제 4. 구조용 특수강인 Ni-Cr 강에서 Ni 함유량은 몇 %인가?
㉮ 5% 이하   ㉯ 10~20%
㉰ 20~30%   ㉱ 30% 이상
해설 Ni-Cr강은 연신율 및 충격값의 감소가 적으면서 경도가 크고 열처리 효과도 크다. 850℃에서 담금질하고 600℃에서 뜨임하면 강인한 소르바이트 조직이 된다.

문제 5. 규소강의 용도는 어느 것인가?
㉮ 버니어 캘리퍼스   ㉯ 줄, 해머
㉰ 선반용 바이트   ㉱ 변압기 철심
해설 규소강의 용도는 규소의 함유량에 따라 다르나 대체로 다음과 같다.
① 0.5~1.5% : 발전기 또는 전동기 철심
② 1.5~2.5% : 발전기의 발전자
③ 2.5~3.5% : 변압기의 철심 또는 전화기 등
④ 3.5~4.5% : 변압기의 철심 또는 전화기 등

문제 6. 내열강의 주요 성분은?
㉮ Cr   ㉯ Ni
㉰ Co   ㉱ Mn
해설 고크롬강은 내열강으로 높은 온도에서 크롬의 산화 피막이 나타나며 내부로 산화되는 것을 막는다. 알루미늄 규소도 내열성을 주는 성분이다.

문제 7. 다이스, 드릴, 게이지 등을 만드는 재료는?
㉮ SK 7 (0.06~0.70% C)
㉯ SK 4 (0.90~1.00% C)
㉰ SK 3 (1.00~1.10% C)
㉱ SK 1 (1.30~1.50% C)

문제 8. 다음 강철 중에서 불변강으로서 줄자, 표준자의 재료가 되는 것은?
㉮ 엘린바 (elinvar)
㉯ 스텔라이트 (stellite)
㉰ 인바 (invar)

해답 1. ㉯   2. ㉯   3. ㉱   4. ㉮   5. ㉱   6. ㉮   7. ㉰   8. ㉰

라 플래티나이트 (platinite)

해설 인바 (invar)는 불변강으로서 줄자, 표준자의 재료로 많이 사용된다. (Fe 64 %, Ni 36 %의 합금)

문제 9. 시계용 스프링을 만드는 재질은?
가 인청동
나 엘린바 (elinvar)
다 미하나이트 (meehanite)
라 애드미럴티 (admiralty)

해설 엘린바 (elinvar)는 시계용 스프링을 만드는 재료로 많이 쓰인다.

문제 10. 불변강인 엘린바 (elinvar)의 성분 원소가 아닌 것은 어느 것인가?
가 Ni
나 Cr
다 Fe
라 P

해설 불변강에는 인바 (invar), 엘린바 (elin-var), 플래티나이트 (platinite)가 있다. 인바는 C, Ni, Mn의 조성이고, 엘린바는 Ni, Cr, Fe의 조성으로 시계의 전자, 지진계, 저울의 스프링 등에 쓰인다. 또 플래티나이트는 Ni, Fe의 조성으로 전구 내에 도입하는 전선의 재료로서 유리, 백금선의 대용품이 된다.

문제 11. 게이지강 재료로 적당한 것은 어느 것인가?
가 Cr-Mn강
나 Si강
다 B 강
라 Cr-Ni 강

해설 게이지강으로서 실용되는 것의 성분은 Co 85~1.2 %, W 0.5~3 %, Cr 0.5~3.6 %, Mn 0.9~1.45 %이다.

문제 12. 전자기용으로 사용되는 특수강 중 철심재료가 아닌 것은?
가 규소강판
나 센더스터
다 퍼멀로이
라 코엘린바

문제 13. 다음에서 스프링강 (spring steel)이 갖추어야 할 성질 중 틀린 것은 어느 것인가?
가 탄성 한도가 커야 한다.
나 피로 한도가 작아야 한다.
다 항복 강도가 커야 한다.
라 충격 값이 커야 한다.

해설 스프링강은 탄성한계, 항복점 등이 높아야 하므로 고탄소강도 사용되나 규소, 망간이 많이 들어 있는 규소-망간강이 더욱 높은 항복점을 나타내므로 스프링강으로 적합하다. 특히, 크롬-바나듐은 소형 스프링 재료로 많이 사용된다.

문제 14. 스프링강에 함유된 탄소량은 대략 몇 %인가?
가 0.2~0.5 %
나 0.4~0.8 %
다 0.6~1.0 %
라 1.2~2.0 %

문제 15. P이나 S을 첨가하여 절삭성을 향상시킨 특수강을 무엇이라 하는가?
가 내열강
나 내부식강
다 쾌삭강
라 내마모강

해설 강의 절삭성을 향상시키기 위하여 인, 납, 황, 망간 등을 첨가하여 쾌삭강으로 만들어 사용한다.

문제 16. MK강, KS강이란 무엇인가?
가 공구강
나 불변강
다 내열강
라 자석강

해설 자석강에는 KS 자석강, MT 자석강, 신 KS 자석강, MK 자석강 등이 있다.

문제 17. 특수강인 플래티나이트 (platinite)의 성질이 아닌 것은?
가 상온 부근에서 탄성률이 변하지 않는다.
나 유리와 거의 동등한 탄성률을 갖는다.
다 열팽창률이 높다.
라 백금과 같은 팽창계수를 갖는다.

해답 9. 나 10. 라 11. 가 12. 다 13. 나 14. 다 15. 다 16. 라 17. 다

[해설] 플래티나이트 (platinite)는 46 % Ni과 0.15 % C의 Ni강으로 백금이나 유리의 팽창계수를 갖고 있으므로 진공관 등에 쓰인다.

[문제] 18. C 0.9~1.3 %, Mn 10~14 %인 고망간으로 마모에 견디는 것은?
㉮ 듀콜강 ㉯ 스테인리스강
㉰ 하드필드강 ㉱ 마그네트강

[해설] 고망간강은 내마멸성강의 대표적인 것으로 Mn 대 C의 비율은 약 1 : 10으로 C 1.0~1.2 %, Mn 11~13 % 정도가 많이 사용된다. Mn 12 % 정도의 고망간강은 발명자의 이름을 따서 하드필드 (hardfield) 강이라 한다.

[문제] 19. 고망간강의 특성은?
㉮ 내마모성 ㉯ 전연성강
㉰ 내부식강 ㉱ 전성, 연성강

[해설] 탄소 1.2 %, 망간 13 %, 규소 < 0.1 %를 표준으로 하는 강으로 내마멸성이 우수하고 경도가 크므로 각종 광산 기계, 기차 레일의 교차점, 불도저 등에 쓰인다.

[문제] 20. 다음의 저망간강에 대한 설명 중 틀린 것은?
㉮ Mn을 2~5 % 함유한 강이다.
㉯ 듀콜강이라고도 한다.
㉰ 펄라이트 Mn강이라고도 한다.
㉱ 선박, 교량, 차량, 건축 등의 구조용에 사용된다.

[해설] 저망간강은 Mn 1~2 %, C 0.2~1.0 %이며, 펄라이트 망간강 또는 듀콜강이라고 한다.

[문제] 21. WC 분말과 Co 분말을 약 1400°C로 소결하여 만든 금속명은?
㉮ 고속도강 ㉯ 초경질 합금
㉰ 모넬 메탈 ㉱ 화이트 메탈

[해설] 초경합금의 주성분은 WC, TaC, TiC이며 Co를 결합제로 쓴다.

[문제] 22. 고속도강의 표준성분은?
㉮ W 18 %, Cr 4 %, V 1 %
㉯ W 18 %, V 14 %, Cr 1 %
㉰ Cr 8 %, W 14 %, V 1 %
㉱ V 18 %, W 14 %, Cr 1 %

[해설] 고속 절삭하여도 절삭성이 나빠지지 않고 고온경도가 커서 고속절속이 가능하며, 일명 하이스 (HSS)라고도 한다.

[문제] 23. 고속도강에 함유된 탄소량은 대략 몇 %인가?
㉮ 0.03~0.07 % ㉯ 0.2~0.5 %
㉰ 0.65~0.85 % ㉱ 1.2~1.7 %

[문제] 24. 텅스텐 고속도강 (18-4-1형)의 뜨임 온도 및 담금질 온도는?
㉮ 150~200 °C, 760~820 °C
㉯ 550~580 °C, 1250~1300 °C
㉰ 420~480 °C, 820~860 °C
㉱ 150~200 °C, 850~900 °C

[문제] 25. 주조 초경합금의 대표적인 것은?
㉮ 위디아 (widia)
㉯ 트리디아 (tridia)
㉰ 텅갈로이 (tungalloy)
㉱ 스텔라이트 (stellite)

[해설] 주조 초경합금의 대표적인 것을 스텔라이트 (stellite)이다. 주성분은 Co-Cr-W-C로서 단단하며 담금질이 필요없고, 주조 그대로 사용한다.

[문제] 26. 절삭 능력은 고속도강의 2배의 속도에 견디며 700 °C 이상의 고온에서도 경도를 유지하는 주조합금은?
㉮ 세라믹 ㉯ 스텔라이트
㉰ 합금 공구강 ㉱ 탄소 공구강

[해설] 주조한 상태의 것을 연마하여 사용하는 공

[해답] 18. ㉰ 19. ㉮ 20. ㉮ 21. ㉯ 22. ㉮ 23. ㉰ 24. ㉯ 25. ㉱ 26. ㉯

구로 열처리하지 않아도 충분한 경도를 가지는 주조경질합금은 코발트를 주성분으로 한 코발트-크롬-텅스텐-탄소 합금인 스텔라이트이다.

문제 27. 스테인리스강을 조직상으로 분류한 것 중 옳지 않은 것은?
㉮ 마텐자이트계 ㉯ 페라이트계
㉰ 오스테나이트계 ㉱ 시멘타이트계

문제 28. 다음 중 스테인리스강에 가장 많이 함유되는 원소는?
㉮ 아연 ㉯ 텅스텐
㉰ 코발트 ㉱ 크롬
[해설] 스테인리스강의 성분 원소는 Cr 17~20%, Ni 7~10%, C 0.2% 이하이다.

문제 29. 비자성체이며 자석에 붙지 않는 것은?
㉮ 연강
㉯ 경강
㉰ Cr 13%인 스테인리스강
㉱ Cr 18%, Ni 8%로 합금된 스테인리스강

문제 30. 스테인리스강에서 합금의 주성분은?
㉮ Cr ㉯ Ti
㉰ Co ㉱ Mo
[해설] 스테인리스강의 주성분은 Fe-Cr-Ni-C 이다.

문제 31. 줄의 재질로는 보통 어떤 강을 사용하는가?
㉮ 고속도강 ㉯ 고탄소강
㉰ 초경 합금강 ㉱ 특수 합금강

문제 32. 탄소함유량 1.0~1.5% 함유된 탄소공구강의 풀림 온도로서 가장 적당한 것은?
㉮ 650 ℃ ㉯ 800 ℃
㉰ 950 ℃ ㉱ 1200 ℃

문제 33. 합금 공구강의 금속 기호는?
㉮ SK ㉯ STS
㉰ SKH ㉱ SCr
[해설] SK는 JIS 규격으로서 KS 규격의 STC이며 탄소 공구강을, SKH는 고속도강, SCr은 크롬강을 나타낸다.

문제 34. 강의 자경성을 높여 주는 원소는?
㉮ Cr ㉯ Mo
㉰ Co ㉱ C
[해설] 담금질 효과에서 적당한 양의 니켈·크롬 등을 포함한 강은 고온에서 공기 중에 방치해 두는 것만으로도 충분히 경화된다. 이와 같은 성질을 자경성(self hardening)이라고 한다.

문제 35. 강에 적당한 원소를 첨가하면 기계적 성질을 개선할 수 있는데, 특히 강인성, 저온 충격저항을 증가시키기 위하여 어떤 원소를 첨가하는 것이 좋은가?
㉮ W ㉯ Cr
㉰ Mn ㉱ Ni

문제 36. 초경질 합금이 아닌 것은?
㉮ 위디아 ㉯ 카볼로이
㉰ 다이아몬드 ㉱ 텅갈로이
[해설] 초경질 합금은 금속 탄화물의 분말형 금속 원소를 프레스로 성형하고 이것을 소결하여 만든 합금으로 비디아, 텅갈로이, 카볼로이 등의 상품명이 있다.

문제 37. 초경질 합금 공구에는 S, G, D의 세 종류가 있다. S 종류에 해당되는 사항은?
㉮ 강철의 절삭용
㉯ 주물·비철금속·비금속 등의 절삭용
㉰ 인성 공구용
㉱ 텅스텐·티타늄·코발트 및 탄소를 성

분으로 한 것
[해설] S에 해당되는 것은 강철의 절삭용, G종은 주철, D종은 다이스 용이다.

[문제] 38. 인코넬(inconel)의 주요 성분에 속하지 않는 것은?
㉮ Cr ㉯ Ni
㉰ Fe ㉱ Mn
[해설] 인코넬은 내식성 및 내열성이 우수하고, Ni에 Cr 13~21%와 Fe 6.5%를 함유한 강으로서 염류, 알칼리, 탄산 가스에 우수한 내식성을 가지고 있으며, 질산은($AgNO_3$) 용액에 침식되지 않는다.

[문제] 39. 게이지강의 구비 조건을 잘못 설명한 것은?
㉮ 내마멸성, 내식성이 클 것
㉯ 고온에서 기계적 성질이 좋을 것
㉰ 열처리에 의한 변형이 적을 것
㉱ 치수의 변화가 적을 것

[문제] 40. 특수강인 인바의 성질은?
㉮ 열팽창률이 낮다.
㉯ 백금과 같은 팽창 계수를 갖는다.
㉰ 유리와 같은 팽창 계수를 갖는다.
㉱ 상온에서 탄성률이 변하지 않는다.

[문제] 41. 불변강이 갖추어야 할 첫째 조건은?
㉮ 열팽창 계수가 적을 것
㉯ 내식성, 내마멸성이 클 것
㉰ 자기 감응도가 적을 것
㉱ 산이나 알칼리에 강할 것

[문제] 42. 영구 자석강이 갖추어야 할 조건이 아닌 것은?
㉮ 탄화물, 붕화물이 많을 것
㉯ 잔류 자기 및 항자력이 클 것

㉰ 온도 등에 의하여 강도가 감소되지 말 것
㉱ 인성이 크고 가공이 쉬울 것

[문제] 43. 다음의 특수강 중에서 자경성(self-hardening)이 우수한 강은?
㉮ Ni 강 ㉯ Cr강
㉰ Ni-Cr강 ㉱ Ni-Cr-Mo강
[해설] Ni강은 가열 후 공기 중에 방치하여도 담금질 효과를 나타내는 데 이와 같은 현상을 자경성(self-hardening) 또는 기경성(airhardening)이라 한다.

[문제] 44. 알루니코(alunico) 자석강은 어느 것인가?
㉮ Fe-Al-Ni계 합금
㉯ Fe-Al-Co계 합금
㉰ Fe-Ni-Co계 합금
㉱ Fe-Ni-Cr계 합금

[문제] 45. 뜨임 취성이 적으며 열간가공이 용이하고 담금질이 쉬운 특수강은?
㉮ Ni강 ㉯ Ni-Cr강
㉰ Cr-Mo강 ㉱ Ni-Cr-Mo강
[해설] Cr-Mo강의 금속 기호는 SCM이고, 용접성이 좋고 고온 강도가 큰 장점이 있다.

[문제] 46. 스프링강의 조직은?
㉮ 오스테나이트 ㉯ 페라이트
㉰ 펄라이트 ㉱ 소르바이트

[문제] 47. 다음 금속 기호 중 스프링강의 기호는?
㉮ SPS ㉯ STB
㉰ STD ㉱ SKH

[문제] 48. 다음 스프링강 중 고급 스프링 재료

[해답] 38. ㉱ 39. ㉯ 40. ㉮ 41. ㉮ 42. ㉮ 43. ㉮ 44. ㉯ 45. ㉰ 46. ㉱ 47. ㉮ 48. ㉮

에 사용되는 것은?
㉮ Cr-V강   ㉯ Si-Mn강
㉰ Mn-Cr강   ㉱ Si-Cr강

[해설] Si-Mn강, Mn-Cr강은 일반 자동차용에 사용된다.

문제 49. 베어링강의 재료에 널리 사용되는 것은?
㉮ 고탄소 크롬강   ㉯ 크롬
㉰ 크롬 몰리브덴강   ㉱ 스테인리스강

[해설] 고탄소강에 0.90~1.60%의 크롬을 첨가시켜 강도와 경도 및 탄성한도가 높고, 피로한도가 크며, 내마멸성이 우수한 합금강을 베어링강(bearing steel)이라 한다.

문제 50. Ni 36% 함유한 Fe-Ni 합금으로 열팽창계수가 매우 작고 내식성이 좋아서 줄자, 시계의 진자, 바이메탈 등에 사용되는 불변강은?
㉮ 인바   ㉯ 엘린바
㉰ 플래티나이트   ㉱ 초인바

[해설] 엘린바는 약 36% Ni, 약 13% Cr이 함유된 철 합금으로 온도 변화에 따른 탄성률의 변화가 거의 없으며, 20℃에서는 선팽창 계수가 8.0×10^{-6} 정도인 특성을 가지고 있으므로, 지진계의 부품, 고급 시계의 유사, 정밀 저울의 스프링 등의 재료로 쓰인다.

문제 51. 다음 중 소결 초경합금의 주요 성분이 아닌 것은?
㉮ WC   ㉯ TiC
㉰ TaC   ㉱ TaW

[해설] 소결 초경합금은 WC, TiC, TaC 등의 분말에 코발트 분말을 결합재로 하여 혼합한 다음 금형에 넣고 가압, 성형한 것이다.

문제 52. 13형 스테인리스강의 조직은?
㉮ 페라이트계   ㉯ 오스테나이트계
㉰ 시멘타이트계   ㉱ 펄라이트계

[해설] 13형 크롬 스테인리스강은 강인성 및 내식성이 있고 열처리에 의하여 경화할 수 있다. 18-8형 스테인리스강은 크롬 18%, 니켈 8%를 기준으로 한 것으로 오스테나이트계이다.

문제 53. 주로 대형 겹판 스프링, 코일 스프링에 사용하는 강재는?
㉮ Cr-Mo 강재   ㉯ Mn-Mo강재
㉰ Mn-V 강재   ㉱ Cr-Si 강재

문제 54. 스프링강에서 탄성한도를 높이기 위하여 반드시 첨가되는 원소는?
㉮ Mo   ㉯ Mn
㉰ Si   ㉱ Ni

문제 55. 다음 중 고니켈강에 속하지 않는 것은?
㉮ 인바   ㉯ 엘린바
㉰ 퍼멀로이   ㉱ 하이드로날륨

[해설] 퍼멀로이는 약한 자장으로 큰 투자율을 가지고 있으므로 해저 전선의 장하 코일에 사용된다.

문제 56. 다음 중 다이스강(dies steel)의 특징이 아닌 것은?
㉮ 경도가 높고 내마멸성이 좋을 것
㉯ 고온 경도가 낮을 것
㉰ 담금질에 의한 변형이 적을 것
㉱ 풀림처리 상태에서 가공이 쉬울 것

문제 57. 다음 중 불변강이 아닌 것은?
㉮ 인바   ㉯ 엘린바
㉰ 인코넬   ㉱ 플래티나이트

문제 58. 다음 중 내식성 니켈합금으로 Ni-Cr-Mo-Cu가 주성분인 것은?
㉮ invar   ㉯ elinver

[해답] 49. ㉮   50. ㉮   51. ㉱   52. ㉮   53. ㉰   54. ㉰   55. ㉱   56. ㉯   57. ㉰   58. ㉰

㉰ illium　　　㉱ permalloy

문제 59. 다음은 고속도 공구강에 대한 설명이다. 틀린 것은?
㉮ 600℃ 부근에서도 인화하지 않으므로 가공속도를 높일 수 있다.
㉯ SKB 51은 냉간단조용 금형재료로 이용된다.
㉰ 담금질성이 좋고 공랭 경화가 가능하다.
㉱ 고온 가공용 금형재료로 적당하다.

문제 60. Cu-Ni-Mg으로 되어 있는 내열합금은?
㉮ Y합금　　　㉯ 실리늄
㉰ 인바　　　　㉱ 로엑스

문제 61. 듀콜(ducole)강이란 다음 중 어느 것인가?
㉮ 저규소강　　㉯ 저망간강
㉰ 고크롬강　　㉱ 고텅스텐강
해설 듀콜강은 차량, 건축 등에 사용되는 구조용 강이다.

문제 62. 다음 중 뜨임 취성을 일으키는 것은?
㉮ 불변강　　　㉯ Ni-Cr강
㉰ 고 Mn강　　㉱ Cr 강

문제 63. 다음 중 기계 절삭성을 향상시키기 위하여 첨가하는 원소는?
㉮ Ni　　　　　㉯ Ti
㉰ V　　　　　㉱ S

문제 64. 강의 내마모성, 내식성을 가지게 하기 위하여 첨가하는 원소는?
㉮ Cr　　　　　㉯ Mo
㉰ Mn　　　　　㉱ Si

문제 65. 다음 중 특수강에서 페라이트를 형성하는 원소가 아닌 것은?
㉮ Cr　　　　　㉯ Al
㉰ Ni　　　　　㉱ V

문제 66. 다음은 탄소강에 특수 원소를 첨가할 경우 특수 원소의 주요 역할이다. 관계 없는 것은?
㉮ 특수 성질 부여
㉯ 변태 속도 조절
㉰ 소성, 가공성 개량
㉱ 오스테나이트의 입자 조성

문제 67. 불변강인 엘린바의 성분 원소가 아닌 것은?
㉮ Fe　　　　　㉯ P
㉰ Ni　　　　　㉱ Cr
해설 불변강에는 인바, 엘린바, 플래티나이트가 있는데 인바는 C, Ni, Mn의 조성이고 엘린바는 Fe, Ni, Cr의 조성이고 플래티나이트는 Fe, Ni의 조성이다.

문제 68. 자석강에 사용되지 않는 원소는?
㉮ Cr　　　　　㉯ Mo
㉰ Mn　　　　　㉱ W

문제 69. 고속도강에서 뜨임 경화를 높이기 위하여 첨가하는 주요 원소는?
㉮ Co　　　　　㉯ Ni
㉰ Mn　　　　　㉱ Mo

문제 70. 초경합금의 주요 성분이 아닌 것은?
㉮ TaC　　　　㉯ TiC
㉰ CrC　　　　㉱ WC

문제 71. 페라이트계 스테인리스강은 어느 것인가?

해답 59. ㉯ 60. ㉮ 61. ㉯ 62. ㉰ 63. ㉱ 64. ㉮ 65. ㉰ 66. ㉯ 67. ㉯ 68. ㉰ 69. ㉮
70. ㉰ 71. ㉮

㉮ 13 Cr강 ㉯ 13 Ni강
㉰ 18-8 (Cr-Ni강) ㉱ Ni-Cr-Mn강

문제 72. P, S, Mn 등을 첨가하여 절삭성을 향상시킨 특수강은?
㉮ 내열강 ㉯ 내마모강
㉰ 쾌삭강 ㉱ 내식강

문제 73. 다음 중 스프링용 특수강이 아닌 것은?
㉮ Cr-V강 ㉯ Si-Mn강
㉰ Si-Cr강 ㉱ Si-Mo강
[해설] 고급 밸브용 스프링강에는 Cr-V강이 사용된다.

문제 74. 다음 설명 중 틀린 것은?
㉮ 고속도강을 HSS라고도 하며 표준 기호는 SKH이다.
㉯ 스테인리스강은 전부 비자성체이다.
㉰ 뜨임 메짐을 방지하는 금속 원소는 Mo이다.
㉱ 상온 메짐을 일으키는 원소는 P이다.

문제 75. 다음은 스테인리스강에 대한 설명이다. 틀린 것은?
㉮ Cr 18 %, Ni 18 %를 함유한 스테인리스강은 페라이트 조직을 가진다.
㉯ 스테인리스강은 내식성이 크다.
㉰ Cr 13 % 스테인리스강은 Cr 13 %의 페라이트 조직을 가진다.
㉱ 18-8 스테인리스강은 Cr 18 %, Ni 8 %의 오스테나이트 조직을 가진다.

문제 76. 다음 중 스테인리스강의 주성분은?
㉮ Fe, Ni ㉯ Cr, Mo
㉰ Fe, Cr ㉱ Cr, Mn

문제 77. 18-8 스테인리스강의 입계부식의 방지책이 아닌 것은?
㉮ Cr 탄화물은 오스테나이트 중에 용체화시킨 후 급랭한다.
㉯ 보통 0.5 % 이하의 저탄소강을 사용한다.
㉰ Cr 탄화물의 석출이 일어나지 않도록 탄소량을 줄인다.
㉱ Ti, Co, Ta 등의 원소를 첨가한다.

문제 78. 세라믹 공구의 특성에 대한 설명이다. 틀린 것은?
㉮ 내부식성, 내산화성이 크다.
㉯ 열의 친화력이 없으므로 고속 절삭에 적당하다.
㉰ 열의 흡수력이 없으므로 공구가 과열되지 않는다.
㉱ 강인성을 가지고 있으므로 충격용에 적당하다.
[해설] 철과 친화력이 없으므로 구성 날끝이 나타나지 않고 고속 절삭에 적당하나 메짐성이 있다.

문제 79. Ni-Cr강의 단점 중 개선하여야 할 것은?
㉮ 자경성을 개선할 것
㉯ 뜨임 메짐을 개선할 것
㉰ 경도를 증가시킬 것
㉱ 인성을 증가시킬 것
[해설] Ni-Cr강은 강인하고 전성이 크며 담금성이 좋으나 단점으로는 강의 제조시 냉각 중에 헤어 크랙 (hair crack) 의 발생에 주의하여야 한다.

문제 80. 특수강에 발생하는 백점의 방지책으로 틀린 것은?
㉮ 진공, 주조, 고압 주조를 한다.
㉯ 진공 융해를 한다.
㉰ 정련시 수소 가스를 방출시킨다.

[해답] 72. ㉰ 73. ㉱ 74. ㉯ 75. ㉮ 76. ㉰ 77. ㉯ 78. ㉱ 79. ㉯ 80. ㉮

라 용체 중의 수소 흡수를 최소로 한다.

문제 81. 스테인리스강의 용접 취약성의 원인은 무엇인가?
  가 자경성   나 뜨임 메짐성
  다 균열   라 탄화물의 석출

문제 82. 베어링용 강으로서 가장 요구되는 사항은?
  가 높은 자경성과 큰 인장력을 가질 것
  나 높은 피로 한도와 탄성 한도를 가질 것
  다 큰 마멸성과 작은 경도를 가질 것
  라 큰 경도와 강인성을 가질 것

문제 83. 다음 중 수인강은?
  가 듀콜강   나 크로맨실
  다 하드필드강 라 엘린바

문제 84. 비디아(widia)란 무엇인가?
  가 WC 분말과 Co 분말을 혼합하여 만든 소결 경질합금
  나 WC 분말과 Cr 분말을 혼합하여 만든 소결 경질합금
  다 WC 분말과 Mo 분말을 혼합하여 만든 소결 경질합금
  라 WC 분말과 Al 분말을 혼합하여 만든 소결 경질합금
  [해설] 소결 초경 합금은 WC, TiC, TaC 등의 분말에 코발트 분말을 결합재로 하여 혼합한 다음 금형에 넣고 가압, 성형한 것을 800~1000℃에서 예비 소결한 뒤 희망하는 모양으로 가공하고, 이것을 수소 기류 중에서 1400~1500℃에서 소결시키는 분말 야금법으로 만들어진다.

문제 85. 변압기용 규소 강판의 적당한 Si 량은?
  가 1%   나 2%
  다 3%   라 4%
  [해설] 규소강은 자기 감응도가 크고 잔류자기 및 항자력이 작으므로 변압기의 철심이나 교류 기계의 철심 등에 쓰인다.

문제 86. 피아노선 재료에 쓰이는 특수강은?
  가 Cr-Mo강   나 Ni-Cr강
  다 Ni-Cr-Mo강 라 Cr-V강

문제 87. 다음 원소 중 내열강에 내열성을 향상시키기 위하여 가장 많이 첨가하는 원소는?
  가 Ni   나 Cr
  다 Mo   라 Mn

문제 88. W, Mo 특수강은 서냉해도 마텐자이트를 얻을 수 있다. 그러나 물 또는 기름에 담금질하는 이유는?
  가 결정립을 미세화하기 위해서
  나 탄화물의 석출을 막기 위해서
  다 경도를 증대시키기 위해서
  라 연화시키기 위해서

문제 89. 스테인리스강의 입계 부식이 있는 이유는?
  가 탄소가 적어서
  나 탄소가 많아서
  다 탄소가 없어서
  라 탄소와는 관계가 없다.

문제 90. 잔류 오스테나이트는 어떤 이유로 생기는가?
  가 냉각 속도에 의해서
  나 첨가 원소에 의해서
  다 결정 입자의 미세화에 의해서
  라 시효에 의한 고정화에 의해서

[해답] 81. 라 82. 나 83. 다 84. 가 85. 라 86. 라 87. 나 88. 나 89. 나 90. 가

문제 91. Fe-Ni-Cr의 합금으로 열팽창계수가 $8×10^{-6}$이고, 온도 변화에 따른 열팽창계수와 탄성계수가 변하지 않고 고급시계, 스프링, 정밀기계부품 등으로 사용되는 합금은?
㉮ 엘린바 ㉯ 인바
㉰ 퍼멀로이 ㉱ 헤스텔로이

문제 92. 절삭 공구로 쓰이는 세라믹 주성분은?
㉮ 고경도 ㉯ 산화알루미늄
㉰ 탄화규소 ㉱ 산화크롬

문제 93. 텅스텐, 티탄, 탄탈 등의 탄화물의 분말을 코발트 또는 니켈 분말과 혼합하여 프레스로 성형한 뒤 약 1400 ℃ 이상의 고온에서 소결한 절삭 공구 재료는?
㉮ 초경합금 ㉯ 고속도강
㉰ 합금 공구강 ㉱ 스텔라이트

문제 94. 다음은 크롬강에 관한 설명이다. 틀린 것은?
㉮ 구조용 크롬강은 830~880 ℃에서 담금질한다.
㉯ 550~680 ℃에서 급랭시켜 뜨임하면 메짐은 피할 수 있다.
㉰ 강인강으로서 사용되는 크롬의 양은 10 % 이하인데 보통 크롬의 첨가량은 2~5 %이다.
㉱ 상온에서는 펄라이트 조직이며 자경성이 있다.
[해설] 저온에서는 펄라이트 조직이며 고온에서는 마텐자이트 조직이다.

문제 95. 연신율 및 충격값의 감소가 적으면서도 경도가 크고 열처리 효과도 크다. 850 ℃에서 담금질하고 600 ℃에서 뜨임하면 강인한 소르바이트 조직이 된다. 이러한 강은?
㉮ 니켈-몰리브덴강 ㉯ 니켈-크롬강
㉰ 망간-크롬강 ㉱ 크롬-몰리브덴강
[해설] 니켈-크롬강은 백점을 발생하기 쉬우므로 단조 압연할 때 냉각에는 주의가 필요하며, 뜨임 메짐이 있으므로 뜨임한 뒤에 급랭하여야 한다.

문제 96. 강도 및 경도와 내구성을 필요로 하고 탄소 1.0 %, 크롬 1.2 %의 고탄소 크롬강이 쓰이며, 담금질 후 반드시 뜨임해야 하는 강은?
㉮ 영구자석강 ㉯ 메이지강
㉰ 베어링강 ㉱ 규소강

문제 97. 고온에서 서냉하면 경도가 크고 취성이 있어 절삭이 불가능하므로 수중 담금질하여 인성을 높이고 절삭이 가능하게 하는 특수강은?
㉮ 고니켈강 ㉯ 고크롬강
㉰ 고망간강 ㉱ 고규소강

문제 98. 산화알루미늄(Al_2O_3) 미분말에 규소(Si) 및 마그네슘(Mg)의 산화물 또는 다른 산화물의 첨가물을 넣고 소결한 공구 재료이며 흰색, 분홍색, 회색, 검은색 등이 있다. 다듬질 가공에 적합하나 중절삭에는 적합하지 않는 재료는?
㉮ 합금공구강 ㉯ 고속도강
㉰ 초경합금 ㉱ 세라믹

문제 99. 강인강이라 함은 적어도 인장강도가 얼마 이상인 것을 말하는가?
㉮ 약 $50 kg/mm^2$ 이상

[해답] 91. ㉮ 92. ㉯ 93. ㉮ 94. ㉱ 95. ㉯ 96. ㉰ 97. ㉰ 98. ㉱ 99. ㉯

㉰ 약 85 kg/mm² 이상
㉱ 120 kg/mm² 이상
㉲ 160 kg/mm² 이상

문제 100. 베어링강으로 많이 사용되는 고탄소 Cr 베어링강의 C와 Cr의 %는?
㉮ C = 0.5~0.9 % Cr = 1.0~1.6 %
㉯ C = 0.5~0.9 % Cr = 2.0~3.0 %
㉰ C = 1.0 % 정도 Cr = 1.0~1.6 %
㉱ C = 1.0 % 정도 Cr = 2.0~3.0 %

문제 101. 항복강도, 인장강도, 인성이 크고 굽힘 프레스 가공, 나사절삭, 리벳작업, 고온단조 용접가공 및 열처리가 용이하며 철도용 단조품, 크랭크축 자축에 많이 사용되는 것은?
㉮ 듀콜강 (ducole steel 저 Mn강)
㉯ 하드필드강 (hard field steel 고 Mn강)
㉰ 크로만실 (chromansil Cr-Mn-Si강)
㉱ 스텔라이트 (stellite Co-Cr-W-C합금강)

문제 102. 다음 Cr-Ni계 스테인리스강의 결합인 입간부식의 방지책 중 틀린 것은?
㉮ 탄소량이 적은 강을 사용한다.
㉯ 500~900 ℃에서 가공한다.
㉰ Ti (티타늄) 을 소량 첨가한다.
㉱ Nb (니오브) 를 소량 첨가한다.

문제 103. 다음 중 내열강에 내열성을 증가시킬 목적으로 첨가되는 금속들로 나열된 것은?
㉮ Si, Al, Ni, Co ㉯ P, S, Mn, Pb
㉰ Sn, Zn, Pt, Cu ㉱ Na, Bi, K, Ag

문제 104. 진공관의 필라멘트 재료로 많이 이용되는 것은?

㉮ 알루멜 크로멜 (alumel-chromel)
㉯ 인코넬 (inconel)
㉰ 니크롬 (nichrome)
㉱ 모넬 메탈 (monel metal)

문제 105. 열간성형 스프링강의 금속기호는?
㉮ SKS   ㉯ SUP
㉰ SDT   ㉱ SUS

문제 106. 강의 변태 온도를 높이고, 변태 속도를 느리게 하는 원소는?
㉮ Si   ㉯ Cr
㉰ Mo   ㉱ Co

문제 107. Ni-Cr강에서 유의해야 할 사항이 아닌 것은?
㉮ 500~560℃에서 뜨임
㉯ 800~850℃에서 담금질
㉰ 뜨임 취성이 생긴다.
㉱ 가열 중에 헤어 크랙이 발생

문제 108. 다이스, 드릴, 게이지 등을 만드는 재료는?
㉮ SK 1 (1.30~1.50 % C)
㉯ SK 3 (1.00~1.10 % C)
㉰ SK 4 (0.90~1.00 % C)
㉱ SK 7 (0.06~0.70 % C)

문제 109. 초경질 합금의 결정제는?
㉮ Ni   ㉯ Cr
㉰ Mo   ㉱ Mn

문제 110. 피아노선의 열처리 조직은?
㉮ 마텐자이트   ㉯ 소르바이트
㉰ 트루스타이트 ㉱ 오스테나이트
해설 소르바이트 조직은 미세한 α철과 탄화철

해답 100. ㉰ 101. ㉰ 102. ㉯ 103. ㉮ 104. ㉯ 105. ㉯ 106. ㉯ 107. ㉱ 108. ㉯ 109. ㉮
110. ㉯

의 혼합체이며, 마텐자이트를 600℃ 정도에서 풀림하면 이 조직을 얻을 수 있다. 소르바이트는 트루스타이트 다음가는 경도를 가지며, 탄성한계가 높고 연신율이 크다. 또한 충격에 강하고 강의 조직 중 가장 강인하여 스프링, 와이어 로프용 재료의 조직으로서 적합하다.

문제 111. Fe-Co-Mn계의 자석 합금은?
㋑ MK자석강 ㋺ 비칼로이
㋻ 쾌스테 자석강 ㋹ 알루니코

문제 112. 큐니프(cunife) 자석강은?
㋑ Fe-Ni-Co계 합금
㋺ Fe-Co-W계 합금
㋻ Fe-Ni-Al계 합금
㋹ Fe-Co-V계 합금

문제 113. 고장력강을 만들기 위한 요인으로 틀린 것은?
㋑ 미량 원소 첨가에 의한 결정립의 미세화
㋺ 제어 압연에 의한 강인화
㋻ 합금 원소 첨가에 의한 연강의 고용 강화
㋹ 미량 합금 원소 첨가에 의한 정출 경화

문제 114. 다음은 Ni강에 대한 설명이다. 틀린 것은?
㋑ 경도가 커서 각종 기계 구조물에 적합하다.
㋺ 부식 저항이 좋아서 내식 재료에 사용된다.
㋻ 경도가 커서 각종 절삭 공구에 널리 사용된다.
㋹ 고온 저항이 커서 고온 재료에 사용된다.

문제 115. 버너의 노즐이나 내연기관의 밸브에 사용되는 강은?
㋑ 초경합금 ㋺ 스테인리스강
㋻ 불변강 ㋹ 내열강

문제 116. 바닷물이나 오염된 물에 사용하는 볼트나 너트의 재료는 어느 것이 적당한가?
㋑ Ni-Cr강 ㋺ Cr-Mo강
㋻ Cr강 ㋹ 스테인리스강

문제 117. 탄소 함유량이 많은 순서로 나열된 것은?
㋑ 선반 바이트 → 탭 → 피아노선 → 기차 레일
㋺ 탭 → 선반 바이트 → 피아노선 → 기차 레일
㋻ 선반 바이트 → 탭 → 기차 레일 → 피아노선
㋹ 기차 레일 → 탭 → 선반 바이트 → 피아노선

문제 118. 다음 합금 중 내염산성이 강한 것은?
㋑ 인바 ㋺ 엘린바
㋻ 스텔라이트 ㋹ 헤스텔로이

문제 119. 다음 중 스테인리스강이 녹이 잘 슬지 않는 이유를 설명한 것이다. 옳은 것은?
㋑ Ni이 쉽게 산화되어 산화피막이 형성되기 때문
㋺ Cr이 쉽게 산화되어 산화피막이 형성되기 때문
㋻ Ni와 Cr이 Fe와 금속간 화합물을 만들기 때문
㋹ 강 중의 Ni와 Cr이 산화되지 않기 때문

해답 111. ㋻ 112. ㋑ 113. ㋹ 114. ㋻ 115. ㋹ 116. ㋹ 117. ㋑ 118. ㋹ 119. ㋺

제5장 주철과 주강

1. 주철의 특징

주철은 성분상으로 탄소의 함유량이 2.0~6.67%인 철과 탄소의 합금이며 실용주철의 탄소함유량이 2.0~4.0%의 범위이며 비중은 7.2이다.

주철은 강에 비하여 취성이 크며 고온에서 소성변형이 되지 않는 결점이 있으나 주조성이 우수하여 복잡한 형상의 부품도 쉽게 주조되고 가격이 저렴하기 때문에 널리 이용되고 있으며 강에 비하여 다음과 같은 장·단점이 있다.

[장 점]
① 주조성이 우수하여 크고 복잡한 부품도 쉽게 만들 수 있다.
② 금속 재료 중에서 단위 무게당 가격이 저렴하다.
③ 주물 표면이 굳고 잘 녹슬지 않으며 칠(chill)이 잘 된다.
④ 마찰 저항이 우수하고 절삭가공이 쉽다.
⑤ 인장강도, 굽힘강도, 충격값은 작으나 압축강도는 크다(인장강도의 3~4배).

[단 점]
① 인장강도 및 충격값이 대단히 작다.
② 취성(여린 성질)이 매우 크다.
③ 고온에서도 소성변형되지 않으므로 소성가공이 불가능하다.

1-1 주철의 조직과 상태도

 주철 중에 함유되는 탄소는 그 일부분이 유리탄소 상태인 흑연으로 분해되고 다른 일부분은 펄라이트 또는 시멘타이트(Fe_3C) 로서 존재하는 화합탄소로 된다.

 이와 같이 주철 중에 탄소가 흑연이나 화합탄소로 분해되는 것은 주철의 성분과 냉각속도 등에 의하여 뚜렷하게 달라지며 주철의 성질에 큰 영향을 준다. 즉, 흑연이 많을 경우에는 주철의 파단면이 회색을 띠는 회주철이 되며 흑연의 양이 적고 대부분의 탄소가 시멘타이트의 화합탄소로 존재할 경우에는 그 파면이 흰색을 띠는 백주철(white cast iron) 로 되는 것이다.

 일반적으로 주철이라고 하면 회주철을 말하며 회주철과 백주철의 혼합된 조직의 주철을 반주철(mottled cast iron) 이라고 한다.

(1) Fe-C계 상태도

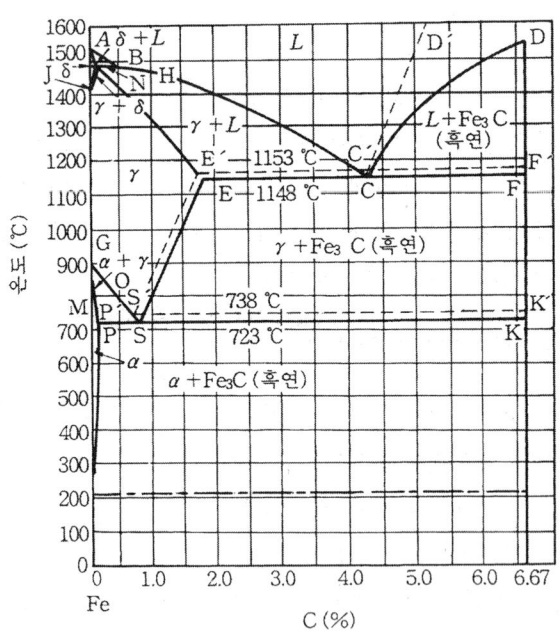

그림 5-1 Fe-C계 평형 상태도(주철용)

 철-탄소계 상태도에는 단평형 상태도와 복평형 상태도의 2가지 형태가 있다. 주철에서는 그림 5-1에 표시한 복평형 상태도가 적용되며 여기서 실선은 $Fe-Fe_3C$계의 평형

(준안정 평형)을 나타내며 점선은 탄소가 흑연으로 정출한 Fe-C계의 평형(안정 평형 상태)을 나타낸 것이다.

그림 5-1의 상태도에서 C점은 공정점이며 4.3% C를 함유한다. C점의 왼쪽, 즉 2.0~4.3% 탄소를 함유한 주철을 아공정 주철(hypo eutectic cast iron)이라 하고 C점의 오른쪽인 4.3% C 이상의 주철을 과공정 주철(hyper eutectic cast iron)이라 하며 C 4.3% 함유한 주철을 공정주철이라 한다.

(2) 흑연의 모양과 분포

주철 중 흑연의 모양은 조직과 밀접한 관계를 가지며 주철의 종류, 주입 온도, 냉각 속도 등의 차이에 따라 조직과 흑연의 모양은 다르게 변한다. 편상흑연이라도 그 크기와 모양 및 분포상태가 용융 조성과 응고 조건 등에 의하여 여러 형태로 변화한다. 그림 5-2는 흑연의 모양을 분류한 것으로 이중 편상, 괴상, 구상의 흑연 모양이 대체로 주를 이루고 있다.

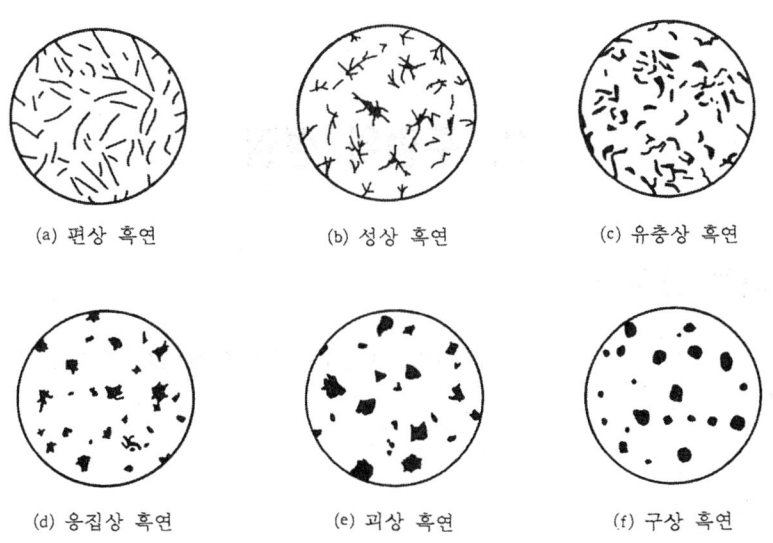

(a) 편상 흑연   (b) 성상 흑연   (c) 유충상 흑연

(d) 응집상 흑연   (e) 괴상 흑연   (f) 구상 흑연

그림 5-2 주철의 흑연 모양과 명칭

(3) 주철의 조직도

주철의 조직은 냉각속도 및 C와 Si의 양에 의하여 정해지며 이들의 조직관계를 나타낸 것이 조직도이다. 특히, C와 Si는 주철의 조직 및 성질에 중요한 영향을 미치는 성분이며 Si는 흑연의 정출 또는 석출에 큰 영향을 준다.

그림 5-3은 C와 Si양에 따른 주철의 조직관계를 표시한 대표적인 조직도이며 이것을 마우러의 조직도(maurer's diagram)라 한다.

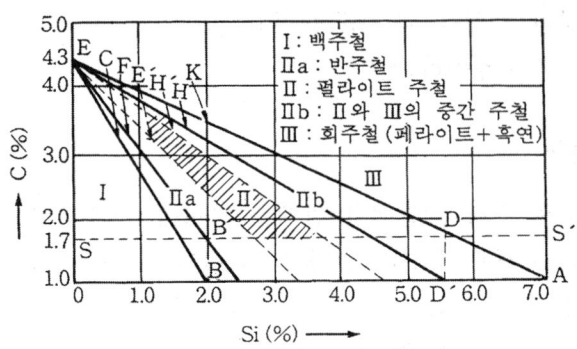

그림 5-3 마우러의 조직도

2. 주철의 성질

2-1 물리적 성질

화학조성과 조직에 따라 크게 달라지며, 비중은 Si와 C가 많을수록 작아지며 용융온도도 낮아진다.

2-2 화학적 성질

(1) C의 영향

주철 중에 있는 C는 시멘타이트와 흑연의 형태로 존재하며 C 함유량 4.3%까지의 범위 안에서는 C 함유량의 증가와 더불어 용융점이 저하되며 주조성이 좋아진다. 흑연은 냉각속도가 늦을수록 또는 Si의 양이 많을수록 많아지며, 또한 흑연의 양이 많아지면 주철은 무르고 강도가 낮으나 그 분포상태 및 형상이 미세할수록 강도가 높아진다.

(2) Si의 영향

주철에는 Si가 C 다음으로 중요한 성분이며 흑연의 생성촉진 원소이며 주물은 두께가 얇을수록 냉각속도가 빠르고, C가 시멘타이트로 되기 쉬우므로 얇은 주물일수록 Si를 다량 첨가해야 한다.

(3) Mn의 영향

Mn은 S과 친화력이 크기 때문에 용선 중의 FeS와 결합하여 MnS의 슬래그로 되어 용선과 분리하므로 S의 해를 제거할 수 있다. 그러나 흑연의 생성을 방해하는 원소이므로 0.4~1.0 % 정도로 소량을 첨가한다.

(4) P의 영향

P은 그 양이 적으면 일부분이 페라이트 중에 고용되나 많으면 스테다이트(steadite)라는 조직이 되어 주철을 단단하고 여리게 하여 해롭게 만든다. 그러나 P이 첨가되면 주철의 용융점(953 ℃)이 낮아져 유동성이 매우 좋아지므로 두께가 얇은 주물이나 깨끗한 표면을 요하는 미술품 등에는 P의 함유량을 높인다.

(5) S의 영향

S은 주물의 유동성을 나쁘게 하고 흑연의 생성을 방해하며 수축률을 크게 하므로 될 수 있는 한 0.1 % 이하로 제한하는 것이 좋다.

2-3 주철의 주조성

(1) 유동성

유동성이란 용융금속이 주행 내로 흘러 들어가는 성질을 말하며 일정한 조건에서 일정한 주형에 주입하여 이것이 응고할 때까지의 쇳물이 흐르는 길이를 측정하여 평가한다.

화학성분이 일정할 때에는 용해와 주입 온도가 높을수록 유동성이 좋으나, 불필요한 고온 용해는 피해야 한다. C, Si, P, Mn 등의 함유량이 많을수록 유동성이 좋아지나, S은 유동성을 나쁘게 한다.

(2) 수 축

주철도 냉각 응고시에는 부피의 변화가 나타나며, 응고 후에도 온도의 강하에 따라 수축된다. 수축에 의하여 내부 응력이 생기고, 이것 때문에 균열과 수축 구멍 등의 결함이 생긴다. 주철에서는 약 1%의 수축을 나타낸다.

(3) 주철의 성장

주철을 A_1 변태점 이상의 온도에서 장시간 유지 또는 가열과 냉각을 반복하면 그림 5-4와 같이 주철의 부피가 팽창하여 강도나 수명을 저하시키는 데 이것을 주철의 성장 (growth of cast iron) 이라 한다.

① 성장원인 : 시멘타이트의 흑연화에 의한 팽창, A_1 변태에 따른 체적의 변화, 페라이트 중의 Si의 산화에 의한 팽창 및 불균일한 가열로 균열에 의한 팽창 등이다.

② 방지법 : 흑연의 미세화, 즉 조직을 치밀하게 해 주거나 특수원소를 첨가하여 흑연화를 방지해야 한다.

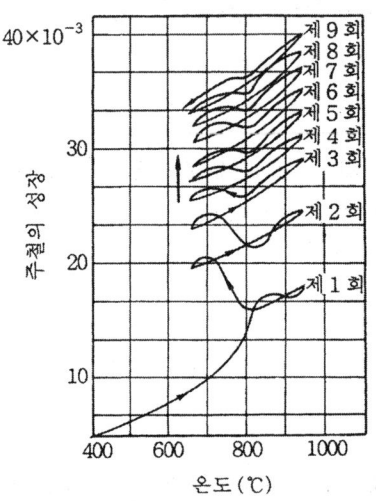

그림 5-4 주철의 성장

3. 주철의 종류

3-1 일반 주철

(1) 보통 주철

보통 주철은 회주철 중에서 인장강도가 10~20 kg/mm² 정도인 주철을 말하며 조직은 편상흑연과 페라이트로 되어 있으며 약간의 펄라이트를 함유한다.

화학성분은 C 3.2~3.8 %, Si 1.4~2.5 %, Mn 0.4~1.0 %, P 0.3~1.5 %, S 0.06~1.3 % 정도이다. 주조가 쉽고 가격이 저렴하여 일반기계부품, 수도관, 난방용품, 가정용품 등에 주로 사용된다.

표 5-1 주철의 종류와 기계적 성질 (KS D 4301)

종류	기호	주철품의 두께 (mm)	인장시험 인장강도 (kg/mm²)	항절시험 최대하중 (kg)	항절시험 휨 (mm)	경도시험 경도 (H_B)	
1종	GC 10	4~50	<10	>700	>3.5	<201	보통주철
2종	GC 15	4~8	>19	>180	>2.0	<241	보통주철
		30~50	>13	>1700	>6.0	<201	보통주철
3종	GC 20	4~8	>24	>200	>2.0	<255	보통주철
		30~50	>17	>2000	>6.5	<217	보통주철
4종	GC 25	4~8	>28	>220	>2.0	<269	고급주철
		30~50	>22	>2300	>7.0	<229	고급주철
5종	GC 30	8~15	>31	>550	>3.5	<269	고급주철
		30~50	>27	>2600	>7.5	<248	고급주철
6종	GC 35	15~30	>35	>1200	>5.5	<277	고급주철
		30~50	>32	>2900	>7.5	<269	고급주철

표 5-1은 주철의 종류와 기계적 성질을 나타낸 것으로 보통 1종(GC 10)~3종(GC 20)까지의 보통주철이라 한다.

(2) 고급 주철

고급 주철은 표 5-1의 4종(GC 25)~6종(GC35)까지를 말한다. 즉, 회주철 중에서 인장강도 25 kg/mm² 이상인 주철이며 성분은 C 2.5~3.2 %, Si 1~2 %이다.

보통 주철보다 인장강도와 충격값을 높이기 위해 강한 펄라이트에 미세한 흑연을 균일하게 분포시킨 펄라이트 조직이므로 펄라이트 주철이라 한다.

가장 널리 알려져 있는 고급 주철로는 흑연의 형상을 미세, 균일하게 하기 위하여 Si, Ca-Si 분말을 첨가하여 흑연의 핵형성을 촉진시킨 미하나이트 (meehanite) 주철로 공작 기계의 안내면, 내연기관 실린더 등에 쓰이며 담금질이 가능하다.

3-2 합금 주철 (특수 주철)

합금 주철 (alloy cast iron)은 합금강의 경우와 같이 주철에 특수 원소를 첨가하여 보통 주철보다 기계적 성질과 내식성, 내열성, 내충격성 등의 특성을 갖도록 하기 위해 보통 주철에 Ni, Cr, Mo, Si, Cu, V, Al, Ti 등의 합금 원소를 첨가한 것으로 그 영향은 다음과 같다.

① Ni : 흑연화를 촉진하는 데 흑연화 촉진능력을 Si의 1/2 ~ 1/3 정도이다. 또한 두꺼운 부분의 조직이 거칠어지는 것을 방지하며 얇은 부분의 칠 (chill) 발생을 방지하여 두께가 고르지 않은 주물을 튼튼히 하고 내열, 내산화성이 증가한다.

② Cr : 흑연화를 방지하고 탄화물을 안정시킨다. 0.2~1.5% 정도 첨가하면 펄라이트 조직이 미세화되며 경도 및 내열성, 내식성이 좋아진다.

③ Mo : 흑연을 미세화하여 강도, 경도, 내마모성을 증가시키며 두꺼운 주물의 조직을 균일하게 한다.

④ Si : 내열성이 좋아진다.

⑤ Cu : 보통 0.25~2.5% 정도 첨가하면 경도가 증가하고 내마모성 및 염산, 질산, 황산에 대한 내부식성이 향상된다.

⑥ V : 강력한 흑연화 방지 원소이며 흑연과 펄라이트를 미세화하고 균일화하기 위하여 0.1~0.5% 정도 첨가한다.

⑦ Ti : 강탈산제이며 0.3% 이하로 소량 첨가하면 흑연화를 촉진하여 흑연을 미세화시켜 강도를 높인다.

(1) 고력 합금 주철

일반 공작 기계 및 자동차 주물에는 보통 주철에 Ni 0.5~2.0%을 첨가하거나, 여기에 약간의 Cr, Mo을 배합하여 강도를 높인 것도 있다.

보통 주철에 Ni을 첨가하면, 흑연화를 돕고 칠 (chill)을 방지하며 절삭성을 좋게 할 뿐만 아니라, 펄라이트의 흑연을 미세화한다.

(2) 내마모성 주철

주철에 Ni, Cr을 첨가한 Ni-Cr 주철은 기계 구조용으로 사용되고 있으며 어시쿨러 (acicular) 주철은 Mo, Ni을 첨가하고 별도로 Cu, Cr을 소량 첨가한 것으로 흑연과 베이나이트 조직으로 된 내마모용 주철이다.

(3) 내열 주철

내열 주철은 내산화성, 내성장 및 고온강도 등을 개선한 것으로 그 종류는 다음과 같다.

① 니크로실랄(nicrosilal) 주철 : 오스테나이트계 주철로 고온에서의 성장 현상이 없고 내산화성도 우수하다. 강도가 높고 열충격에도 잘 견디며 950℃까지 내열성을 가지고 있다.
② 니레지스트(niresist) 주철 : 500~600 ℃ 정도의 고온에서도 안전성이 좋아서 내열용 주철로 많이 사용된다.
③ 고크롬 주철 : 내산화성이 우수하고 성장도 작다.

3-3 특수 주철

보통 주철이나 합금 주철에 비하여 기계적인 성질이 뛰어난 주철을 얻기 위하여 배합 성분이나 주조처리 및 열처리 등에 특별한 방법으로 제조되는 주철을 특수주철이라 한다. 특수 주철에는 구상 흑연 주철, 칠드 주철 및 가단 주철 등이 있다.

(1) 구상 흑연 주철

① 주철이 강에 비하여 강도와 연성이 떨어지고 여린 원인은 주로 흑연이 편상으로 되어 있어 내부 균형이 일어나기 때문이다. 이에 비하여 구상 흑연 주철은 주조 상태에서 흑연을 구상화한 주철로서 노듈러(nodular) 주철, 덕타일(ductile) 주철이라고도 한다.
② 구상 흑연 주철은 큐폴라 또는 전기로에서 용해한 다음, 주입 직전 마그네슘 합금 (Fe-Si-Mg), Ce 또는 Ca 등을 첨가해서 처리하여 흑연을 구상화한 것으로서, 인장강도가 55~80 kg/mm^2, 연신율이 2~6%로 탄소강에 유사한 기계적 성질을 가지고 있다.

③ 구상 흑연 주철은 조직에 따라 페라이트형, 펄라이트형, 시멘타이트형으로 분류되는데, 특히 페라이트와 펄라이트의 중간 조직을 벌즈 아이(bull's eye) 조직이라 한다.

④ 구상 흑연 주철은 연성이 높은 특징 이외에 기지(바탕 조직)가 치밀하고 편상 흑연 주철보다 굳은 경향이 있으며, 내마모성, 내열성도 보통 주철보다 우수하고 성장도 적으며 내산화성이 크므로 용도가 광범위하다. 주로 실린더 라이너, 크랭크 샤프트, 압연용 롤, 수도 주철관, 피스톤 링, 잉곳 케이스, 내열부품 등에 사용된다. 표 5-2는 구상 흑연 주철의 조직에 따른 분류와 성질을 표시한 것이다.

표 5-2 구상 흑연 주철의 분류와 성질

명 칭	발 생 원 인	성 질
시멘타이트형 (시멘타이트가 석출한 것)	1. Mg의 첨가량이 많을 때 2. C, Si 특히 Si가 적을 때 3. 냉각속도가 빠를 때 4. 접종이 부족할 때	1. 경도(H_B) 220 이상 2. 연성이 없다
펄라이트형 (기지가 펄라이트)	1. 시멘타이트형과 페라이트형 중간의 발생원인	1. 강인하고 인장강도 60~70 kg/mm^2 2. 연신율은 2% 정도 3. 경도(H_B) 150~240
페라이트형 (페라이트가 석출한 것)	1. C, Si 특히 Si가 많을 때 2. Mg의 양이 적당할 때 3. 냉각속도가 느리고, 풀림을 했을 때 4. 접종이 양호한 경우	1. 연신율 6~20% 2. 경도(H_B) 150~200 3. Si가 3% 이상이 되면 여려진다.

(2) 칠드 주철

① Si가 적은 용융주철에 소량의 Mn을 첨가하여 금형 또는 모래형에 주입하면 금형에 접촉된 부분은 급랭되므로 단단한 백주철이 되는데 이것을 칠(chill)이라고 한다.

② 내부는 서냉되어 연하고 강인한 성질의 주철이 되므로 전체가 백주철로 된 것보다 잘 파손되지 않으며 이와 같이 만들어진 주철을 칠드(chilled) 주철 또는 냉경 주철이라고 하며 각종 롤, 기차바퀴 등에 사용된다.

(3) 가단 주철

가단 주철(malleable cast iron)은 보통 주철의 결점인 여리고 약한 인성을 개선하기 위하여, 백주철을 고온에서 장시간 열처리하여 시멘타이트 조직을 분쇄하거나 소실시켜 인성 또는 연성을 개선한 주철로 표 5-3은 가단 주철의 종류와 용도를 나타낸 것이다.

표 5-3 가단 주철의 종류와 용도

종 류		기 호	인 장 시 험		경도 (H_B)	용 도
			인장 강도 (kg/mm^2)	연신율 (%)		
백심가단 주철품 (KS D 4305)	1종	WMC 34	>34	>5	—	자전거, 오토바이 부품 자동차, 산업 기계 용접용, 고온도용
	2종	WMC 38	>36	>8	—	
흑심가단 주철품 (KS D 4303)	1종	BMC 28	>28	>5	—	파이프 이음쇠 자동차, 산업 기계·기구 부품
	2종	BMC 32	>32	>8	—	
	3종	BMC 35	>35	>10	—	
펄라이트 가단주철품 (KS D 4304)	1종	PMC 45	>45	>6	149~207	자동차, 산업 기계·기구 부품 특수 부품
	2종	PMC 50	>50	>4	167~229	
	3종	PMC 55	>55	>3	183~241	
	4종	PMC 60	>60	>3	207~269	
	5종	PMC 70	>70	>2	229~285	

① 백심 가단 주철: 백주철을 철광석, 밀 스케일(mill scale: 압연작업에서 나오는 산화 표피)과 같은 산화철과 함께 풀림 상자 안에 넣고 900~1000℃로 가열하여 표면에서 상당한 깊이까지 탈탄시킨 것이다.

② 흑심 가단 주철: 저탄소, 저규소의 백주철을 풀림 처리하여 Fe$_3$C를 분해시켜 흑연을 입상으로 석출시킨 것으로 현재 가단 주철로는 흑심 가단 주철이 주로 이용되고 있다.

③ 펄라이트 가단 주철: 흑심 가단 주철 2단계 흑연화 처리 중에서 제1단계의 흑연화 처리만 한 다음 서냉한 것으로, 그 조직은 뜨임된 탄소와 펄라이트로 되어 있다. 인성은 약간 떨어지나, 강력하고 내마멸성이 좋다. 펄라이트 가단 주철의 표준 조직은 흑심 가단 주철과 거의 같으나, 펄라이트 중의 시멘타이트를 안정화하기 위하여 Mn, Cr, Mo 등을 소량 첨가한다.

4. 주 강

　주조 방법에 의하여 용강을 주형에 주입하여 만든 제품을 주강품(steel castings) 또는 주강물이라 하며, 그 재질을 주강(cast steel)이라 한다.
　주강은 주철에 비하여 기계적 성질이 월등하고 용접에 의한 보수가 용이하므로 형상이 크거나 복잡하여 단조품으로 만들기가 곤란하거나, 주철로서는 강도가 부족할 경우에 사용한다. 그러나 주철에 비하여 용융점이 1600℃ 정도의 고온이고 수축률이 크기 때문에 주조하기가 어렵다.

(1) 보통 주강

　이것은 탄소 주강(carbon cast steel)이라고도 부르며, 탄소의 함유량에 따라 0.2% 이하의 저탄소 주강, 0.2~0.5%의 중탄소 주강, 0.5% 이상의 고탄소 주강으로 구분한다. 보통 주강에는 C 이외에도 탈산제로서 Si, Mn, Al, Ti 등을 소량 첨가하게 된다.

(2) 합금 주강

　합금 주강(alloy cast steel)은 보통 주강에 강도 또는 내식성, 내열성 및 내마멸성 등을 주기 위하여 Ni, Cu, Mn, Mo, V 등의 원소를 1종 또는 2종 이상 배합한 것이다.

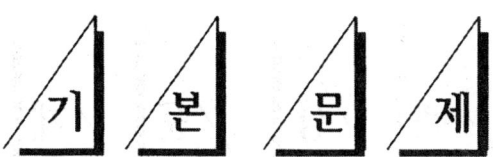

문제 1. 주철이 기계 구조물의 몸체에 많이 쓰이는 이유를 설명하시오.

해설 주철은 일반적으로 인장강도는 약하나 압축강도는 대단히 크므로 공작기계의 베드, 프레임 및 기계구조물의 몸체 등에 널리 사용된다.

문제 2. 마우러의 조직도(maurer's diagram)에 대해 설명하시오.

해설 탄소와 규소의 양 및 냉각속도에 따라 변화하는 관계를 나타낸 것으로 기계구조용 주철로서 가장 우수한 성질을 나타내는 펄라이트 주철은 탄소 2.8~3.2 %, 규소 1.5~2.0 % 부근이 좋다.

문제 3. 주철의 성장에 대해 설명하시오.

해설 고온의 주철을 쓰면 부피가 크게 되어 불어나고 변형이나 균열이 일어나 강도나 수명을 저하시키는 현상을 주철의 성장(growth of cast iron)이라 한다.

문제 4. 고급 주철에 대하여 설명하시오.

해설 기계의 주요 부품에 강력하고 내마멸성이 있는 주철이 필요하며 회주철 중에 인장강도 $25\,kg/mm^2$ 이상인 주철을 고급 주철이라 한다.

문제 5. 구상 흑연 주철은 어떻게 만드는지 설명하시오.

해설 용융된 금속을 주입하기 전에 용융 금속에 Mg, Ce, Mg-Cu 등을 첨가하여 흑연을 구상화로 석출시킨 것이다.

문제 6. 칠드 주철에 대해 설명하시오.

해설 보통 주철에 비하여 규소가 적은 용선에 적당량의 망간을 가하여 금형에 주입하면 금형에 접촉된 부분은 급랭되어 아주 가벼운 백주철로 되는데 이것을 칠드 주철(chilled cast iron) 또는 냉경주철이라 한다.

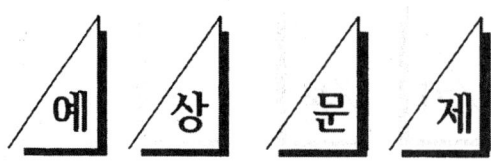

문제 1. 주철의 기계적 성질로서 틀린 것은?
㉮ 압축강도가 크다.
㉯ 경도가 높다.
㉰ 절삭성이 크다.
㉱ 연성 및 전성이 크다.
[해설] 연성 및 전성이 적고 취성이 크다. 주철의 변태점은 5개이다.

문제 2. 다음 주철에 대한 설명 중 틀린 것은?
㉮ 흑연량이 많으면 약하므로 규소량을 적게 한다.
㉯ 탄소의 흑연화는 규소량이 많을수록 촉진된다.
㉰ 탄소와 규소의 함유량이 증가할수록 경도가 증가한다.
㉱ 흑연량을 적게 하고 시멘타이트를 증가시키면 강해진다.

문제 3. 다음 주철에 대한 설명 중 틀린 것은?
㉮ 담금질 효과가 좋다.
㉯ 융점이 강에 비해 낮고, 주조성이 우수하다.
㉰ 주조성은 탄소량과 기타 성분의 함량에 따라 다르다.
㉱ 주철 중의 탄소는 흑연 (유리 탄소) 과 화합 탄소 (Fe_3C) 로 존재한다.

문제 4. 주철은 다음 조건에 의하여 회주철과 백주철로 나누어진다. 옳지 않은 것은?
㉮ 탄소, 규소의 함유량
㉯ 용해 조건
㉰ 냉각 속도의 차이
㉱ 뜨임 온도
[해설] 주철은 냉각 응고시키면 탄소는 화합 탄소로 되든가 또는 흑연으로 분해된다. 그 어느쪽이 되는가 하는 것은 냉각속도와 성분 등에 따라 달라지나 특히 용융 금속 중의 탄소나 규소의 분량에 따라 좌우된다.

문제 5. KS에서 주철의 기호 GC 20과 같이 GC 다음의 숫자가 뜻하는 것은?
㉮ 인장 강도
㉯ 탄소 함유량
㉰ 주철 규격 일련 번호
㉱ 주철 20종

문제 6. 보통 주철 조성의 화학 성분 중에 가장 적게 들어 있는 원소는?
㉮ S   ㉯ P
㉰ Mn   ㉱ C
[해설] 주철은 탄소가 2.06~6.68 %, 규소는 3.5 % 까지, 망간은 1.5 %까지, 인은 0.1~0.5 %, 황은 0.05~0.1 % 정도의 합금이다.

문제 7. 보통 주철의 화학 성분과 관계 없는 것은?

[해답] 1. ㉱ 2. ㉰ 3. ㉮ 4. ㉱ 5. ㉮ 6. ㉮ 7. ㉱

㉮ Mn　　　㉯ Si
㉰ P　　　㉱ Al

문제 8. 주물 속에 기포가 생기게 하는 원소는?
㉮ 산소　　　㉯ 질소
㉰ 수소　　　㉱ 황

문제 9. 규소를 특별히 적게 하고 냉각속도를 크게 함으로써 주철 중의 탄소가 Fe_3C의 화합상태로 존재하는 주철은?
㉮ 회주철　　　㉯ 백주철
㉰ 반주철　　　㉱ 합금주철
해설 백주철은 탄소가 시멘타이트로 존재하여 백색의 탄화철이 혼합되어 있다.

문제 10. 상온에서 백주철의 조직은?
㉮ 시멘타이트와 흑연
㉯ 오스테나이트와 흑연
㉰ 페라이트와 펄라이트
㉱ 펄라이트와 시멘타이트
해설 백주철의 조직은 펄라이트+시멘타이트, 반주철의 조직은 펄라이트+시멘타이트+흑연, 강력 주철의 조직은 펄라이트+흑연, 보통 주철의 조직은 펄라이트+페라이트+흑연, 연질 주철의 조직은 페라이트+흑연

문제 11. 다음 중 경도가 가장 큰 것은?
㉮ 백 주철　　　㉯ 얼룩 주철
㉰ 펄라이트 주철　　　㉱ 페라이트 주철
해설 얼룩주철은 반주철이라고도 하며 회주철과 백주철이 섞여 얼룩얼룩한 파면이 형성되며 경도는 백주철이 가장 크고 다음이 얼룩 주철이다.

문제 12. 주철은 용융 상태에서 함유 탄소가 전부 철 중에 균일하게 용해되어 있으나, 용액이 응고될 때 탄소는 시멘타이트나 흑연으로 되어 분리된다. 즉, 급랭시는 시멘타이트로, 서냉시는 흑연이 되어 석출된다. 흑연이 석출될 때의 상태를 무엇이라 하는가?
㉮ 평형 상태　　　㉯ 안정 평형 상태
㉰ 준안정 평형 상태　㉱ 불안정 평형 상태
해설 Fe-C계 복평형 상태도에서 흑연이 나오는 경우를 안정 평형 상태라 하고, 시멘타이트가 나오는 경우를 준안정 평형 상태라 한다.

문제 13. 다음 중 보통 주철의 주성분은 어느 것인가?
㉮ Fe-C-Si　　　㉯ C-Mn-Ni
㉰ Fe-Mn-Cr　　　㉱ Fe-C-Co

문제 14. Fe-C계가 평형 상태도에서 규소가 증가함에 따라 공정점 C는 어떻게 변하는가?
㉮ 고탄소 쪽으로 이동
㉯ 변동이 없다.
㉰ 저탄소 쪽으로 이동
㉱ Si에는 관계가 없다.

문제 15. Fe-C-Si계의 3성분 평형도에서 Si가 1.8%일 때 공정점 C의 탄소량을 계산식에 의해 구하면 얼마 정도나 되겠는가?
㉮ 5.5%　　　㉯ 4.32%
㉰ 3.75%　　　㉱ 2.78%

문제 16. 실용 주철의 탄소 함유량은 몇 %인가?
㉮ 1.7~2.5%　　　㉯ 2.5~4.5%
㉰ 4.5~5.5%　　　㉱ 5.5~6.67%
해설 실용 주철의 성분은 C 2.5~4.5%, Si 0.5~

해답 8. ㉮　9. ㉯　10. ㉱　11. ㉮　12. ㉯　13. ㉮　14. ㉰　15. ㉰　16. ㉯

1.3%, Mn 0.5~1.5%, P 0.05~1.0%. S 0.05~0.15% 정도이다.

문제 17. 다음 주철 중 기계 구조용 주물로서 우수하여 널리 사용되는 것으로 강력 주철(고급 주철)이라고도 하는 것은?
㉮ 백 주철   ㉯ 펄라이트 주철
㉰ 얼룩 주철 ㉱ 페라이트 주철
[해설] 펄라이트 주철은 탄소 2.8~3.2%, 규소 1.5~2.0% 부근이 좋으며 탄소+규소의 %가 적을수록 좋다.

문제 18. 주철의 조직 중에서 시멘타이트가 많이 나타나면 절삭성이 현저히 저하된다. 시멘타이트가 많이 나타나는 것은?
㉮ 규소가 많을 때
㉯ 규소가 많은 주철을 서냉시킬 때
㉰ 규소가 적고 급랭시킬 때
㉱ 탄소가 많을 때

문제 19. 주철의 기계적 성질은 주철중의 흑연의 모양에 따라 다르다. 다음 중 가장 좋은 흑연 조직은?
㉮ 편상 흑연   ㉯ 괴상 흑연
㉰ 공정상 흑연 ㉱ 국화 무늬 흑연

문제 20. 주철의 성장 원인이 되는 것 중 틀린 것은 어느 것인가?
㉮ Si의 산화에 의한 팽창
㉯ Fe_3C의 흑연화에 의한 팽창
㉰ 빠른 냉각 속도에 의한 시멘타이트의 석출로 인한 팽창
㉱ A_1 변태에서 체적의 변화로 생기는 미세한 균열로 인한 팽창
[해설] 주철은 600℃ 이상의 온도로 가열, 냉각을 반복하면 그 체적이 점차 증가하여 나중에는 균열이 생기든지 강도가 저하된다. 이를 주철의 성장이라 한다.
① 주철의 성장 원인
 ㉮ Fe_3C의 흑연화에 의한 팽창
 ㉯ 고용 원소인 Si의 산화에 의한 팽창
 ㉰ 불균일한 가열에 의해 생기는 파열 팽창
 ㉱ A_1 변태에서 체적 변화에 의한 팽창
 ㉲ 흡수한 가스에 의한 팽창
② 주철 성장 방지
 ㉮ 조직을 치밀하게 할 것
 ㉯ 특수 원소를 첨가해서 Fe_3C의 분해를 방지한다. Cr, W, Mo 등은 방지 원소이다.
 ㉰ 산화하기 쉬운 Si량을 적게 하고, 내산화성 원소인 Ni로 치환시킬 것

문제 21. 마우러의 조직도를 바르게 설명한 것은 어느 것인가?
㉮ C와 Si량에 따른 주철의 조직 관계를 표시한 것
㉯ 탄소와 Fe_3C량에 따른 주철의 조직 관계를 표시한 것
㉰ 탄소와 흑연량에 따른 주철의 조직 관계를 표시한 것
㉱ Si와 Mn량에 따른 주철의 조직 관계를 표시한 것

문제 22. 특수 주철은 강도 내마멸성이 향상하기 위하여 담금질을 한다. 담금질 온도로 적당한 것은?
㉮ 700~800℃ 공랭
㉯ 800~900℃ 유냉
㉰ 180~400℃ 수냉
㉱ 500℃ 공랭

문제 23. 내산·내알칼리 내열성이 크고 비자성이며 전기저항이 크고 연성, 강인성이 있는 주물로 니켈을 많이 함유한 주철은?

[해답] 17. ㉯ 18. ㉰ 19. ㉱ 20. ㉰ 21. ㉮ 22. ㉯ 23. ㉮

㉮ 오스테나이트 주철
㉯ 두리론
㉰ 고크롬 주철
㉱ 칠드 주철

[해설] 오스테나이트 주철은 Ni을 20% 이상 포함하고 있다.

문제 24. 진한 황산, 황산구리용액 황산과 질산이 혼합용액에 잘 견디나, 절삭할 수 없으며 메지는 성질이 결점인 주철은?

㉮ 오스테나이트 주철
㉯ 두리론
㉰ 고크롬 주철
㉱ 칠드 주철

문제 25. 주철은 두께를 가진 판과 둥근로드와 강도 비교를 할 수 있다면 어떠한 관계가 성립되는가?

㉮ 로드의 상당지름 2배에 상당하는 강도의 세기와 판의 강도가 적다.
㉯ 판과 봉의 강도비교가 곤란하다.
㉰ 지름 12 mm 봉과 판 6 mm는 같은 세기의 강도를 가진다.
㉱ 지름이 클수록 강력하게 된다.

문제 26. 주철의 풀림온도로 적당한 것은?

㉮ 300 ℃ 약 1시간
㉯ 700 ℃ 장시간
㉰ 500 ℃ 장시간
㉱ 400 ℃ 단시간

[해설] 주철은 담금질이나 뜨임은 되지 않으나, 중요한 부분에 사용되는 것은 주조응력을 제거하기 위하여 500~600 ℃로 6~10시간 풀림을 한다.

문제 27. 주강을 만들 때 사용되지 않는 탈산제는 어느 것인가?

㉮ 알루미늄 (Al)   ㉯ 망간강 (Fe-Mn)
㉰ 산화철   ㉱ 규소강 (Fe-Si)

문제 28. 주강의 주조 온도는 몇 ℃인가?

㉮ 500~800 ℃   ㉯ 800~1000 ℃
㉰ 1000~1500 ℃ ㉱ 1500~1550 ℃

[해설] 주강은 형상이 복잡하여 단조로써는 만들기가 곤란하고, 주철로써는 강도가 부족할 경우에 사용하며, 수축률은 주철의 2배 정도이다.

문제 29. 주강에 망간, 황 등이 많이 들어 있는데 이 원인은?

㉮ 주철보다 기포가 많아서
㉯ 다량의 탈산제를 첨가하므로
㉰ 풀림 처리를 해서
㉱ 조직이 억세고 메지기 때문

[해설] 주강품에는 기포의 발생을 방지하기 위하여 다량의 탈산제를 사용하므로 망간, 황 등이 많게 된다.

문제 30. 주철의 전 탄소량(total carbon) 이란?

㉮ 유리탄소와 흑연을 합한 것
㉯ 화합탄소와 유리 탄소를 합한 것
㉰ 화합탄소와 구상 흑연을 합한 것
㉱ 탄화철과 편상 흑연을 합한 것

[해설] 일반적으로 주철이라 함은 회주철을 말하며, 탄소를 흑연화하여 회주철을 하는 데는 전 탄소량 및 규소량 등이 대단히 큰 영향을 미친다.

문제 31. 주철을 현미경 조직으로 보면 그의 상은 모두 몇 개인가?

㉮ 2개   ㉯ 3개

[해답] 24. ㉯ 25. ㉰ 26. ㉰ 27. ㉰ 28. ㉱ 29. ㉯ 30. ㉯ 31. ㉯

㉰ 4개 ㉱ 5개

[해설] 주철의 현미경 조직은 페라이트와 시멘타이트, 흑연으로 구분되며 흑연은 흑색을 띤다.

문제 32. 조직은 흑연이 미세하균일하게 분포된 미세한 조직이고, 바탕은 펄라이트 조직으로 된 주철로서 보통 주철보다 강도가 큰 주철은?

㉮ 펄라이트 주철   ㉯ 미하나이트 주철
㉰ 가단 주철   ㉱ 구상 흑연 주철

문제 33. 접종 (inoculation)에 대한 가장 올바른 설명은 어느 것인가?

㉮ 주철에 내산성을 주기 위하여 Si를 첨가하는 조작
㉯ 주철을 금형에 주입하여 주철의 표면을 경화시키는 조작
㉰ 용융선에 Ce이나 Mg을 첨가하여 흑연의 모양을 구상화시키는 조작
㉱ 흑연을 미세화시키기 위해서 규소 등을 첨가하여 흑연의 씨를 얻는 조작

문제 34. 미하나이트 주철 제조시 첨가 원소는?

㉮ 칼슘 - 규소   ㉯ 망간 - 규소
㉰ 규소 - 크롬   ㉱ 크롬 - 몰리브덴

[해설] 미하나이트 (meehanite) 주철은 일종의 상품명으로서 미하나이트 회사에서 만든 것이다. 이것은 (C+Si) %가 적은 백주철 또는 얼룩주철로 될 용융 금속에 칼슘-규소를 첨가하여 미세한 흑연을 균등하게 석출시킨 주철이다.

문제 35. 고급 주철의 인장강도는 어느 정도인가?

㉮ 15 kg/mm² 이상
㉯ 40 kg/mm² 이상
㉰ 55 kg/mm² 이상
㉱ 25 kg/mm² 이상

[해설] 회주철 중에서 인장강도 25 kg/mm² 이상인 주철로 GC 4~GC 6종이 해당된다.

문제 36. 주철에 소량의 망간·니켈·크롬·몰리브덴·알루미늄 등을 첨가한 주철은?

㉮ 가단 주철   ㉯ 보통 주철
㉰ 고급 주철   ㉱ 합금 주철

[해설] 합금 주철은 주철에 소량의 망간·니켈·크롬·몰리브덴·알루미늄 등을 첨가한 것으로 기계적 성질이 좋고 마멸과 열에 잘 견디는 특성이 있다.

문제 37. 다음 중 인장강도가 가장 큰 주철은 어느 것인가?

㉮ 미하나이트 주철   ㉯ 구상 흑연 주철
㉰ 칠드 주철   ㉱ 가단 주철

[해설] 주조한 그대로는 인장강도 50~70 kg/mm², 연신율 2~6%, 풀림한 것은 인장강도 45~55 kg/mm², 연신율 12~20%로 개선되어 강에 비등한 강도와 연신율을 가진다.

문제 38. 주입에 앞서 용융 금속에 마그네슘, 세륨, 칼륨 실리사이드 등을 첨가하여 제조된 주철을 무엇이라고 하는가?

㉮ 강력 주철   ㉯ 가단 주철
㉰ 구상 흑연 주철 ㉱ 펄라이트 주철

[해설] 구상 흑연 주철의 유해 성분은 주석, 납, 비스무트이며 구리는 아니다.

문제 39. 벨즈 아이 조직 (bull's eye structure)이란 어느 주철에 나타나는 조직인가?

㉮ 구상 흑연 주철   ㉯ 가단 주철
㉰ 고급 주철   ㉱ 칠드 주철

문제 40. 다음의 구상 흑연 주철에 관한 설명

[해답] 32. ㉯ 33. ㉱ 34. ㉮ 35. ㉱ 36. ㉱ 37. ㉯ 38. ㉰ 39. ㉮ 40. ㉱

중 맞지 않는 것은?
㉮ 니켈-마그네슘 합금을 첨가해서 흑연의 구상화를 만든다.
㉯ 구상 흑연 주철의 조직은 주조된 상태에서 시멘타이트형, 펄라이트형, 페라이트형으로 분류된다.
㉰ 탄소, 규소의 양이 많아지면 바탕은 페라이트형이 된다.
㉱ 일반적으로 가장 많이 사용되는 것은 시멘타이트형이다.

문제 41. 기차의 차륜은 어떤 주철로 만드는가?
㉮ 구상 흑연 주철 ㉯ 가단 주철
㉰ 미하나이트 주철 ㉱ 칠드 주철
[해설] 기차의 바퀴는 칠드 주철로 만들고 표면은 매우 단단하여 내마모성이 있는 시멘타이트 조직을 갖게 되며 이것은 금형에 주입함으로써 금형에 닿는 부분은 급랭이 되어 칠층이 형성되기 때문이다. 칠드 주철을 냉경 주철이라고도 한다. 칠층을 깊게 하는 원소는 Cr, V, W, Mo 등이다.

문제 42. 고니켈 오스테나이트 주철을 설명한 것 중 관계가 없는 것은?
㉮ 내산 주철이다.
㉯ 내열 주철이다.
㉰ 내마모 주철이다.
㉱ 내알칼리 주철이다.

문제 43. 합금 주철에서 니켈의 흑연화 능력은 규소와 비교하여 어느 정도인가?
㉮ 규소의 $\frac{1}{2} \sim \frac{1}{3}$ 정도
㉯ 규소의 $\frac{1}{5} \sim \frac{1}{6}$ 정도
㉰ 규소의 $\frac{1}{8} \sim \frac{1}{9}$ 정도
㉱ 규소의 $\frac{1}{10} \sim \frac{1}{20}$ 정도
[해설] Ni의 흑연화 능력은 Si=1이라고 할 때, Ni=0.3~0.4이다.

문제 44. 내산 주철에서 페라이트계에 함유되는 원소는 어느 것인가?
㉮ Ni   ㉯ Mn
㉰ Cu   ㉱ Cr
[해설] 내산 주철은 페라이트계와 오스테나이트계로 구별되며, 페라이트계는 Si, Cr을 다량 함유한 조직이며, 오스테나이트계는 Ni을 함유한 조직이다 페라이트계 Si 11~17% 합금은 내산, 내열성이 강하며 단단하고 취약하다. Cr 15~30% 합금은 산·유황 가스에 강하며, 단단하고 절삭이 불가능하여 그라인딩(grinding) 작업을 하여야 한다.

문제 45. 다음 중 서로 짝지어진 것 중 관계가 없는 것은 어느 것인가?
㉮ 애시큘러(acicular)-내마모용 주철
㉯ 미하나이트(meehanite)-고급 주철
㉰ 노듈러(nodular)-구상 흑연 주철
㉱ 칠드(chilled)-고급 주철

문제 46. 주철의 여린 결점을 보충한 주철로서 철도 및 자동차용의 작은 부품, 각종 이음 부품, 조선용 부품 등에 널리 쓰이는 주철은 어느 것인가?
㉮ 칠드 주철   ㉯ 가단 주철
㉰ 구상 흑연 주철 ㉱ 펄라이트 주철
[해설] 회주철은 주조성은 좋으나 취약하여 거의 연신율은 없는데 이와 같은 결점을 보충한 것이 가단주철이다.

문제 47. 백선 주물을 산화제를 써서 열처리

[해답] 41. ㉱ 42. ㉰ 43. ㉮ 44. ㉱ 45. ㉱ 46. ㉯ 47. ㉰

하여 만들어진 주철을 무엇이라 하는가?
㉮ 흑연화 주철   ㉯ 구상화 주철
㉰ 가단 주철   ㉱ 칠드 주철

[해설] 가단 주철의 대표적인 것에는 백주철을 풀림 열처리하여 탈탄시켜 제조하는 백심 가단 주철과 흑연화를 목적으로 하는 흑심 가단 주철 및 흑연화를 목적으로 하나 일부의 탄소를 Fe_3C로 남게 하는 펄라이트 가단 주철이 있다.

문제 48. 다음에서 가단 주철에 대한 설명이 잘못된 것은 어느 것인가?
㉮ 백심 가단 주철의 강도가 흑심 가단 주철보다 크다.
㉯ 백심 가단 주철은 내부로 들어갈수록 연한 조직이 된다.
㉰ 밀 스케일(mill scale)이란 압연 작업에서 나오는 산화 표피를 말한다.
㉱ 온도가 너무 높으면 산화제의 산화력에 의해 제품 표면의 산화층이 두꺼워진다.

[해설] 백심가단주철은 내부로 들어갈수록 펄라이트가 많아져 풀림 처리에 의한 흑연과 시멘타이트가 남아 굳은 조직이 된다.

문제 49. 다음 중 백심 가단 주철에 주로 쓰이는 탈탄제는 어느 것인가?
㉮ 철광석, 밀 스케일
㉯ 철광석, 탄소 가루
㉰ 산화철, 알루미늄
㉱ Fe-Mn, Fe-Si

[해설] 백심 가단 주철의 기호는 WMc, 흑심 가단 주철의 기호는 BMC이다. GC는 회주철 기호이다.

문제 50. 흑심 가단 주철의 1단계 풀림 온도는 몇 ℃인가?
㉮ 950~1000 ℃   ㉯ 900~950 ℃
㉰ 800~850 ℃   ㉱ 700~750 ℃

[해설] 백주철은 철광석, 산화철 등의 탈탄제와 함께 상자에 채운 다음 풀림 온도를 850~950 ℃와 680~730 ℃의 2단으로 나누어 각 온도에서 30~40시간 유지시킨다.

문제 51. 흑심 가단 주철의 2단계 풀림의 목적은 무엇인가?
㉮ 펄라이트 중의 시멘타이트의 흑연화
㉯ 유리 시멘타이트의 흑연화
㉰ 흑연의 구상화
㉱ 흑연의 치밀화

[해설] 흑심 가단 주철을 제조하는 데 백주물을 900~950 ℃로 가열하여 $Fe_3C = 3Fe + C$, 즉 오스테나이트와 흑연으로 하는 제1단계 흑연화와 A_1 변태를 지나 생성된 펄라이트 중의 시멘타이트를 700~730 ℃에서 오랜 시간(25~40시간) 유지하여 완전히 흑연으로 분해시키는 작업인 제2단계 흑연화가 있다.

문제 52. 구상 흑연 주철에서 나타나는 bull's eye structure (스노조직)에 대한 설명이다. 틀린 것은?
㉮ realitet ferriote 형 구상 흑연 주철에서 나타난다.
㉯ 소둔하면 없어진다.
㉰ 주조상태에서 존재한다.
㉱ C와 Si가 적을 때 생성된다.

문제 53. 구상 흑연 주철을 조직에 따라 분류한 것이다. 틀린 것은?
㉮ 펄라이트형   ㉯ 페라이트형
㉰ 시멘타이트형   ㉱ 소르바이트형

문제 54. 강인성이 풍부하여 내마멸성도 우수하여 크랭크축, 캠축, 실린더 압연용 롤 등에 쓰이며 보통 주철 성분에 Mo 1~1.5 %,

[해답] 48. ㉯   49. ㉮   50. ㉯   51. ㉮   52. ㉰   53. ㉱   54. ㉰

Ni 0.5~4.0%을 첨가하고 별도로 Cu, Cr을 소량 첨가한 주철은?
㉮ 미하나이트 주철　㉯ 칠드 주철
㉰ 애시쿨러 주철　㉱ 펄라이트 주철

문제 55. 가단 주철의 1단계에 나타나는 조직은?
㉮ 그래화이트＋오스테나이트
㉯ 그래화이트＋페라이트
㉰ 펄라이트＋페라이트
㉱ 오스테나이트＋펄라이트

문제 56. 다음은 주철에서의 Si의 영향이다 관계 없는 것은?
㉮ 응고수축이 적어지므로 주조하기 쉽다.
㉯ 조직상 C를 첨가하는 것과 같은 효과이다.
㉰ 흑연화 촉진제이다.
㉱ 공정상 흑연 정출이 어렵다.

문제 57. 다음 금속은 구상 흑연 주철 제조시 첨가할 수 있는 구상화 첨가 금속이다. 1800 °K 정도에서 증기압이 가장 높은 금속은?
㉮ Zn　㉯ Li
㉰ Mg　㉱ Cu

문제 58. 보통 주철의 흑연 모양은?
㉮ 구상　㉯ 편상
㉰ 미상　㉱ 공정상

문제 59. 합금주철에 첨가되는 원소로서 보통 0.25~2.5% 첨가하면 경도가 증가하고 내마멸성이 재선되며 내부식성을 좋게 하는

원소는?
㉮ Cu　㉯ Ni
㉰ Mo　㉱ Ti
[해설] 내부식성은 구리 0.4~0.5% 정도가 가장 좋다.

문제 60. 고온의 주철을 사용하면 부피가 크게 되어 불어나고 변형이나 균열이 일어나 강도나 수명을 저하시키는데 이러한 현상을 무엇이라 하는가?
㉮ 주철의 고온취성　㉯ 주철의 자연시효
㉰ 주철의 인공시효　㉱ 주철의 성장

문제 61. 고급 주철로서 주철의 원료에 강철 부스러기를 배합하고 용선로에서 고온으로 용해한 쇳물에 Ca-Si를 첨가하여 접종한 것으로 항장력이 크고 표면이 깨끗하며 두께에 대한 변화가 적은 주철은?
㉮ 미하나이트 주철　㉯ 구상흑연 주철
㉰ 가단 주철　㉱ 칠드주철
[해설] 미하나이트 주철(meehanite cast iron)은 바탕이 펄라이트이고 흑연이 미세하게 분포되어 있어 인장강도 35~45 kg/mm^{2}에 달하며 담금질할 수 있어 내마멸성이 요구되는 공작 기계의 안내면과 강도를 요하는 기관의 실린더에 쓰인다.

문제 62. 주철주물의 주조응력을 제거하기 위한 풀림온도와 시간은 각각 얼마인가?
㉮ 200~300 ℃, 2~3 hr
㉯ 300~400 ℃, 11~14 hr
㉰ 400~500 ℃, 4~5 hr
㉱ 500~600 ℃, 6~10 hr

문제 63. 칠드 주철에 관한 다음 사항 중 옳지 않은 것은?

[해답] 55. ㉮　56. ㉱　57. ㉰　58. ㉯　59. ㉮　60. ㉱　61. ㉮　62. ㉱　63. ㉰

㉮ 백선화된 부분은 시멘타이트가 형성된 경도가 크고 취성이 있다.
㉯ 압연기의 롤러, 기차의 타이어, 볼 밑의 볼 등에 많이 사용된다.
㉰ 칠드되기 쉽게 규소가 많은 재료를 사용한다.
㉱ 내부는 인성이 있는 회주철로서 취약하지 않아 잘 파손되지 않는다.

[해설] 보통 주철에 비하여 규소가 적은 용선에 적당량의 망간을 가하여 금형에 주입하면 금형에 접촉된 부분은 급랭되어 아주 가벼운 백주철로 되는데 이것을 칠드 주철 또는 냉경 주철이라고 한다.

문제 64. 주철의 성질을 옳게 설명한 것은?
㉮ 전연성이 좋다.
㉯ 비중은 7.8이다.
㉰ 산에는 약하나 알칼리에는 강하다.
㉱ 흑연이 적을수록 비중은 적다.

[해설] 주철의 비중은 7.2이고, 흑연이 적을수록 비중이 크다.

문제 65. 내산, 내알칼리, 내열성이 크고, 비자성체이며 전기 저항이 크고, 연성, 강인성이 있는 주철로서 니켈이 많이 함유하고 있는 주철은?
㉮ 오스테나이트 주철
㉯ 칠드 주철
㉰ 듀라이언 주철
㉱ 미스코스키 주철

[해설] 듀라이언 주철은 고 Si 주철로 절삭가공이 안 되고 취성이 크다.

문제 66. 다음 중 구상 흑연 주철의 기호는?
㉮ GC   ㉯ DC
㉰ SC   ㉱ BMC

[해설] 구상 흑연 주철(ductile cast iron)의 기호는 DC이고 흑심 가단 주철은 BMC, 백심 가단 주철은 WMC이다.

문제 67. 구상 흑연 주철 제조시 용탕에 무엇을 첨가하여 흑연을 소실시키고 Fe-Si, Cu-Si 등을 접종하여 흑연핵을 형성시키는가?
㉮ 흑연   ㉯ 마그네슘
㉰ 알루미늄   ㉱ 망간

[해설] 구리 흑연 주철은 마그네슘 합금을 첨가하거나 그 밖의 특수한 용선 처리를 하여 흑연을 구상화한 것이다.

문제 68. 주철 중에 함유되어 있는 망간의 작용이 아닌 것은?
㉮ 수축률을 크게 한다.
㉯ 강인성과 내열성을 증가한다.
㉰ 펄라이트를 미세화한다.
㉱ 탄소의 흑연화를 촉진한다.

문제 69. 주철의 표면에 발생이 용이하며 화합탄소로 되어 있으며 취성이 많고 단단하며 절삭이 곤란한 주철의 조직은?
㉮ 회주철   ㉯ 반주철
㉰ 백주철   ㉱ 흑연주철

문제 70. 미하나이트 주철 중에 존재하는 흑연의 형태는 다음 중 어느 것인가?
㉮ 구상 흑연   ㉯ 망상 흑연
㉰ 편상 흑연   ㉱ 괴상 흑연

문제 71. 주철의 특징을 설명한 것이다. 틀린 것은?
㉮ 인장강도, 휨강도, 충격값은 작으나 압축강도는 크다.

[해답] 64. ㉰ 65. ㉮ 66. ㉯ 67. ㉯ 68. ㉱ 69. ㉰ 70. ㉱ 71. ㉯

㉰ 마찰저항이 우수하고 절삭가공이 어렵다.
㉱ 주조성이 우수하고, 크고 복잡한 것도 제작가능하다.
㉲ 주철의 표면은 굳고 녹이 잘 슬지 않으며 도색이 잘 된다.
[해설] 주철은 절삭가공이 쉽고 용융점이 낮으며 유동성이 우수하다.

문제 72. 내열 주철은 내산성이 좋다. 이와 같은 성질을 주기 위해 특수원소를 첨가하는데 다음 중 아닌 것은?
㉮ Cr ㉯ Ni
㉰ Si ㉱ P
[해설] 내열 주철은 크롬 34~40%를 함유하는 크롬 주철, 니켈 12~18%, 크롬 2~5%를 함유하는 니켈 오스테나이트 주철을 사용하며, 내산 주철로서는 규소 14~18%를 함유하는 것을 사용한다.

문제 73. 주철과 주강의 비교 중 주강의 설명으로 틀린 것은?
㉮ 주철보다 강도가 크다.
㉯ 수축률이 주철의 2배이다.
㉰ 조직이 억세고 메지다.
㉱ 기공이 많이 포함되어 있다.
[해설] 주강은 수축이 많이 되기 때문에 기공이 주철보다 적다.

문제 74. 내식성이 있으며 비교적 값이 싸므로 상수도, 가스 배수 등의 매몰과 지상 배관용으로 사용되며 미분탄, 재 등을 포함하는 유체, 해수용관 등으로 사용되는 관은?
㉮ 강관 ㉯ 구리관
㉰ 주철관 ㉱ 연관

문제 75. 일반적으로 보통 주철 속에는 탄소가 2.5~3.5% 정도 들어 있으나 화합 탄소가 많으면 여러 가지 나쁜 현상이 일어난다. 이 나쁜 현상 중 가장 중요한 것은 어느 것인가?
㉮ 용선을 주입할 때 유동성이 나빠지고 냉각할 때 수축이 커진다.
㉯ 절삭성이 나빠진다.
㉰ 열에 견디는 힘이 대단히 약해진다.
㉱ 내식성이 없어진다.

문제 76. 회주철과 백주철의 혼합된 조직으로 회주철과 백주철의 중간 상태인 주철은?
㉮ 가단 주철 ㉯ 구상 흑연 주철
㉰ 반 주철 ㉱ 칠드 주철
[해설] 회주철과 백주철의 중간 상태인 주철을 얼룩 주철 또는 반주철이라 한다.

문제 77. 주철에 Al을 가하면 어떤 작용을 하는가?
㉮ 탈산작용 ㉯ 탈인작용
㉰ 탈탄작용 ㉱ 탈황작용

문제 78. 칠드 주물의 칠의 깊이를 지배하는 원소는?
㉮ Ni ㉯ Mg
㉰ Si ㉱ Mo

문제 79. 고규소 주철인 듀라이언(duriron)이 포함하고 있는 Si의 양은?
㉮ 8~12% ㉯ 14~18%
㉰ 20~24% ㉱ 24~28%
[해설] 듀라이언은 내산 주철의 대표적이다.

문제 80. 다음 중 미하나이트 주철 제조시 접종제로 사용되는 것은?
㉮ Fe-Mn ㉯ Mn-Si

[해답] 72. ㉱ 73. ㉱ 74. ㉰ 75. ㉮ 76. ㉰ 77. ㉮ 78. ㉰ 79. ㉯ 80. ㉱

㉰ Mn-Mg   ㉱ Ca-Si

[해설] 흑연의 형을 미세하고 균일하게 하기 위하여 규소 또는 칼슘-규소 분말을 첨가하여 흑연의 핵 형성을 촉진하는 방법으로 이와 같은 조작을 접종이라 한다.

문제 81. 공정 주철의 공정점의 온도는?
㉮ 723 ℃   ㉯ 910 ℃
㉰ 1145 ℃   ㉱ 1410 ℃

문제 82. 구상 흑연 주철의 풀림 후의 연신율은 몇 %인가?
㉮ 4~10 %   ㉯ 8~14 %
㉰ 12~20 %   ㉱ 20~28 %

[해설] 주조 상태에서의 연신율은 7 % 정도, 강도는 70 kg/mm² 정도이지만 열처리 후의 연신율은 18 %, 인장강도는 53 kg/mm²이다.

※ 다음 그림은 마우러의 조직선도(maurer's diagram)인데 각 구역의 조직은 다음과 같다. 다음에 답하여라 (문제 83~87).

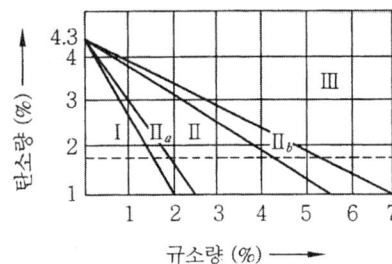

문제 83. 다음 구역 중 백주철(극경주철)의 구역은?
㉮ Ⅰ   ㉯ Ⅱ$_a$
㉰ Ⅱ   ㉱ Ⅱ$_b$

문제 84. 다음 구역 중 회주철로서 펄라이트 주철(강력주철)에 해당되는 구역은?

㉮ Ⅰ   ㉯ Ⅱ$_a$
㉰ Ⅱ   ㉱ Ⅱ$_b$

[해설] 펄라이트 주철을 탄소 2.8~3.2 %, 규소 1.5~2.0 % 부근이 좋으며 탄소+규소의 %가 적을수록 좋다.

문제 85. 다음 구역 중 얼룩주철(반주철, 경질주철)에 해당되는 구역은?
㉮ Ⅰ   ㉯ Ⅱ$_a$
㉰ Ⅱ   ㉱ Ⅱ$_b$

문제 86. 다음 구역 중 회주철로서 회색주철(보통주철)에 해당되는 구역은?
㉮ Ⅱ$_a$ ㉯ Ⅱ
㉰ Ⅱ$_b$ ㉱ Ⅲ

문제 87. 다음 구역 중 회주철로서, 페라이트 주철(연질주철)에 해당되는 구역은?
㉮ Ⅱ$_a$ ㉯ Ⅱ
㉰ Ⅱ$_b$ ㉱ Ⅲ

문제 88. 다음 식 중 주물(수축허용도), (수축여유)의 식은? (단, L : 주형의 길이, L' : 주조 후의 주물의 길이)

㉮ 수축허용도 $= \dfrac{L-L'}{L'} \times 100 \%$

㉯ 수축허용도 $= \dfrac{L'-L}{L'} \times 100 \%$

㉰ 수축허용도 $= \dfrac{L-L'}{L} \times 100 \%$

㉱ 수축허용도 $= \dfrac{L'-L}{L} \times 100 \%$

문제 89. 다음 각종 주철의 브리넬 경도값 중 틀린 것은?

[해답] 81. ㉰ 82. ㉰ 83. ㉮ 84. ㉰ 85. ㉯ 86. ㉰ 87. ㉱ 88. ㉰ 89. ㉮

㉮ 보통 주철 $H_B = 200 \sim 250$
㉯ 구상 흑연 주철 $H_B = 140 \sim 300$
㉰ 미하나이트 주철 $H_B = 126 \sim 321$
㉱ 크롬 주철 $H_B = 300 \sim 350$

[해설] 보통 주철의 브리넬 경도는 $H_B = 220$ 정도이다.

[문제] 90. 합금 주철에 포함된 각 합금 원소의 설명 중 틀린 것은?

㉮ Cr은 흑연화를 방지하고 탄화물을 안정시킨다.
㉯ Mo은 흑연화 촉진제이다.
㉰ Ni의 흑연화 능력은 Si의 $1/2 \sim 1/3$ 정도이다.
㉱ Ti은 강한 탈산제인 동시에 흑연화 촉진제이다.

[해설] Mo는 흑연화를 방지하는 원소로 $0.25 \sim 1.25$ % 첨가하면 흑연을 미세화하게 되고 강도, 경도, 내마멸성 등을 증가시킨다.

[문제] 91. 내열 주철에 관한 설명이다. 틀린 것은?

㉮ Ni을 $10 \sim 20$ % 첨가한 주철이다.
㉯ Cr을 $20 \sim 30$ % 첨가한 고크롬 주철이다.
㉰ 고크롬 주철을 오스테나이트 주철이라고도 한다.
㉱ Ni을 첨가한 내열 주철에는 니레지스트와 니트로시랄이 있다.

[해설] Ni을 첨가한 주철의 조직을 오스테나이트 주철이라고도 하며 비자성체이다. 고크롬 주철은 페라이트 주철이라 한다.

[문제] 92. 다른 주철에 비해 규소량이 많고 냉각속도를 느리게 하여 조직 중에 탄소의 양이 흑연화되어 있는 주철은?

㉮ 백주철   ㉯ 반주철
㉰ 회주철   ㉱ 합금 주철

[해설] Si를 적게 하고 냉각속도가 클 때, 주철 중의 탄소가 Fe_3C의 화합상태로 존재하는 주철을 백주철이라 하며 그와 반대되는 것을 회주철이라 한다.

[문제] 93. 주철의 열처리에 관한 설명 중 틀린 것은?

㉮ 열처리를 할 때에는 강과 비슷한 처리를 한다.
㉯ 주철이 담금질 및 뜨임은 특수 주철의 강도 및 내마멸성을 개선시킬 때에만 한다.
㉰ 내부 응력을 제거하기 위하여 500 ℃ 부근에서 장시간 풀림을 한다.
㉱ 주철은 사용하기 전에 담금질 뜨임을 하여 사용한다.

[해설] 주철은 보통 담금질이나 뜨임을 하지 않는다.

[문제] 94. 주물에서 수지상 결정은 주로 어떤 경우에 잘 생기는가?

㉮ 쇳물이 남을 때
㉯ 쇳물이 부족할 때
㉰ 온도가 높을 때
㉱ 농도가 균일하지 않을 때

[해설] 주물에서는 쇳물이 부족할 때, 합금에서는 농도가 균일하지 않을 때 수지상 결정이 잘 생긴다.

[문제] 95. 주강이 주철보다 떨어지는 성질은 무엇인가?

㉮ 쇳물의 유동성
㉯ 인장에 대한 강도
㉰ 충격에 대한 강도
㉱ 압입에 대한 강도

[해답] 90. ㉯   91. ㉰   92. ㉰   93. ㉱   94. ㉯   95. ㉮

문제 96. 다음 주철의 종류 중 흑연이 없는 것은?
㉮ 회주철　㉯ 백주철
㉰ 구성 흑연 주철　㉱ 가단 주철

문제 97. 주철 중에 함유되는 유리 탄소 (free carbon) 이란 무엇인가?
㉮ 전탄소　㉯ 화합탄소
㉰ 흑연　㉱ Fe_3C

문제 98. 주철을 반복하여 가열, 냉각하면 어떻게 되는가?
㉮ 성장한다.
㉯ 수축한다.
㉰ 성장했다 수축한다.
㉱ 변하지 않는다.
[해설] 고온에서 가열과 냉각을 반복하면 주철은 성장한다. 이로 인하여 고온의 주철을 쓰면 부피가 크게 되어 불어나고 변형이나 균열이 일어나 강도나 수명을 저하시키는 현상을 주철의 성장이라 한다.

문제 99. 고급 주철 제조시 강철 부스러기 (steel scrap)을 다량 사용하는 이유는?
㉮ 강도를 크게 하기 위하여
㉯ 내열성을 주기 위하여
㉰ 용융점을 맞추기 위하여
㉱ 용해가 원활히 되게 하기 위하여
[해설] 높은 강도를 얻기 위하여 탄소, 규소의 양을 적게 해야 하므로 강철 스크랩을 사용한다.

문제 100. 칠드 주철의 원료선으로 적당한 것은?
㉮ 탄소가 낮고 규소가 높으며 불순물이 적은 코크선
㉯ 탄소가 높고 규소가 낮으며 불순물이 적은 목탄선
㉰ 탄소가 낮고 규소가 높으며 불순물이 적은 목탄선
㉱ 탄소가 높고 규소가 낮으며 불순물이 적은 코크선

문제 101. 내마모성이 요구되는 압연 롤러를 만드는 데 좋은 주물은?
㉮ 보통 주철　㉯ 고급 주철
㉰ 합금 주철　㉱ 백선 주철

문제 102. 다음 중 2단계 열처리에 의하여 얻어지는 주철은?
㉮ 구상 흑연 주철　㉯ 고급 주철
㉰ 백심 가단 주철　㉱ 흑심 가단 주철
[해설] 풀림 온도를 850~950℃와 680~730℃의 2단으로 나누어 각 온도에서 30~40시간 유지시킨다.

문제 103. 주철에서 탄소포화도 (S_C)란 무엇인가?
㉮ 탄소의 분포에 관한 것을 수치로 표시하는 방법
㉯ C, Si, S의 양의 조합 작용을 일원화한 것을 수치로 표시하는 방법
㉰ 탄소가 철에 미치는 정도를 수치로 표시하는 방법
㉱ 철이 탄소를 용해하는 용해도한을 수치로 표시하는 방법

문제 104. 니크로실랄 (nichrosilal) 주철이란?
㉮ Ni-Cr 오스테나이트 주철
㉯ Ni-Cr-Al 주철
㉰ 고규소 주철
㉱ 고규소 오스테나이트 주철

[해답] 96. ㉯　97. ㉰　98. ㉮　99. ㉮　100. ㉯　101. ㉱　102. ㉱　103. ㉯　104. ㉮

• 예상문제 **157**

문제 105. 레데부르(ledebur)에 의하면 탄소와 규소 함유량이 얼마일 때 고급 주철이 얻어진다고 보는가? (단, 1<Si<3일 때)
㉮ 2.0~2.2% ㉯ 3.2~3.4%
㉰ 4.2~4.4% ㉱ 5.2~5.4%

문제 106. 주철의 야금학적 탄소 함유량은 얼마인가?
㉮ 1.7~3.2% ㉯ 2.5~4.5%
㉰ 3.2~5.0% ㉱ 2.0~6.67%
[해설] 실용 주철의 탄소 함유량은 2.5~4.5% 정도이다.

문제 107. 주철의 공정점까지 탄소량의 증가에 따라 용융점은 어떻게 되는가?
㉮ 일정하다. ㉯ 올라간다.
㉰ 떨어진다. ㉱ 관계가 없다.

문제 108. 주물 속에 기포가 생기게 하는 원소는?
㉮ 질소 ㉯ 수소
㉰ 산소 ㉱ 황

문제 109. 칠드 롤(chilled roll)의 칠부 조정 방법 중 틀린 것은?
㉮ 금형의 두께에 의한 방법
㉯ 열처리에 의한 방법
㉰ 조성에 의한 방법
㉱ 원소 첨가에 의한 방법

문제 110. 주철의 흑연 모양이 어떠한 때 인장 강도가 가장 좋은가?
㉮ 둥글고 미세하게 고루 분포되었을 때
㉯ 가늘고 길게 잘 발달되었을 때
㉰ 편상으로 충분히 성장되었을 때
㉱ 짧고 미세하며 균일하게 분포되었을 때

문제 111. 주철 용탕의 규소량과 탄소 용해도와의 관계를 설명한 것이다. 옳은 것은?
㉮ 규소는 탄소의 용해도를 감소시킨다.
㉯ 규소는 탄소의 용해도를 증가시킨다.
㉰ 경우에 따라 관계가 달라진다.
㉱ 아무 관계가 없다.

문제 112. 흑연의 핵 형성을 촉진하기 위하여 Ca-Si, Fe-Si 등으로 접종 처리하여 펄라이트 91.5%, 흑연 7.25%, 스테다이트 1.25% 정도로 조직이 구성되어 기계의 안내면, 강도를 요하는 실린더 등에 쓰이는 주철은?
㉮ 가단 주철 ㉯ 칠드 주철
㉰ 미하나이트 주철 ㉱ 구상 흑연 주철
[해설] 미하나이트(meehanite) 주철은 바탕이 펄라이트이고 흑연이 미세하게 분포되어 있어 인장 강도가 35~45 kg/mm²에 달하며 담금질할 수 있어 내마멸성이 요구되는 곳에 사용된다.

문제 113. 보통 주철에서 흑연이 어떤 모양일 때 강도를 가장 해치게 되는가?
㉮ 커다란 편상 흑연
㉯ 작은 편상 흑연
㉰ 미세한 단면 흑연
㉱ 둥근 구상 흑연

문제 114. 다음 중 템퍼 카본(temper carbon)이 형성되는 주철은?
㉮ 백심 가단 주철 ㉯ 흑심 가단 주철
㉰ 구상 흑연 주철 ㉱ 칠드 주철

문제 115. 주철의 국목 조직이란?
㉮ 흑연 조직이 국화 꽃잎 모양과 유사한 것
㉯ 흑연 조직이 나뭇가지 모양 같은 것
㉰ 흑연 조직이 구상으로 된 것

[해답] 105. ㉰ 106. ㉱ 107. ㉰ 108. ㉯ 109. ㉱ 110. ㉮ 111. ㉮ 112. ㉰ 113. ㉮
114. ㉯ 115. ㉮

㉣ 흑연 조직이 없는 것

문제 116. 규소가 철에 고용할 수 있는 양은 얼마인가?
㉮ 5 % ㉯ 9 %
㉰ 16 % ㉣ 24 %

문제 117. 주철 속에 산소, 수소, 질소 등의 가스가 함유되면 재질은 어떻게 되는가?
㉮ 강하고 질기다.
㉯ 단단하고 여리다.
㉰ 유동성이 좋아진다.
㉣ 전연성이 풍부하다.

문제 118. 결정립 크기를 측정하는 데 미세한 결정립이라면 ASTM으로는?
㉮ No. 3 이상 ㉯ No. 5 이상
㉰ No. 7 이상 ㉣ No. 9 이상

문제 119. 주철의 압축강도는 인장강도에 비해 어떠한가?
㉮ 1/2 정도 된다. ㉯ 동일하다.
㉰ 3~4배 크다. ㉣ 10배 이상 크다.

문제 120. 주철의 파면이 회색을 나타내는 가단 주철을 무엇이라 하는가?
㉮ 백심 가단 주철
㉯ 흑심 가단 주철
㉰ 펄라이트 가단 주철
㉣ 특수 가단 주철

[해설] 가단 주철은 처리방법에 따라 파단면이 흰색을 나타내는 백심 가단 주철과 표면은 탈탄되어 있으나 내부는 시멘타이트가 흑연화되었을 뿐 파면은 검게 보이는 흑심 가단 주철이 있다.

문제 121. 주물의 주조응력을 제거하려면 몇 도 정도에서 풀림하는가?
㉮ 200~300 ℃ ㉯ 300~400 ℃
㉰ 500~600 ℃ ㉣ 700~800 ℃

[해설] 주철은 담금질이나 뜨임은 되지 않으나 중요한 부분에 사용하는 것은 주조 응력을 제거하기 위하여 500~600 ℃로 6~10시간 풀림을 한다.

문제 122. 주철에서 보통 주철이란 어느 것을 뜻하는가?
㉮ 회주철 ㉯ 백주철
㉰ 반주철 ㉣ 가단주철

문제 123. 페이딩 현상이란 무엇인가?
㉮ 펄라이트 주철에 Cr 원소를 치환하여 흑연화 억제로 경도가 커지는 현상
㉯ 구상화 처리 후 용탕 상태를 방치하면 흑연 구상화의 효과가 소실되는 현상
㉰ 칠드 주철에서 금형에 접하여 급랭되는 부분이 백선화가 되지 않는 기한 현상
㉣ 흑심 가단 주철에서 2차에 걸쳐 풀림 처리하여 흑연을 구상화하는 과정

문제 124. 시멘타이트형 구상 흑연 주철의 발생 원인에 해당되지 않는 것은?
㉮ 냉각속도가 빠를 때
㉯ 탄소, 규소, 특히 규소가 적을 때
㉰ 풀림 열처리를 하였을 때
㉣ 마그네슘의 첨가량이 많을 때

문제 125. 주철은 가열하면 성장한다. 그 이유는?
㉮ Fe_3C가 graphite로 분해
㉯ graphite가 Fe_3C로 분해
㉰ 화학적 변화
㉣ 물리적 변화

[해답] 116. ㉰ 117. ㉯ 118. ㉰ 119. ㉰ 120. ㉯ 121. ㉰ 122. ㉮ 123. ㉯ 124. ㉰
125. ㉮

문제 126. 구상 흑연 주철과 가단 주철의 공통점은?
㉮ 보통 주철에 비하여 여리고 취약하다.
㉯ 보통 주철에 비하여 인성, 연성이 매우 크다.
㉰ 접종이 필요하다.
㉱ 구상 흑연 주철은 특수 주철이고 가단 주철은 고급 주철이다.

문제 127. 백선철과 회선철은 어떻게 구분하는가?
㉮ 탄소의 함유량에 따라
㉯ 조직상태에 따라
㉰ 냉각 속도에 따라
㉱ 강도에 따라

문제 128. 시멘타이트를 분해하여 탄소를 흑연화시키는 원소는?
㉮ C   ㉯ Si
㉰ Mn   ㉱ P

문제 129. 다음 주철 중 풀림 열처리를 하여 연성을 가지게 한 것으로 연강 정도의 강도와 연신율을 가진 주철은?
㉮ 가단 주철   ㉯ 칠드 주철
㉰ 미하나이트 주철 ㉱ 구상 흑연 주철
[해설] 구상 흑연 주철은 900℃에서 풀림하면 인장강도는 45~55 kg/mm^2, 연신율은 12~20%로 된다.

문제 130. 주철의 압축강도와 인장강도의 비교 설명으로 맞는 것은?
㉮ 인장강도보다 압축강도가 크다.
㉯ 압축강도보다 인장강도가 크다.
㉰ 인장강도와 압축강도가 같다.
㉱ 경우에 따라 다르다.
[해설] 주철은 인장강도는 적으나 압축강도는 크므로 공작기계의 베드, 프레임 및 기계 구조물의 몸체 등에 널리 사용된다.

문제 131. 가단 주철은 어떤 방법으로 만드는가?
㉮ 흑연 구상화 주철을 열처리하여 만든다.
㉯ 반강 주물은 단조하여 만든다.
㉰ 회주철을 열처리하여 만든다.
㉱ 냉간 주물을 탈탄하여 연성을 부여한다.
[해설] 가단 주철은 먼저 백주철의 주물을 만든 다음 이것을 장시간 열처리하여 탈탄과 시멘타이트의 흑연화에 의하여 연성을 가지게 한 것이다.

문제 132. 기계 구조용 합금 주철로서 적당한 것은?
㉮ 오스테나이트 주철
㉯ Al 주철
㉰ 0.5~2.0% Ni 주철
㉱ 30~35% 고 Cr 주철

문제 133. 구상 흑연 주철에 관한 사항이다. 틀린 것은?
㉮ Mg, Ce 등을 첨가하여 용제 중의 흑연을 소실시키고, Fe-Si, Ca-Si 등을 접종하여 흑연 핵을 형성시켜 주조한다.
㉯ 펄라이트에서 페라이트로 변할 때 페라이트는 구상 흑연 주위에 나타나는 데 이러한 조직을 벌즈 아이 (bull's eye) 조직이라 한다.
㉰ 구상 흑연 주철은 조직에 따라 시멘타이트형, 펄라이트형, 페라이트형이 있다.
㉱ 구상 흑연 주철은 주조 후 1100℃에서 풀림한 것이 연성이 높고, 고연성의 것

[해답] 126. ㉯ 127. ㉰ 128. ㉯ 129. ㉱ 130. ㉮ 131. ㉱ 132. ㉰ 133. ㉱

은 P에 대한 영향을 받지 않는다.

문제 134. 주철에 있어서 황의 영향으로 틀린 것은?
㉮ 흑연화 억제
㉯ 시멘타이트 분해 방지
㉰ 수축이 크다.
㉱ 유동성이 있다.

문제 135. 합금 주철에 있어서 크롬의 영향 중 틀린 것은?
㉮ 흑연화를 방지하며 탄화물을 안정시킨다.
㉯ 0.2~1.5% 정도 포함시키면 펄라이트 조직은 미세화된다.
㉰ 내열성이 좋아진다.
㉱ 내부식성은 나빠진다.
[해설] 크롬을 많이 넣으면 특히 높은 온도에서 내열성이 높아진다

문제 136. 합금 주철의 첨가원소 중 강력한 흑연화 방지제인 원소는?
㉮ 니켈   ㉯ 바나듐
㉰ 크롬   ㉱ 구리
[해설] 0.1~0.5% 정도 첨가하면 흑연과 바탕을 미세화하여 균일화시킨다.

문제 137. 주철의 기계적 성질은 무엇이 큰 것이 특징인가?
㉮ 인장강도   ㉯ 경도
㉰ 충격값   ㉱ 압축강도
[해설] 인장강도, 휨 강도 및 충격값이 적으나 압축강도는 크다.

문제 138. 가단 주철에서 열처리의 가장 큰 목적은?
㉮ 조직의 미세화

㉯ 시멘타이트의 분해
㉰ 경화성의 촉진
㉱ 연화성의 촉진

문제 139. 다음 중 펄라이트 가단 주철의 제조 방법이 아닌 것은?
㉮ 열처리 사이클 변화에 의한 것
㉯ 접종에 의한 것
㉰ 흑심 가단 주철의 재열 처리에 의한 것
㉱ 합금 원소 첨가에 의한 것

문제 140. 다음 중 구상 흑연 주철에서 구상 흑연 생성 조건이 아닌 것은?
㉮ 야금학적 조건   ㉯ 물리적 조건
㉰ 기계적 조건   ㉱ 화학적 조건

문제 141. 다음 중 가단 주철의 종류가 아닌 것은?
㉮ 백심 가단 주철
㉯ 흑심 가단 주철
㉰ 펄라이트 가단 주철
㉱ 페라이트 가단 주철

문제 142. 다음은 주철 속에 함유되어 있는 Si의 영향에 대한 설명이다. 틀린 것은?
㉮ 공정의 탄소량을 저하시키고 공정온도를 상승시킨다.
㉯ 백선화 촉진원소로 스테다이트(stedite)를 형성하여 경도를 높이고 융점을 낮게 한다.
㉰ 강력한 흑연화 촉진원소로서 C량을 증가시키는 것과 같은 영향을 준다.
㉱ 포화 γ 고용체와 펄라이트의 탄소량을 줄이며 공석온도를 상승시킨다.

[해답] 134. ㉱ 135. ㉱ 136. ㉯ 137. ㉱ 138. ㉰ 139. ㉯ 140. ㉰ 141. ㉱ 142. ㉯

제 6 장　비철금속 재료

1. 구리와 그 합금

　기계의 구성재료는 철강재료만 필요한 것이 아니라 철강재료 이외에 비철금속 재료도 필요하다. 비철금속이란 Fe 이외의 것을 주체로 한 합금으로 Cu, Al, Mg, Ni, Ti, Zn 등이 있다.

1-1　구　리

(1) 구리의 제조

　적동광, 황동광, 휘동광, 반동광 등의 구리광석을 용광로에서 용해시켜 20~40% 구리를 함유하는 황화구리(Cu_2S)와 황화철(FeS)의 혼합물로 만든 다음 이것을 전로에서 산화, 정련하여 순도 98~99.5%의 조동으로 만든 후 반사로에서 정련하거나 전기로에서 제련시켜 구리를 제조한다.

(2) 구리의 성질

　구리의 비중이 8.96이고 용융점이 1083℃로서 쉽게 산화되지 않는 금속으로서 다음과 같은 성질이 있다.
　① 비자성체이며 전기 및 열의 양도체이다.
　② 구리는 가공도에 따라 인장강도는 증가하나 연신율은 감소한다(그림 6-1 참조).

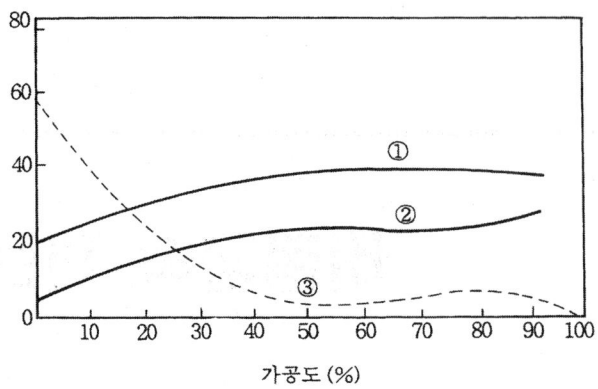

그림 6-1 구리의 가공도와 기계적 성질의 변화

③ 표면에 녹색의 염기성 탄산구리 [$CuCO_3 \cdot Cu(OH)_2$] 녹이 생겨 보호 피막의 역할을 하므로 내식성이 크다.
④ 구리는 청수에는 침식되지 않으나 바닷물에는 침식된다.
⑤ 다른 금속과 합금하여 귀금속적인 성질을 얻을 수 있다.
⑥ 구리는 용융점 이외의 변태점이 없으나 구리와 넓은 범위에 걸쳐 고용체를 형성하는 합금원소가 많으므로 그 점을 이용하여 성질을 개선시킬 수가 있다.

1-2 황 동

황동(brass)은 Cu와 Zn의 합금으로서 구리에 비하여 주조성, 가공성 및 내식성이 좋으며 청동에 비하여 가격이 싸고 색깔이 아름답기 때문에 자동차 부품, 탄피 가공재 또는 각종 주물에 널리 사용된다.

또한 황동은 순구리에 비하여 화학적 부식에 대한 저항이 크며, 고온으로 가열하여도 별로 산화되지 않는다. 그러나 불순물이나 부식성 물질이 공존할 때에는 수용액의 작용에 의하여 황동에 함유되어 있는 아연이 용해되는 현상이 생기는데, 이것을 탈아연 부식(dezincification corrosion)이라 한다.

(1) 물리적 성질

그림 6-2는 Zn 함유량에 따른 황동의 물리적 성질을 나타낸 것으로 전기 전도율과 열전도율은 Zn 34%까지는 낮아지다가 그 이상이 되면 상승하여 Zn 50%에서 최대값을 가진다.

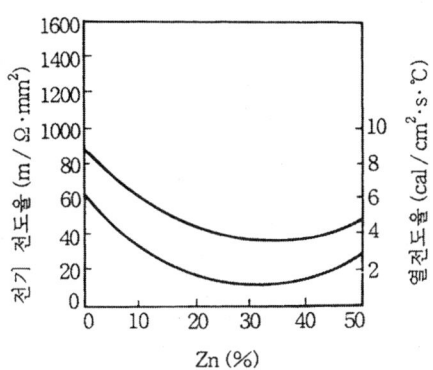

그림 6-2 황동의 물리적 성질

(2) 기계적 성질

황동의 기계적 성질은 가공도 및 온도에 따라 변한다. 그림 6-3은 Zn 함유량에 따른 황동의 기계적 성질을 나타낸 것으로 연신율과 인장강도는 Zn 함유량이 증가함에 따라 함께 증가하다가 연신율은 Zn 30%에서 최대이고 인장강도는 Zn 40% 정도에서 최대가 되며 50% 이상이 되면 취성이 커서 구조용에는 사용할 수가 없다.

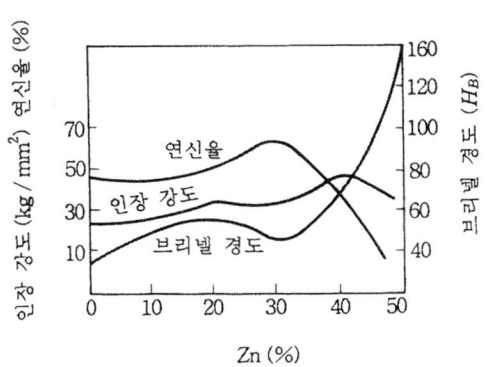

그림 6-3 황동의 기계적 성질

1-3 황동의 종류

(1) 7·3 황동

Cu 70%, Zn 30%로 가공용 황동의 대표적인 것으로 α 고용체이다. 전연성이 크고 상온가공이 용이하므로 판, 봉, 관, 선 등에 사용된다.

(2) 6·4 황동

황동은 Cu 60%, Zn 40%의 합금으로 $\alpha + \beta$ 조직으로 상온에서는 7·3 황동에 비하여 전연성이 낮고 인장강도가 크므로 600~800 ℃에서 고온 가공한 다음, 상온에서 판, 봉 등으로 만든다. 이것은 아연 함유량이 많아 황동 중에서 가격이 가장 저렴하며 내식성이 적고 탈아연 부식을 일으키기 쉬우나 강력하기 때문에 기계 부품으로 많이 사용된다. 표 6-1은 7·3 및 6·4 황동의 기계적 성질을 나타내고 있다.

표 6-1 7·3 및 6·4 황동의 기계적 성질

종 류	인장강도 (kg/mm²)	항복강도 (kg/mm²)	연신율 (%)	브리넬 경도 (H_B)	쇼어 경도 (H_S)
7·3 황동	30~34	9	60~70	40~50	8~10
6·4 황동	40~44	10~13	45~55	70	10~20

(3) 톰백 (tombac)

Zn 5~20%의 황동으로 강도는 낮으나 전연성이 좋고, 금색에 가까운 색을 나타내며 장식용이나 전기밸브에 사용된다.

(4) 황동 주물

주물용 황동은 Zn 함유량이 10~40%인 것이 주로 사용되며, 용탕의 유동성이 좋아 복잡하고 정밀한 주물을 생산할 수 있다. 청동 주물에 비해서 강도, 경도 및 내식성은 낮으나, 절삭성과 주조성이 좋기 때문에 기계 부품, 보일러 부품, 건축용 부품 등의 재료로 사용된다. Zn 함유량이 10~15%인 것은 미술용 주물에 사용되고, 30~40%인 것은 강력하므로 기계용 주물에 사용된다.

(5) 특수 황동

 특수 황동이란, 황동에 미량의 다른 원소를 첨가하여 색깔, 내마멸성, 내식성 및 기계적 성질을 개선한 합금이다. 황동에 첨가하는 원소에는 Pb, Sn, Si, Fe, Al 등이며 실용합금의 아연당량은 상온가공재에서는 40 % 이하 그 외의 것에서는 45 %를 넘지 않는 것이 보통이다.

① 납·황동 : 황동에 Pb을 1.5~3.0 % 첨가하여 절삭성을 좋게 한 것을 쾌삭 황동(free cutting brass) 또는 연 황동이라 하며 정밀 절삭가공을 필요로 하고 강도는 필요하지 않는 시계나 계기용 기어, 나사 등의 재료로 사용한다.

② 주석 황동 : 황동에 1 % 정도의 Sn을 첨가하면 내식성 및 내해수성이 좋아지는데, 이것은 Sn이 탈아연 부식을 억제하기 때문이다. 주석 황동에는 7·3 황동에 Sn을 첨가한 애드미럴티 황동(admiralty brass)과 6·4 황동에 Sn을 첨가한 네이벌 황동(naval brass)이 있는데, 탈아연 부식이 억제되고 내해수성이 강하기 때문에 선박의 응축기 튜브와 용접용 재료로 사용된다.

③ 철 황동 : 6·4 황동에 Fe을 1~2 % 정도 첨가한 합금으로서 델타 메탈(delta metal)이라 하며, 강도가 크고 내식성이 좋아 광산, 선박, 화학 기계 등에 쓰인다. Fe이 2 % 이상되면 메짐성이 커져서 해롭다.

④ 강력 황동 : 6·4 황동의 Zn 일부를 Mn, Al, Fe, Ni, Sn 등의 원소로 대치하여 강도와 내식성을 개선한 것으로 광산용 기계, 선박용 프로펠러, 밸브 등에 사용된다. 황동에 Mn 10~15 %를 첨가한 것으로 망가닌(manganin)이라 하는데, 저항률이 크고 저항 온도 계수가 작으므로 표준 저항기 또는 정밀 기계의 부품으로 쓰인다.

⑤ 니켈 황동 : 황동에 Ni 10~20 %를 첨가한 합금으로 단단하고 부식에도 잘 견딘다. 일명, 양백(nickel silver) 또는 양은이라고도 한다. 색깔은 은과 비슷하며 예로부터 장식용, 식기, 악기 등에 은 대용으로 사용되어 있으며, 기계적 성질과 내식성이 좋아 탄성 재료, 화학 기계용 재료로 많이 사용된다.

1-4 황동에서 나타나는 현상

(1) 자연균열

 냉간가공에 의한 내부 응력이 공기 중의 암모니아(NH₃), 또는 염류로 인하여 입간부식을 일으켜 냉간가공에 의한 잔류 응력 때문에 축방향에 균열이 생기는 현상이다. 방지책으로는 도금을 하거나 200~300 ℃로 20~30분간 저온 풀림시켜 잔류 응력을 제거하면 된다.

(2) 탈아연 현상

황동 속의 Zn이 해수에 쉽게 용해 부식되는 현상으로 방지책으로 아연판을 도선으로 연결하는 방법과 전류에 의한 방식법 등이다.

1-5 청 동

청동 (bronze) 은 Cu와 Sn의 합금으로 황동보다 주조성이 우수하여 주조용 합금으로 많이 쓰이며 내마모성이 우수하고 강도가 크다.

그림 6-4는 청동의 기계적 성질을 나타낸 것으로 인장강도는 Sn 17~18%에서 최대이고, 연신율은 Sn 4%에서 최대를 나타내며 그 이상이 되면 급격히 떨어진다.

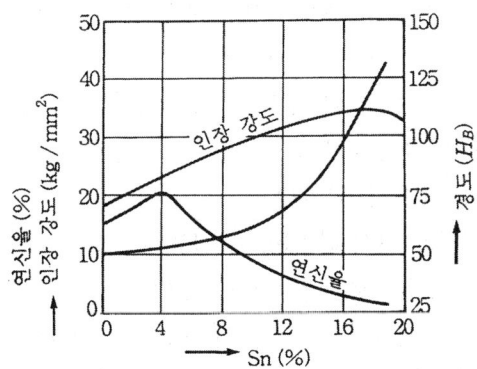

그림 6-4 청동의 기계적 성질

1-6 청동의 종류

(1) 포 금

포금 (gun metal) 은 Cu 90%, Sn 10%의 성분으로 합금시킨 것으로 예전에는 대포의 포신을 만드는 데 사용되었다. 특히 Cu 88%, Sn 10%, Zn 2%인 애드미럴티 포금 (admiralty gun metal) 은 주조성과 절삭성을 개선한 합금이다.

(2) 인청동

탈산제로 사용되는 인의 첨가량을 많게 하여 합금 중에 인을 0.05~0.5% 잔류시키면 구리 용융액의 유동성이 좋아지고, 강도, 경도 및 탄성률 등 기계적 성질이 개선되어 내식성과 내마멸성을 필요로 하는 펌프부품, 기어, 선박용 부품 등에 사용된다.

또한 스프링용 인청동은 Sn 7~8%, P 0.05~0.15% 정도의 합금이 실용되며, 적당히 냉간가공을 하면 탄성 한도가 높아지고 탄성 피로가 작아진다. 이 청동은 내식성, 내마멸성 및 용접성이 좋고, 자성이 없으므로 통신 기기, 계기류 등의 고급 스프링 재료로 사용된다.

(3) 알루미늄 청동

8~12% Al을 함유하는 구리-알루미늄 합금으로 황동이나 청동에 비해서 기계적 성질, 내식성, 내열성, 내마멸성 등이 우수하여 화학 기계 공업, 선박, 항공기, 차량 부품 등의 재료로 사용된다.

(4) 규소 청동

5% 이하의 규소를 함유한 구리 합금으로서, 열처리 효과가 작으므로 700~750°C에서 풀림하여 사용한다. 이 합금은 고온, 저온 모두에서 내식성이 좋고 용접성이 우수하며, 강도도 연강과 비슷하여 화학 공업용 재료로 이용되며 냉간 가공재는 응력 부식 균열에 대한 저항이 큰 것이 특징이다.

(5) 니켈 청동

Ni을 10~15% 함유한 구리-니켈 합금에 Al 2~3%를 첨가한 합금으로 800~900°C에서 급랭시킨 다음 400~600°C에서 뜨임하면 경화된다.

① 어드밴스 (advance) : Cu 54%+Ni 44%+Mn 1% (Fe 0.5%)의 합금으로 정밀전기 기계의 저항선에 사용된다.
② 콘스탄탄 (constantan) : Cu+Ni 45%의 합금으로 열전대용, 전기저항선에 사용된다.
③ 콜슨 (colson) 합금 (탄소 합금) : Cu+Ni 4%+Si 1%의 합금으로 인장강도가 105 kg/mm^{2}이며 전선용, 스프링의 재료에 사용된다.
④ 쿠니알 (kunial) 청동 : Cu+Ni 4~16%+Al 1.5~7%의 합금으로 뜨임 경화성이 크다.

(6) 베릴륨 청동

베릴륨 청동은 2~3%의 베릴륨을 첨가한 구리 합금으로서, 소량의 Co, Ni, Ag을 첨가하여 사용한다. 이 청동은 구리 합금 중에서 가장 높은 강도와 경도를 가지며 뜨임 시효 경화성이 있어서 내식성, 내열성, 내피로성 등이 좋으므로, 베어링, 기어, 고급 스프링, 공업용 전극 등에 쓰인다.

(7) 망간 청동

Mn 5~15%을 첨가한 망간-구리 합금으로서, 구리에 망간이 고용되면 강도가 증가하며, 약 10% Mn까지는 전연성이 커져서 가공성도 좋아진다. 그러나 망간을 많이 함유하게 되면 메지게 되며 300°C까지는 강도가 저하되지 않으므로 증기 기관의 증기 밸브, 터빈의 프로펠러용으로 사용된다.

(8) 크롬 청동

Cr 0.5~0.8%를 함유한 크롬-구리 합금으로서, 전도성과 내열성이 좋아 용접봉, 전극 재료 등에 쓰인다.

2. 알루미늄과 그 합금

알루미늄(Al)은 비중이 2.7이고 용융 온도가 660°C인 은백색의 가볍고 전연성이 좋은 금속으로서 가공이 용이하며, 규소(Si) 다음으로 지구상에 많이 존재하는 원소이며 금속 중에서 마그네슘(Mg), 베릴륨(Be) 다음으로 가벼운 금속으로 내식성이 좋고 전기 및 열의 전도성이 구리(Cu) 다음으로 좋으며 주조가 용이하고 다른 금속과 잘 합금되며 상온 및 고온에서 가공이 용이하다.

알루미늄은 광석 보크사이트(bauxite, $Al_2O_3 \cdot 2H_2O$)를 수산화나트륨(NaOH)으로 처리하여 알루미나(alumina, Al_2O_3)를 만든다.

2-1 알루미늄의 성질

(1) 물리적 성질

알루미늄의 전기 전도율은 구리의 60% 이상이며, 가볍고, 내식성이 좋으므로 송전선으로 많이 사용하며 열 및 전기의 양도체이며 변태점이 없다.

(2) 기계적 성질

전연성이 풍부하며 400~500 ℃에서 연신율이 최대이며 가공에 따라 경도와 인장강도는 증가하나 연신율은 감소한다. 또한 풀림 온도는 250~300 ℃이다.

표 6-2 알루미늄의 기계적 성질

순 도	상 태	인장강도 (kg/mm^2)	항 복 점 (kg/mm^2)	연신율 (%)	경도 (H_B)
고순도 (99.996 %)	풀 림	4.8	1.3	50	17
	75 % 가공	11.5	10.5	5.5	27

(3) 화학적 성질

알루미늄은 그 표면에 생기는 산화알루미늄(Al_2O_3)의 얇은 보호 피막으로 내식성이 좋으나 염산에는 대단히 빨리 침식되며, 황산, 묽은 질산이나 인산에도 침식된다.

2-2 알루미늄 합금

알루미늄은 순금속 상태에서는 강도가 작으므로 Cu, Si, Mg 등의 금속을 첨가한 알루미늄 합금을 사용한다. 또한 알루미늄은 변태점이 없으나, 알루미늄 합금은 열처리하여 기계적 성질을 많이 변화시킬 수 있는데 열처리는 탄소강과는 달리 석출 경화나 시효 경화를 사용한다.

담금질된 재료를 160 ℃ 정도로 가열하여 시효 경화를 촉진시키는 것을 인공 시효 (artificial aging)라 하며, 대기 중에서 행하는 시효를 자연 시효(natural aging)라 한다. 인공 시효 경화가 일어나는 온도는 합금의 종류, 합금 원소의 과포화 정도, 가공 정도 등에 따라 달라진다.

(1) 주조용 알루미늄 합금

주조용 알루미늄 합금은 일반용, 내열용, 내식용으로 구분한다.
- 일반용 주조 Al 합금 : Al-Cu계, Al-Si계, Al-Mg계
- 내열용 주조 Al 합금 : Al-Cu-Ni계, Al-Si-Ni계
- 내식용 주조 Al 합금 : Al-Mg-Si계

① Al-Cu계 합금 : Cu 4.5% 합금이 주조성이 좋고 열처리에 의해서 강도가 현저히 증가하며 주조시 고온에서 발생하는 균열을 완화시키기 위하여 1% 정도의 Si를 첨가시키고 Mn, Ni 등을 0.2% 정도 첨가하면 고온강도가 현저히 개선된다.

② Al-Si계 합금 : 10~14%의 Si가 함유된 실루민(silumin)이 대표적이며 주조성은 좋으나 절삭성은 나쁘다. 실루민은 주조시 모래형과 같이 냉각 속도가 느리면 규소의 결정이 크게 발달하여 기계적 성질이 좋지 않게 되므로 주조할 때 0.05~0.1%의 금속 나트륨을 첨가하면 Si가 미세한 공정으로 되어 기계적 성질이 개선되는데 이것을 개량처리(modification treatment)라 한다.

③ Al-Mg계 합금 : Al에 12% 이하의 Mg을 첨가한 합금을 하이드로날륨(hydronalium)이라 하며 내식성 Al합금의 대표적인 것이다.

④ 다이캐스팅용 알루미늄 합금 : 다이캐스팅용 알루미늄 합금은 유동성과 용용액의 보급성이 좋고, 열간 메짐이 적으며, 금형에 잘 부착되지 않아야 한다. 이와 같은 요건에 적합한 다이캐스팅용 알루미늄 합금으로는 라우탈, 실루민, 하이드로날륨 등이 사용된다.

⑤ Y 합금 : Y합금의 표준 조성은 Cu 4%, Ni 2%, Mg 1.5%의 알루미늄 합금으로 공랭 실린더 헤드 및 피스톤 등에 사용되며 시효 경화성이 있어서 모래형 및 금형 주물로 사용된다.

(2) 단련용 알루미늄 합금

① 두랄루민(duralumin) : Al+Cu+Mg+Mn의 합금으로 Si는 불순물로 함유한다. 고온에서 물에 급랭하여 시효경화시켜 강인성을 증가시키며 기계적 성질은 풀림한 상태에서 인장강도가 18~25 kg/mm^2, 연신율은 10~14%, 경도(H_B)는 40~60%이고, 시효경화 상태에서는 인장강도가 30~45 kg/mm^2, 연신율은 20~25%, 경도(H_B)는 90~120이며 SM 20 C와 기계적 성질이 비슷하나 비중은 2.9 밖에 되지 않는다.

② 초 두랄루민(super duralumin) : 두랄루민에 Mg을 증가하고 Si를 감소시킨 것으로 시효경화 후 인장강도 50 kg/mm^2 이상이며 항공기 구조재, 리벳재 등으로 사용된다.

③ 초강 두랄루민(extra super duralumin) : Al-Zn-Mg계 합금으로서, 주로 항공기용 재료로 사용되며 이 합금에서 MgZn$_2$가 5% 이상이면 시효 경화성이 현저하여 고강도 합금으로 매우 적합하다. 그러나 내식성이 좋지 못하며, 바닷물에 대한 내식성은 순알루미늄의 1/3 정도 밖에 되지 않는다.

(3) 내식성 알루미늄 합금

이 합금은 Al에 다른 원소를 첨가했을 때 내식성에는 나쁜 영향을 끼치지 않고, 강도를 개선하는 원소, 즉 Mn, Mg, Si 등을 소량 첨가하여 만든 합금이다. Cr은 응력 부식 균열을 방지하는 효과가 있으며, Cu, Ni, Fe 등은 내식성을 약화시키는 원소이다.

① Al-Mg계 : 하이드로날륨 (hydronalium) 으로 해수, 알칼리에 대한 내식성이 강하고 용접성 및 주조성도 좋다.
② Al-Mn계 : 알민 (almin) 으로 내식성이 우수하다.
③ Al-Mg-Si계 : 알드레이 (aldrey) 로 강인성이 있고 가공변형에도 잘 견딘다.

3. 니켈과 그 합금

3-1 니켈의 성질 및 용도

(1) 니켈의 성질

① 비중 8.9, 용융점 1455 ℃이며, 전기 저항이 크다.
② 상온에서 강자성체 (360 ℃에서 자성 잃음 : 자기변태 온도점) 이다.
③ 연성이 크고 냉간 및 열간 가공이 쉽다.
④ 풀림 상태의 인장강도 $40 \sim 50 \, kg/mm^2$, 연신율 $30 \sim 45\%$, 경도 (H_B) $80 \sim 100$ 이다.
⑤ 내식성과 내열성이 우수하다.

(2) 니켈의 용도

화학 및 식품 공업용, 진공관, 화폐, 도금 등에 사용한다.

3-2 니켈 합금

(1) N-Cu계 합금

Ni-Cu계 합금은 전율 고용체이며, 기계적 성질은 Cu에 Ni을 첨가하면 인장강도, 경도가 증가하며 Ni 40~60%일 때 가장 좋아지며 그 이상이 되면 점차로 나빠진다.

표 6-3 Ni-Cu계 합금의 종류

Ni (%)	Cu (%)	명 칭	용 도
10	90	–	기관차의 부품
15	85	베네딕트 메탈	탄환의 외피
20	80	큐프로 니켈	관류, 탄환의 외피
25	75	백 동	화폐, 자동차의 방열기
32	68	양 백	전기 저항선
40	60	콘스탄탄	전기 저항선, 열전쌍
65~70	35~30	모넬 메탈	디젤 기관의 밸브, 그 밖에 일반 공업용 재료

① 베네딕트 메탈(benedict metal) : Cu에 Ni 15%를 첨가한 합금으로서, 주로 탄환의 외피에 사용된다.

② 콘스탄탄(constantan) : Cu에 Ni을 40~50% 첨가한 합금으로서, Ni 42%에서 최대 열전기력을 나타내고 저항의 온도 계수도 거의 일정하므로 열전쌍의 재료 또는 표준 저항선으로 사용된다.

③ 모넬 메탈(monel metal) : Cu에 Ni 60~70%, Fe 1~3%로 된 합금으로 강도와 내식성이 우수하며 화학공업용 재료로 널리 사용된다.

(2) Ni-Cr계 합금

① 니크롬(nichrome) : 니크롬의 화학 조성은 Ni 50~90%, Cr 11~33%, Fe 0~25%이다. 철이 첨가되면 전기 저항은 증가하나 고온에서 내열성이 저하된다. 전열 재료로 사용되는 것은 Cr 15~20%를 함유한 것이다.

② 인코넬(inconel) : 인코넬은 Ni 78~80%, Cr 12~14%의 합금으로 내식성과 내열성이 뛰어난 합금으로 산화 기류 중에서 내열성이 좋으며, 900℃ 이상에서도 산화가 안 된다. 또, 유기물과 염류 용액에서도 부식에 잘 견디며, 기계적 성질도 매우 좋아 전열기 부품, 열전쌍의 보호관, 진공관의 필라멘트 등에 사용된다.

③ 알루멜-크로멜(alumel-chromel) : 알루멜은 3%의 Al을 첨가한 Ni-Al계 합금이고 크로멜은 10%의 Cr을 함유한 합금으로 고온 측정용의 열전쌍에 사용된다.

(3) Ni-Fe계 합금

① 인바(invar) : C 0.2% 이하, Ni 35~36%, Mn 약 0.4%이며, 200℃ 이하의 온도에서의 열팽창 계수가 뚜렷하게 작은 것이 특징이다. 20℃에서의 열팽창계수의 값은 $1.2 \times 10^{-6}/℃$로서 철의 1/10 정도이며 불변강이라고도 하며, 줄자, 표준자, 시계의 추 등에 사용된다.

② 엘린바 (elinvar) : Ni 36 %, Cr 12 % 나머지는 철이며, 온도 변화에 따른 탄성 계수의 변화가 거의 없으므로 계측기기, 전자기 장치, 각종 정밀 스프링 등에 사용된다.

③ 플래티나이트 (platinite) : 이것은 Ni 46 %를 함유한 합금으로서, 열팽창계수 및 내식성에 있어서 Pt의 대용으로 사용된다. 이것은 열팽창계수가 유리와 비슷하므로 진공관이나 전구의 도입선으로 사용된다.

④ 퍼멀로이 (permalloy) : Ni 70~90 %, Fe 10~30 %를 함유한 합금으로 투자율이 높고 약한 자장 내에서의 투자율도 높다.

(4) Ni-Mo계 합금

Mo 15 %를 함유하는 Ni-Mo계 합금은 내염산 및 내염화물 합금으로서, 산에 대한 내식성은 Mo 30 % 부근에서 최대가 된다. 또, Mo 30 %까지는 900 ℃이상에서 급랭할 때 면심 입방 격자의 고용체가 되어 기계적 성질이 우수하게 되나, Mo 30 % 이상이 되면 부식량이 많아지고, 경도가 필요 이상으로 높아지며, 연성이 거의 없어진다.

4. 마그네슘과 그 합금

4-1 마그네슘의 성질

Mg은 비중이 1.74로 실용 금속 중 가장 가벼우며, Al의 약 2/3, Fe의 약 1/4 이다. 열전도율은 구리, 알루미늄보다 낮고 강도는 작으나 절삭성은 좋으며 냉간가공성은 나쁘지만 열간가공성은 좋으며 350~450 ℃에서 쉽게 가공할 수 있다. Mg에 함유된 불순물 중에서 Fe, Ni, Cu는 내식성을 해친다.

4-2 마그네슘의 합금

(1) 마그네슘 합금의 성질

① 비중이 1.75~2.0인 데 비하여 인장강도는 15~35 kg/mm^2이며 절삭성이 좋다.
② Al, Zn, Mn 등의 첨가로 내식성, 연신율을 개선한다.
③ 해수에 접촉하면 심하게 침식된다.

(2) 마그네슘 합금의 종류

① 다우 메탈(dow metal) : Mg-Al계 합금으로 Al 2~8.5% 첨가로 주조성과 단조성이 좋아진다. 또한 인장강도는 Al함유량이 6%일 때 최대가 되며, 연신율과 단면 수축률은 4%에서 최대가 된다.

② 일렉트론(electron) : Mg-Al-Zn계 합금이며, Al이 많은 것은 고온 내식성 향상을 위해, Al+Zn이 많은 것은 주조용으로 쓰인다. 또 내열성이 크므로 내연기관의 피스톤에 사용된다.

5. 티탄과 그 합금

Ti의 비중은 4.51이며 용융온도는 1730 ℃로 강보다 높으며 인장강도는 30~50 kg/mm^2 정도이다. 특히, 고온에서는 강도, 내식성이 좋으며, 해수에 대해서는 18 Cr-8 Ni 스테인리스강보다 좋고, 내열성도 500 ℃ 정도에서는 스테인리스강보다 좋으므로 가스 터빈용, 항공기의 구조용, 화학 공업용 내식 재료, 원자로 구조용 재료로서 그 중요성이 날로 증가되고 있다.

6. 아연, 납, 주석과 그 합금

6-1 아연 및 그 합금

(1) 아 연

Zn은 Pb, Sn과 함께 저융점 금속으로 비중이 7.14이고 용융 온도가 420 ℃인 조밀 육방 격자의 회백색 금속으로, 전해법에 의하여 만들어지는 것을 전해 아연, 증류법에 의하여 만들어지는 것을 증류 아연이라 한다.

Zn은 철강 재료의 방식 피복용으로서 가장 많이 사용되며, 합금 원소로서 Al을 첨가하면 우수한 재료를 얻을 수 있으며 최근에는 주조성이 좋아 다이캐스팅(die casting)용 합금으로서 광범위하게 사용된다. 또, Zn은 가공성이 비교적 좋으며 냉간가공도 가능하고 아연판으로서 건전지 재료나 인쇄용 등에 사용된다.

(2) 아연 합금

다이캐스팅용으로는 주조성이 좋은 자마크(zamak)가 대표적이며, 가공용 Zn 합금으로는 Zn-Cu계, Zn-Cu-Mg계 등이 있다.

6-2 납

(1) 납

비중이 11.3이고 용융 온도는 327°C로 낮으며 가공이 쉬워 오래 전부터 사용되어 온 회백색 금속으로 땜납, 수도관, 베어링 합금 등에 사용되며 납이 가지고 있는 특징은 다음과 같다.
① 비중이 크고, 밀도가 높다.
② 연하고, 전연성이 대단히 크다.
③ 용융 온도가 낮으며, 주조성이 좋고 소성 가공성이 뛰어나다.
④ 윤활성이 좋고, 내식성이 뛰어나다.
⑤ 방사선의 차단력이 강하다.

(2) 납 합금

순수한 Pb은 기계적 성질이 떨어지므로 소량의 As, Ca 및 Sb 등을 첨가하여 강도를 부여하고, 내식성을 좋게 하여 사용한다. 납 합금으로는 케이블 피복 합금, 활자 합금, 땜납, 베어링 합금 등이 있다.
① 연 납: 일반적으로 땜납을 뜻하는 것으로서 Pb와 Sn의 합금으로 융점이 183°C로 낮다.
② 경 납: 427°C 이상의 융점을 갖는 납으로서 황동납, 금납, 은납 및 동납 등이 있다.

6-3 주 석

(1) 주석의 성질

18°C에서 변태가 생기는데 18°C 이상을 백주석, 18°C 이하는 회주석이라는 회색 분말이 되는데 백주석은 $2 \sim 4 \, kg/mm^2$의 강도로 연신율은 35~40% 정도이며 전성이 풍부하여 아주 얇게 할 수 있으며 내식성이 크므로 철에 도금하여 양철을 만든다.

(2) 주석의 용도

선박, 식기, 장신구, 땜납 및 베어링 메탈 등에 사용된다.

7. 귀금속 및 기타 합금

7-1 귀금속

귀금속에는 은(Ag), 금(Au), 백금(Pt), 팔라듐(Pd), 이리듐(Ir), 오스뮴(Os), 로듐(Rh), 루테늄(Ru)이 있다. 귀금속은 원광에서 금속 상태로 생산되는 경우가 많다.

이들은 공기나 물과 잘 반응하지 않았으므로 내식성은 오랜 시간이 지나도 변화하지 않는다. 귀금속은 금을 제외하고는 순금속으로 사용하기보다는 귀금속끼리 서로 합금하거나 다른 금속을 첨가하여 합금으로 만들어 사용한다. 공업적으로 이용되는 것은 귀금속 특유의 내식성과 내마멸성을 주로 한 것으로 화폐, 장식품, 치과 재료, 화학기구, 전극, 전기 접점, 다이스, 노즐 등의 재료로 폭넓게 사용된다.

7-2 베어링용 합금

베어링용 합금은 강도와 점성이 있어야 하며 내식성, 내마모성 및 주조성이 양호해야 한다. 베어링용 합금에는 Sn, Sb, Zn, Cu 등의 합금인 화이트 메탈(white metal)이 있으며 이것은 저속기관의 베어링에 많이 사용된다. 또한 주석계와 납계가 있으며 주석계의 화이트 메탈은 일명 배빗 메탈(babbit metal)이라고도 한다. 내식성이 풍부하고 점도가 크며 연강 또는 청동의 얇은 받침쇠로 사용되기도 한다.

8. 분말 야금

8-1 분말 야금

금속분말 또는 비금속 분말은 압축 성형하여 융점 이하의 온도로 가열한 다음 소결하여 제품을 만드는 방법으로 용융, 주조, 기계가공이 필요없다.

8-2 분말 야금의 장·단점

(1) 장 점

① 고융점 금속에도 응용된다.
② 조성이 정확하여 편석이 없는 합금이 된다.
③ 합금이 잘 되지 않는 물질도 결합시킬 수 있다.
④ 성형이 쉽고 공정은 절감시킬 수 있다.
⑤ 다공질 합금을 만들 수 있다.

(2) 단 점

① 제품의 크기와 모양에 제한이 있다.
② 원료 분말 가격이 고가이다.
③ 소결성이 나쁜 물질에 응용이 불가능하다.

8-3 소 결

가압 성형한 것을 가열하여 입자 상호간을 결합시켜 균일한 재질의 강한 조직을 가지는 재료를 만드는 방법을 소결(sintering)이라 한다.

문제 1. 구리의 비중과 용융온도를 서술하시오.

해설 구리의 비중은 8.96이고 용융온도는 1083 ℃로 비자성체이며 전기 및 열의 양도체이다.

문제 2. 황동에 대해 설명하시오.

해설 Cu와 Zn의 합금으로 Cu에 비하여 주조성, 가공성 및 내식성이 좋으며 6·4 황동과 7·3 황동이 있다.

문제 3. 주석 황동의 종류에 대해 설명하시오.

해설 주석황동에는 7·3 황동에 Sn을 첨가한 애드미럴티 황동과 6·4 황동에 Sn을 첨가한 네이벌 황동이 있는데 탈아연 부식이 억제되고 내해수성이 강하다.

문제 4. 자연 균열에 대해 설명하시오.

해설 냉간가공에 의한 내부 응력이 공기중의 암모니아 또는 염류로 인하여 입간 부식을 일으켜 냉간가공에 의한 잔류응력 때문에 축방향에 균열이 생기는 현상으로 방지책으로는 도금을 하거나 200~300 ℃로 20~30분간 저온 풀림시켜 잔류응력을 제거하면 된다.

문제 5. 시효경화에 대해 설명하시오.

해설 시효현상으로 강도와 경도가 증가되는 현상을 의미한다. 즉, 공정 성분은 α 고용체 중에 포함되어 불안정과 포화 상태이므로 시간 경과와 더불어 조금씩 석출되어 안정 상태로 변화되며 성질이 변하는 현상을 시효 현상이라 한다.

문제 6. 하이드로날륨에 대해 설명하시오.

해설 12% 이하의 Mg을 첨가한 Al-Mg계 합금으로 내식성 Al 합금의 대표적인 것이다.

문제 7. 두랄루민에 대해 설명하시오.

해설 두랄루민은 대표적인 단련용 Al 합금으로 Al-Cu-Mg-Mn이다. 특성으로 700~800℃의 주조에서 생긴 조직을 고온 가공으로 430~470℃에서 단련하여 주조 조직을 없애고 500~510℃에서 담금질하고 시효 경화시키며 탄소강(SM 20 C)의 기계적 성질과 비슷하며 용도로서 항공기, 자동차 운반 기계 등에 사용된다.

문제 8. 모넬 메탈에 대해 설명하시오.

해설 Cu에 Ni 60~70%, Fe 1~3%로 된 합금으로 강도와 내식성이 우수하여 화학공업용 재료로 널리 사용된다.

문제 9. 땜납에 있어서 연납과 경납의 차이점을 설명하시오.

해설 ① 연납 : 접합이 쉽고 용융점이 낮아 접합 금속을 가열하지 않고 접합할 수 있다.
② 경납 : 경도와 강도가 연납보다 높으며, 비교적 큰 힘을 받는 곳의 납땜에 사용되며 융점은 427℃이다.

문제 10. 분말 야금에 대해 설명하시오.

해설 금속 분말 또는 비금속 분말을 압축 성형하여 융점 이하로 가열한 다음 이를 소결하는 방법을 말한다.

문제 11. 소결(sintering)에 대해 설명하시오.

해설 압축 성형된 분말을 가열한 후 분말 입자와 결합시켜 같은 재질의 조직을 갖게 하는 재료를 말한다.

문제 12. 개량처리(modification treatment)에 대해 설명하시오.

해설 알루미늄-규소계 합금인 실루민은 구조시에 모래형과 같이 냉각속도가 느리면 규소의 결정이 크게 발달하여 기계적 성질이 좋지 않게 되므로 주조시 0.05~0.1%의 금속나트륨을 첨가하면 규소가 미세한 공정으로 되어 기계적 성질이 개선되는 것을 말한다.

문제 13. 실루민의 개질효과를 얻기 위한 방법에 대해 설명하시오.

해설 개질의 효과를 얻기 위하여 플루오르 화합물을 쓰는 법, 금속 나트륨을 쓰는 법, 수산화나트륨을 쓰는 법 등이 있으며 금속나트륨을 가장 많이 사용하고 있다.

문제 14. 와이 합금(Y-alloy)에 대해 설명하시오.

[해설] 구리 4%, 니켈 2%, 마그네슘 1.5%와 알루미늄 92.5%의 합금으로 고온강도가 크므로 내연기관의 실린더, 피스톤, 실린더 헤드 등에 사용된다.

문제 15. 황동의 기계적 성질에 대하여 설명하시오.

[해설] 황동의 기계적 성질은 아연 함유량에 따라 변화하며 인장강도는 아연 40% 정도에서 최대가 되고, 연신율은 3% 부근에서 최대가 된다.

문제 16. 베릴륨 청동(Be-bronze)에 대해 설명하시오.

[해설] 2~3%의 베릴륨을 첨가한 합금으로 뜨임 시효 경화성이 있어서 내수성, 내열성, 내피로성이 등이 좋으므로 베어링과 고급 스프링 등에 이용된다.

문제 17. 델타 메탈(delta metal)에 대해 설명하시오.

[해설] 6·4 황동에 철(Fe) 1~2%을 첨가한 것으로 강도가 크고 내식성이 좋아 광산기계, 선박용 기계, 화학기계 등에 사용된다.

문제 18. 청동에 있어서 주석이 기계적 성질에 미치는 영향에 대해 설명하시오.

[해설] 강도는 주석이 많을수록 커지고 경도는 증가하나 주석 15% 이상에서 급격히 커진다. 또한 연신율은 주석 4%에서 최대이고 그 이상이 되면 급격히 감소한다.

문제 19. 오일리스(oilless) 베어링에 대해 설명하시오.

[해설] 구리, 주석, 흑연 분말을 가압하고 성형하여 700~750℃의 수소 기류 중에서 소결하여 만든 소결합금으로 용도로는 기름 보급이 곤란한 곳에 사용하며, 너무 큰 하중이나 고속도 회전부에는 부적당하다.

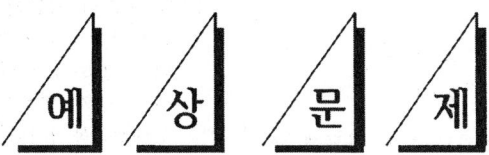

문제 1. 구리의 용도는 전선, 전기용품 이외에 어디에 많이 쓰이는가?
㉮ 축
㉯ 기름, 가스 등 도관
㉰ 볼트, 너트
㉱ 전기 배전반, 커버

문제 2. 구리판의 경화 정도 표시로서 틀린 것은?
㉮ 연질-Cu Pl-O
㉯ 경질-Cu Pl-I
㉰ $\frac{1}{2}$ 경질-CuPl-$\frac{1}{2}$ H
㉱ $\frac{1}{4}$ 경질-CuPl-$\frac{1}{4}$ H

[해설] O:연질, H:경질, $\frac{1}{2}$ 경질:$\frac{1}{2}$ H 등으로 표시한다. Pl은 판을 나타낸다.

문제 3. 다음 구리의 물리적 성질 중 틀린 것은?
㉮ 비중이 8.96, 용융점이 1083 ℃이다.
㉯ 강자성체이다.
㉰ 전기 전도율은 은 다음으로 크다.
㉱ 불순물들은 전기 전도율을 저하시킨다.

[해설] 구리는 비자성체이며 용융점 1083 ℃이며 철보다 무겁다. 비중 8.96이고, 전기는 은 다음으로 잘 통한다.

문제 4. 구리의 변태점에 대한 설명 중 맞는 것은?
㉮ 융점 이외에 변태점이 없다.
㉯ 융점 이외에 변태점이 1개 있다.
㉰ 융점 이외에 변태점이 2개 있다.
㉱ 융점 이외에 변태점이 3개 있다.

문제 5. 구리제련에 관한 설명으로 맞는 것은?
㉮ 원광 중의 Au, Ag는 Cu 매트(matte) 속에는 들어가지만 조동 속에는 들어가지 않는다.
㉯ 조동은 용광로 속에서 만들어진다.
㉰ 조동은 전기 분해로 만든다.
㉱ 조동은 전로 속에서 만들어진다.

[해설] 조동(粗銅)은 전로 속에서 만들어진다.

문제 6. 구리 용광로에서 처음 나오는 것으로 이로부터 조동을 얻는 것은 무엇인가?
㉮ 매트(matte)   ㉯ 슬래그(slag)
㉰ 드로스(dross)   ㉱ 스파이스(speiss)

문제 7. 조동(粗銅)을 반사로나 전기로에서 전기분해하여 정련시킨 구리를 무엇이라고 하는가?
㉮ 순구리   ㉯ 탈산구리
㉰ 전기구리   ㉱ 무산소 구리

[해답] 1. ㉯ 2. ㉱ 3. ㉯ 4. ㉮ 5. ㉱ 6. ㉮ 7. ㉰

문제 8. 황동에 Pb 1.5~3.0을 첨가한 합금을 무엇이라고 하는가?
㉮ 쾌삭 황동 ㉯ 강력 황동
㉰ 문츠 메탈 ㉱ 톰백
[해설] 황동의 절삭성을 높이기 위하여 황동에 Pb 1.5~3.0 %를 첨가한 것을 쾌삭 황동이라 하며, 대량 생산하는 부속품 또는 시계용 기어와 같은 정밀 가공을 요하는 부품에 사용된다.

문제 9. 다음 구리의 화학적 성질에 대한 설명 중 틀린 것은?
㉮ 고유한 색은 담적색이나, 공기 중에서 산화되면 암적색이 된다.
㉯ 탄산가스, 습기 중에서는 표면에 구리 녹(녹청색 유독함)이 생긴다.
㉰ 청수에는 변하지 않으나, 해수(염수)에 부식된다.
㉱ 질산, 황산 등에도 용해되지 않는다.

문제 10. 다음은 구리에 포함된 불순물들이다. 이들 중에서 특히 전기 전도도를 감소시키는 것은?
㉮ As, Sb   ㉯ Bi, Pb
㉰ Fe, Si   ㉱ Cu_2O
[해설] 구리는 은 다음으로 전기 전도도가 높으나 Ti, P, Fe, Si, As 등이 아주 조금 함유되어도 전기 전도도가 급격히 저하된다.

문제 11. 구리의 열간가공에 적당한 온도 범위는?
㉮ 550~650 ℃   ㉯ 650~750 ℃
㉰ 750~850 ℃   ㉱ 850~950 ℃

문제 12. 상온 가공에서 경화된 동의 완전 풀림 온도 범위는?
㉮ 400~450 ℃   ㉯ 500~550 ℃
㉰ 600~650 ℃   ㉱ 700~750 ℃
[해설] 구리의 열간가공은 750~850 ℃에서 행하며, 상온가공으로 강하게 된 것은 100~150 ℃에서 다소 연하게 되며 150~200 ℃에서 재결정 현상이 생겨 연화된다. 350 ℃에서는 가공 전의 상태로 복귀되나 완전한 풀림은 600~650 ℃ 정도에서 생긴다.

문제 13. 다음의 수소 여림에 대한 설명 중 틀린 것은 어느 것인가?
㉮ 발생 온도 범위는 650~850 ℃이다.
㉯ 환원 여림, 수소 메짐이라고도 한다.
㉰ 탈산 구리, 무산소 구리를 사용하면 더욱 더 심하게 나타난다.
㉱ Cu_2O를 포함한 구리는 수소를 함유한 환원성 분위기 중에서 사용할 때 생긴다.

문제 14. 황동의 연신율은 Zn 몇 %에서 최대가 되는가?
㉮ 40 %   ㉯ 30 %
㉰ 20 %   ㉱ 50 %
[해설] 황동(brass)의 기계적 성질을 30 % 아연(Zn) 부근에서 최대의 연신율을 나타내며, 인장 강도는 45 % 아연 부근에서 최대치를 나타내고 그것을 초과하면 급격하게 감소한다.

문제 15. 구리의 고온 취성원인이 되는 금속 원소로 맞는 것은?
㉮ Bi, Pb   ㉯ Si, As
㉰ Fe, Ti   ㉱ Mn

문제 16. 황동의 자연 균열 방지법이 아닌 것은?
㉮ 수은과 합금   ㉯ 도금
㉰ 도장   ㉱ 응력 제거 풀림
[해설] 자연 균열이란 황동이 공기 중의 암모니아 기타의 염류에 의해서 입간 부식을 일으켜 상

[해답] 8. ㉮ 9. ㉱ 10. ㉮ 11. ㉰ 12. ㉰ 13. ㉰ 14. ㉯ 15. ㉮ 16. ㉮

온 가공에 의한 내부응력 때문에 생기는 것이다. 방지법은 도금, 기타 방법으로 표면을 보호하나 200~300℃로 20~30분간 저온 풀림하여 잔류응력을 제거하여 두면 좋다.

문제 17. 다음 중 황동을 불순한 물이나, 해수 중에서 사용할 때 발생하는 결함은?
㉮ 자연 균열   ㉯ 탈아연 부식
㉰ 경년 변화   ㉱ 방치 갈림
해설 탈아연 현상 방지법으로 아연판을 도선으로 연결해 놓든지 전류에 의한 방식법이 좋다.

문제 18. 구리, 구리합금에서 발생하는 현상이다. 틀리는 것은?
㉮ 수소 메짐   ㉯ 저온뜨임 경화
㉰ 경년 변화   ㉱ 탈아연 부식

문제 19. 색깔이 아름답고 장식품에 많이 쓰이는 황동은?
㉮ 문츠 메탈   ㉯ 포금
㉰ 톰백   ㉱ 7·3 황동
해설 구리에 아연을 5~20%를 가한 황동을 톰백(tombac)이라 하는데, 전연성이 좋고 색깔도 금에 가까우므로 모조 금으로 사용된다.

문제 20. 황동의 재결정 풀림 온도는?
㉮ 700~730℃   ㉯ 800~830℃
㉰ 900~930℃   ㉱ 1000~1030℃
해설 황동의 재결정 풀림 온도는 700~730℃ 정도이다.

문제 21. 다음은 황동의 합금명이다. 6·4 황동은 어느 것인가?
㉮ 문츠 메탈(muntz metal)
㉯ 로 브라스(low brass)
㉰ 레드 브라스(red brass)
㉱ 톰백(tombac)

해설 문츠 메탈은 인장강도는 크나 연신율이 작기 때문에 냉간가공성은 나쁘다. 그러나 560~600℃로 가열하면 유연성이 회복되므로 열간가공에 적당하다.

문제 22. 다음 중에서 황동에 속하지 않는 것은 어느 것인가?
㉮ 델타 메탈(delta metal)
㉯ 문츠 메탈(muntz metal)
㉰ 톰백(tombac)
㉱ 포금(gun metal)

문제 23. 황동에 어떤 원소를 첨가하면 취약하지 않고 강력하며 부식성, 내해수성이 큰 고강도 황동을 만들 수 있는가?
㉮ Fe   ㉯ Cu
㉰ Sn   ㉱ Co
해설 6·4 황동에 Fe, Mn, Ni, Al을 첨가하면 고강도 황동을 만들 수 있다.

문제 24. 다음 중 특수 황동이 아닌 것은?
㉮ 델타 메탈   ㉯ 퍼멀로이
㉰ 주석 황동   ㉱ 연황동
해설 특수 황도에는 Pb를 넣은 연황동, Sn을 넣은 주석황동, Fe을 첨가한 델타 황동 Mn, Al, Fe, Ni, Sn을 첨가한 강력황동이 있다. 퍼멀로이는 20~75% Ni, 5~40% Co, 나머지 Fe의 Ni-Fe 합금이다.

문제 25. 다음 중 600~700℃에서 고온 가공하면 메지므로 냉간가공하는 것은?
㉮ 7·3 황동   ㉯ 6·4 황동
㉰ 양은   ㉱ 델타 메탈

문제 26. 다음 중 네이벌 황동(naval brass)이란?
㉮ 7·3 황동에 1%의 주석을 첨가한 것이다.

해답 17. ㉯   18. ㉰   19. ㉰   20. ㉮   21. ㉮   22. ㉱   23. ㉮   24. ㉯   25. ㉯   26. ㉯

㉯ 6·4 황동에 1%의 주석을 첨가한 것이다.
㉰ 6·4 황동에 3.5%의 망간을 첨가한 것이다.
㉱ 6·4 황동에 Pb 1.5~3%를 첨가한 것이다.
[해설] ㉮는 애드미럴티 황동이다.

문제 27. 순동과 납을 주입한 베어링 합금은?
㉮ 코슨 합금   ㉯ 켈밋
㉰ 네이벌 합금   ㉱ 암스 브론스

문제 28. 내마멸성, 내식성이 우수하고 탄성이 있어 스프링 재료에 쓰이는 청동은 어느 것인가?
㉮ 알루미늄 청동   ㉯ 규소 청동
㉰ 망간 청동   ㉱ 인청동
[해설] 청동에 탈산제로 소량의 인을 첨가한 합금으로 기계적 성질이 좋고, 특히 내마멸성을 가지고 있는 인청동의 조성은 주석 9%, 인 0.35%가 한도이다.

문제 29. 구리합금류에서 Cu=70%, Zn=29%, Sn=1%인 내식성 합금은 어느 것인가?
㉮ 델타 황동   ㉯ 켈밋 (kelmet)
㉰ 애드미럴티 황동   ㉱ 6·4 황동
[해설] 네이벌 황동(naval brass)은 6·4 황동을 개량한 것을 말한다. 이것은 해수에 대한 내수성이 강하므로 선박용의 기계, 기구, 냉각용 콘덴서 등에 사용된다.

문제 30. 다음 중 특수 알루미늄 청동은 어느 것인가?
㉮ 켈밋   ㉯ 에버듀르
㉰ 코슨 합금   ㉱ 암스 청동
[해설] 켈밋 : Cu-Pb합금, 코슨 합금 : Cu-Ni-Si 합금, 에버듀르 : Cu-Si합금, 암스 청동 : Cu-Ni-Al 합금

문제 31. Cu-Ni합금에 소량의 Si를 첨가하여 강도와 전기 전도율을 좋게 한 합금은 어느 것인가?
㉮ 네이벌 황동   ㉯ 암즈 황동
㉰ 코슨 황동   ㉱ 켈밋
[해설] Cu-Ni계 합금에 소량의 Si를 첨가한 것으로 탄소 합금 또는 코슨(corson) 합금이 있으며, 강도가 105 kg/mm² 에 달하고, 전기 전도율이 크므로 전선으로 쓰이며 스프링으로도 사용된다.

문제 32. 마찰 계수가 작고 고온, 고압에 잘 견디는 주석을 주성분으로 한 베어링 메탈의 합금 명칭은 어느 것인가?
㉮ 알루미늄 청동   ㉯ 배빗 메탈
㉰ 청동   ㉱ 켈밋
[해설] Sn, Cu 5%, Sb 5%의 합금으로 Pb계통의 것보다 마찰계수가 작으며, 고온·고압에서 점도가 크고 내식성이 풍부하며 주조가 용이하다. 고속 베어링에 사용된다.

문제 33. 다음은 배빗 메탈의 장점이다. 옳지 않은 것은?
㉮ 충격과 진동에 잘 견딘다.
㉯ 비열이 작고 열전도도가 크다.
㉰ 고온도에서도 성능이 좋고, 중하중의 기계용으로 적합하다.
㉱ 유동성과 주조성이 좋지 않다.

문제 34. 핵연료로 사용할 수 없는 것은?
㉮ U   ㉯ Rn
㉰ Pu   ㉱ Th

문제 35. 다음 금속 중「에밀레종」은 어느 합금으로 만든 것인가?
㉮ 청동   ㉯ 구리

[해답] 27. ㉯ 28. ㉱ 29. ㉰ 30. ㉱ 31. ㉰ 32. ㉯ 33. ㉱ 34. ㉯ 35. ㉮

㈐ 황동　　　㈑ 주철

문제 36. 화이트 메탈(white metal)의 주성분은 어느 것인가?
㉮ Pb, Al, Sn　　㉯ Zn, Sn, Cr
㉰ Sn, Sb, Cu　　㉱ Zn, Sn, Cu
[해설] Pb, Zn, Sn, Sb, Bi 등의 융점이 낮은 백색의 합금을 화이트 메탈이라 하며 항압력, 점성, 인성 등이 커서 베어링에 적합하다.

문제 37. 오일리스 베어링 금속의 주요 합금 원소가 아닌 것은?
㉮ Cu, Sn, Si　　㉯ Cu, Sn, C
㉰ Cu, Sn, Pb　　㉱ Cu, Pb, C
[해설] 오일리스 베어링은 다공질 재료에 윤활유가 들어 있어 항상 급유할 필요가 없으며, 구리 분말과 주석, 흑연 분말을 혼합하여 휘발성 물질을 가한 후 가압 성형한 것이다. 이것은 너무 큰 하중이나 고속 회전부에는 부적당하다.

문제 38. 오일리스 베어링에 대한 설명이다. 틀린 것은?
㉮ 다공질 재료에 윤활유를 함유하게 하여 항상 급유가 필요없다.
㉯ 주로 분말 야금법으로 제조된다.
㉰ 가장 많이 사용되는 것은 철계 오일리스 베어링이다.
㉱ 400℃에 비소결 후 800℃로 다시 소결시킨다.
[해설] 강인성이 낮으나, 급유회수를 줄일 수 있으며 급유에 의하여 오염되거나 손상될 염려가 있는 베어링이다. 면하중 주변 속도가 크지 않을 때 사용한다.

문제 39. 다음 중 배빗 메탈(babbit metal)이란?
㉮ Sb를 기지로 한 화이트 메탈

㉯ Sn을 기지로 한 화이트 메탈
㉰ Pb를 기지로 한 화이트 메탈
㉱ Zn을 기지로 한 화이트 메탈
[해설] 주석을 기지로 한 화이트 메탈(white metal)은 배빗 메탈(babbit metal)이라 하며, 우수한 베어링 합금이다.

문제 40. 알루미늄 청동이 황동이나 청동에 비해 우수한 점이 아닌 것은?
㉮ 내식성　　㉯ 내열성
㉰ 내마멸성　　㉱ 주조성
[해설] 알루미늄 청동은 황동이나 청동에 비하여 기계적 성질, 내식성, 내열성, 내마멸성 등은 우수하나 주조, 단조, 용접 등은 곤란하다.

문제 41. 다음 중 자기 풀림 현상이 일어나는 것은?
㉮ 인청동　　㉯ 납청동
㉰ 베어링용 청동　　㉱ 알루미늄 청동
[해설] 알루미늄 청동을 모래 주형에 주입한 것은 결정이 커지고 β상은 완전히 분해하여 메진 상태로 되는 현상을 자기풀림이라 한다.

문제 42. 암즈 청동과 관계가 있는 것은?
㉮ 청동 주물　　㉯ 납청동
㉰ 인청동　　㉱ 알루미늄 청동

문제 43. 알루미늄 청동에 철, 망간, 니켈, 규소, 아연 등을 첨가한 강력한 알루미늄 청동은?
㉮ 청동 주물　　㉯ 암즈 청동
㉰ 납 청동　　㉱ 켈밋
[해설] 알루미늄 청동은 5~12%의 알루미늄이 사용되나, 철, 망간, 니켈, 규소, 아연 등을 첨가한 강력한 알루미늄 청동을 암즈 청동(arms bronze)이라 한다.

문제 44. 구리에 납을 주입한 베어링 합금은?

[해답] 36. ㉰　37. ㉮　38. ㉰　39. ㉯　40. ㉱　41. ㉱　42. ㉱　43. ㉯　44. ㉮

㉮ 켈밋 (kelmet)
㉯ 코슨 (corson)
㉰ 암즈 청동 (arms bronze)
㉱ 네이벌 청동 (naval brass)

문제 45. 황동에 대한 설명 중에서 틀린 것은?
㉮ 아연이 30 % 내외인 α-고용체를 7·3 황동이라 한다.
㉯ 아연이 40 % 내외인 α와 β의 것을 4·6 황동이라 한다.
㉰ 아연이 20 % 이상인 δ-고용체이며 연성이 크다.
㉱ 아연이 50 % 이상인 γ-고용체이며 메짐이 크다.

문제 46. 청동은 주석이 몇 % 이상일 때 경도가 급격히 커지는가?
㉮ 5 %   ㉯ 10 %
㉰ 15 %   ㉱ 20 %
[해설] 강도는 주석이 많을수록 점점 커지고 경도 증가하나 주석 15 % 이상에서 급격히 커지며 연신율은 주석 4 %에서 최대이고 그 이상이 되면 급격히 감소한다.

문제 47. 청동에서 연신율은 주석이 몇 %일 때 최대가 되는가?
㉮ 4 %   ㉯ 12 %
㉰ 18 %   ㉱ 24 %

문제 48. 청동을 나타내는 재료의 기호는?
㉮ BsC   ㉯ BMC
㉰ DC   ㉱ BC

문제 49. 구리에 주석 10 %, 아연 2 % 정도를 함유한 합금은?
㉮ 톰백   ㉯ 델타 메탈
㉰ 문츠 메탈   ㉱ 포금

문제 50. 다음 중 인청동의 특징이 아닌 것은?
㉮ 탄성이 크다.
㉯ 내산성이 크다.
㉰ 내마멸성이 크다.
㉱ 내식성이 크다.
[해설] 청동에 탈산제로 소량의 인을 첨가한 합금으로 기계적 성질이 좋고, 특히 내마멸성을 가지고 있는 인청동의 조성은 주석 9 %, 인 0.35 %가 한도이다.

문제 51. 다음 합금을 냉간가공한 것은 탄성 및 내피로성이 높으므로 스프링 재료로 쓰여진다. 이 합금은 어느 것인가?
㉮ 청동   ㉯ 연황동
㉰ 인청동   ㉱ 황동

문제 52. 청동 원소의 주요 성분은?
㉮ Cu-Sn   ㉯ Cu-Zn
㉰ Cu-Pb   ㉱ Cu-Ni
[해설] 황동은 구리와 아연의 합금이다.

문제 53. 청동의 성질을 설명한 것으로 틀린 것은?
㉮ 인장 강도가 크다.
㉯ 내식성이 크다.
㉰ 황동보다 주조하기 어렵다.
㉱ 내마멸성이 좋다.

문제 54. 다음 Al에 대한 설명 중 틀린 것은?
㉮ 비중 2.7, 융점 660 ℃이며 면심 입방 격자이다.
㉯ 전기 및 열의 전도율이 매우 불량하다.
㉰ 산화피막 때문에 대기 중에서는 잘 부식이 안 되나 해수 또는 산 알칼리에 부

[해답] 45. ㉰ 46. ㉰ 47. ㉮ 48. ㉱ 49. ㉱ 50. ㉯ 51. ㉰ 52. ㉮ 53. ㉰ 54. ㉯

식된다.
라 경금속에 속한다.

문제 55. 다음 중 알루미늄의 내식성을 더욱 향상시키고 아름다운 피막을 얻는 방법이 아닌 것은?
가 알루마이트법   나 두랄루민법
다 크롬산법   라 황산법

해설 알루미늄 표면을 적당한 전해액으로 양극 산화 처리하면 치밀한 피막이 생기며, 이것을 다시 높은 온도의 수증기 중에 가열하면 내식성이 더욱 향상되고 아름다운 피막이 얻어진다. 이 방법에는 알루마이트법, 황산법, 크롬산법 등이 있다.

문제 56. Y합금이 개발되어 주로 쓰이는 것은?
가 펌프용   나 도금용
다 내연기관용   라 공구용

해설 Y합금은 고온 강도가 크므로 내연기관의 실린더, 피스톤, 실린더 헤드 등에 사용된다.

문제 57. Y(와이) 합금은?
가 구리, 니켈, 마그네슘, 알루미늄
나 구리, 아연, 납, 알루미늄
다 구리, 주석, 니켈, 망간
라 구리, 납, 주석, 아연

해설 Y합금은 구리 4%, 니켈 2%, 마그네슘 1.5%와 알루미늄 92.5%의 합금이다.

문제 58. 다음 금속 중 시효 경화가 일어나는 것은 어느 것인가?
가 황동   나 청동
다 두랄루민   라 화이트 메탈

해설 두랄루민(duralumin)은 알루미늄-구리-마그네슘계 합금이며 열처리에 의해 재질 개선이 가능한 합금이다. 이 합금은 담금질을 한 후에는 그다지 경화되지 않는다. 시효성이 있으면서도 기계적 성질이 우수하고 항공기의 주요 구조나 차량 부속품 등에 많이 사용된다.

문제 59. 3% 이하의 니켈을 구리, 마그네슘, 규소 등과 함께 가한 합금으로 규소 함유량이 많아서 가벼운 것과 내열성이 있어 피스톤 등에 사용하는 주조용 알루미늄 합금은 어느 것인가?
가 로엑스   나 실루민
다 로탈   라 하이드로날륨

문제 60. 알루미늄의 표면에 인공적으로 얇은 산화 피막을 만들어 내식성을 갖게 해 준 것은?
가 실루민   나 두랄루민
다 알루마이트   라 하이드로날륨

문제 61. 실루민(silumin)은 Al의 합금으로 보통 주물용으로 많이 사용하는데 다음 중 적당한 것은?
가 Al과 Cu의 합금
나 Al과 Mg의 합금
다 Al과 Si의 합금
라 Al, Cu, Ni, Mg 합금

해설 실루민은 알루미늄 이외에 Si (10~13%)가 함유되어 있다.

문제 62. 다음은 실루민(silumin)의 기계적 성질을 열거한 것이다. 이 중 틀린 것은 어느 것인가?
가 내마모성이 작다.
나 내식성이 풍부하다.
다 고온에서 강도가 크다.
라 개량 처리 효과가 크다.

해답 55. 나 56. 다 57. 가 58. 다 59. 가 60. 다 61. 다 62. 가

[해설] 실루민은 알팍스(alpax)라고도 하며 Al, Si 12%, FeO 3% 이하의 합금으로 다이캐스트용, 선박, 철도, 차량 부속품, 자동차의 피스톤 등에 쓰인다.

[문제] 63. 알루미늄 합금으로서 내식성이 가장 큰 것은 어느 것인가?
㉮ 하이드로날륨 ㉯ 실루민
㉰ 알드리 ㉱ 알민

[해설] 하이드로날륨(hydronalium)은 Al에 약 10%까지 Mg을 첨가한 합금으로 내식성, 강도, 연신율이 우수하며 비중은 작다. 이것은 화학 장치용, 선박용에 이용된다. Al합금에 내식성을 증가시키기 위하여 첨가되는 원소는 Mg, Mn, Si이며, 내식성을 악화시키는 원소는 Cu, Ni, Fe이다.

[문제] 64. KS D에서는 단련용 알루미늄 합금을 용도에 따라 A_2, A_3, A_4 등으로 규정하고 있다. A_2는 무엇인가?
㉮ 고력 알루미늄 합금
㉯ 내식 알루미늄 합금
㉰ 내열 알루미늄 합금
㉱ 인공 시효 처리

[해설] KS D에서는 용도에 따라 내식 알루미늄 합금(A_2), 고력 알루미늄 합금(A_3), 내열 알루미늄 합금(A_4)으로 규정하고 있다.

[문제] 65. 다음 중 Mn 26.3%, Al 13%, 나머지가 구리인 합금으로 강자성체인 것은?
㉮ 호이슬러합금 ㉯ 스테인리스강
㉰ 고망간강 ㉱ 포금

[문제] 66. 알루미늄 합금의 열처리에 속하지 않는 것은?
㉮ 고용체화처리 ㉯ 인공 시효처리
㉰ 항온 열처리 ㉱ 풀림

[문제] 67. 알루미늄, 구리, 규소계 합금의 주조성을 개선하고 절삭성을 향상시키기 위해 첨가되는 합금 원소는?
㉮ Si ㉯ Sb
㉰ Ti ㉱ Mg

[해설] 라우탈에는 규소를 3~8% 합금하여 주조성 절삭성을 향상시킨다.

[문제] 68. 다음 중 두랄루민(duralumin) 합금은?
㉮ Al+Cu+Ni+Fe
㉯ Al+Cu+Mg+Mn
㉰ Al+Cu+Sn+Zn
㉱ Al+Cu+Si+Mn

[해설] 두랄루민은 단조용 알루미늄의 대표적 합금으로서 구리 3.5~4.5%, 마그네슘 1~1.5%, 규소 0.5%, 망간 0.5~1% 나머지는 알루미늄으로 되어 있다.

[문제] 69. 알루미늄의 재결정 온도는?
㉮ 150℃ ㉯ 160℃
㉰ 170℃ ㉱ 180℃

[문제] 70. 아연에 대한 설명 중 틀린 것은?
㉮ 조밀 육방 격자형이며, 백색의 연한 금속이다.
㉯ 비중이 7.1, 용융점이 419℃이다.
㉰ 산, 알칼리, 해수 등에 부식되지 않는다.
㉱ 상온에서 메져서 100~150℃에서 열간 가공한다.

[문제] 71. 다음 주석에 대한 설명 중 틀린 것은?
㉮ 비중이 7.3, 용융점이 232℃인 다이몬드형 격자이다.

[해답] 63. ㉮ 64. ㉯ 65. ㉮ 66. ㉰ 67. ㉮ 68. ㉯ 69. ㉮ 70. ㉰ 71. ㉱

대 18℃ 이하에서 α Sn, 18℃ 이상에서 β Sn이다.
라 18℃ 이하에서 회색의 분말 18℃ 이상에서 백색의 금속이다.
마 주석은 아주 단단하여 상온가공이 곤란하다.

문제 72. 다이캐스팅용 합금에서 주석 합금의 용도와 특성은 어느 것인가?
가 점성이 크고 가볍다.
나 주형에 손상을 줄 우려가 있다.
다 복잡한 것에 적합하다.
라 주형의 수명이 짧다.

문제 73. 실루민의 개량 처리에 사용되는 것은?
가 Ag   나 Na
다 Mg   라 Mo

문제 74. 실루민에 나트륨을 첨가하여 조직을 미세화하고 기계적 성질을 개량하는 것을 무엇이라 하는가?
가 시효 경화   나 항온 처리
다 마텐퍼   라 개량 처리
[해설] 알루미늄-규소계 합금의 대표적인 실루민은 주조시 모래형과 같이 냉각속도가 느리면 규소의 결정이 크게 발달하여 기계적 성질이 좋지 않게 된다. 이에 대한 대책으로 주조시 0.05~0.1%의 금속 나트륨을 첨가하여 잘 교반하여 주입하면 규소가 미세한 공정으로 되어 기계적 성질이 개선되는 조작을 개량 처리한다.

문제 75. 시효 경화성이 있는 합금은?
가 Fe-Ni   나 Cu-Zn
다 Al-Cu   라 Cu-Si

문제 76. 알루미늄-구리-규소계 합금은?
가 실루민   나 로엑스
다 하이드로날륨   라 라우탈
[해설] 라우탈(lautal)은 주조성이 좋으며 열처리에 의하여 기계적 성질도 개량할 수 있다.

문제 77. 알루미늄-규소계 합금으로서 규소 함유량이 높으므로 주조성이 좋고 열처리에 의하여 기계적 성질이 향상되는 주조용 알루미늄 합금은?
가 실루민(silumin)
나 라우탈(lautal)
다 하이드로날륨(hydronalium)
라 로엑스(Lo-Ex)

문제 78. 다음 알루미늄 용도 중 틀린 것은?
가 송전선, 리벳재
나 항공기, 자동차, 구조용 재료
다 약품, 과자류의 포장재
라 절삭날, 키

문제 79. 열처리 중에서 시간의 경과와 더불어 강도와 경도가 증가되는 현상을 무엇이라 하는가?
가 인공 경화   나 시효 경화
다 장기 경화   라 항온 경화

문제 80. 알루미늄 합금의 특성이 아닌 것은?
가 알루미늄은 변태가 있다.
나 알루미늄의 열처리 효과는 시효 경화로 얻어진다.
다 알루미늄의 기계적 성질 개선은 석출 경화로 얻어진다.
라 순금속 상태에서 강도는 적다.

[해답] 72. 다 73. 나 74. 라 75. 다 76. 라 77. 가 78. 라 79. 나 80. 가

문제 81. 알루미늄 합금의 열처리는 무엇을 이용하는가?
㉮ 자기 풀림   ㉯ 시효 경화
㉰ 항온 열처리   ㉱ 마템퍼
[해설] 알루미늄 합금의 열처리는 강과는 달리 석출 경화나 시효경화를 이용한다.

문제 82. 실루민 합금의 개량 처리를 하기 위하여 금속나트륨을 첨가하면 어떤 변화가 생기는가?
㉮ 알루미늄 입자가 미세화된다.
㉯ 규소가 미세한 공정으로 된다.
㉰ 주조성이 좋아진다.
㉱ α-고용체 구역이 넓어진다.
[해설] 규소가 미세한 공정으로 되어 기계적 성질이 개선된다.

문제 83. 알루미늄-구리계 합금에서 α-고용체를 급랭에 의하여 공정 조직을 얻어 시효경화로 재질을 개선한다. 이 때의 공정 조직은?
㉮ $CuAl_2$ ㉯ β-고용체
㉰ $LiCl$ ㉱ Al_2O_3

문제 84. 알루미늄 합금 중에서 열팽창계수가 가장 적은 것은?
㉮ 실루민   ㉯ 두랄루민
㉰ 로엑스   ㉱ 와이합금

문제 85. 시효 경화가 일어나는 것은?
㉮ 청동   ㉯ 화이트 메탈
㉰ 황동   ㉱ 두랄루민

문제 86. 다음 납에 대한 설명 중 틀린 것은?
㉮ 면심 입방 격자이며, 백색의 아주 연한 금속이다.
㉯ 비중이 11.34, 용융점이 327 ℃이다.
㉰ 모든 산에 약하며 부서진다.
㉱ 인체에 유해하므로 식기에 함유하면 안 된다.

문제 87. 활자 합금의 주성분은?
㉮ Pb-Sb-Sn   ㉯ Zn-Sb-Sn
㉰ Cu-Zn-Sb   ㉱ Fe-Pb-Sn

문제 88. 다음 중 저 용융점 합금이란 어떤 원소보다 용융점이 낮은 것을 말하는가?
㉮ Sn   ㉯ Cu
㉰ Zn   ㉱ Pb

문제 89. 다음 중 납(Pb)의 비중과 용융 온도는?
㉮ 6.6, 630 ℃   ㉯ 11.34, 327 ℃
㉰ 11.5, 1800 ℃   ㉱ 10.4, 960 ℃
[해설] 납은 전성이 크고 연하며, 무거운 금속으로서 공기중에서는 거의 부식되지 않으며 비중은 11.341, 용융온도는 327.43이다.

문제 90. 다음 중 마그네슘의 원료가 아닌 것은?
㉮ 보크사이트   ㉯ 마그네사이트
㉰ 마그네시아   ㉱ 간수
[해설] 보크사이트는 Al의 원광석이다.

문제 91. 마그네슘에 대한 성질들이다. 이에 속하지 않는 것은 어느 것인가?
㉮ 알칼리성에는 견디나 산이나 염류에는 침식된다.
㉯ 비중이 1.74 이며, 실용 금속 중 제일 가볍다.

[해답] 81. ㉯ 82. ㉯ 83. ㉮ 84. ㉰ 85. ㉱ 86. ㉰ 87. ㉮ 88. ㉮ 89. ㉯ 90. ㉮ 91. ㉰

㉰ 면심 입방 격자로 되어 있다.
㉱ 고온에서 발화하기 쉽다.

해설 Mg은 조밀 육방 격자이며, Mg 합금은 항공기, 전기 기기, 광학 기계 등에 사용한다. Mg의 용융점은 650℃이다.

문제 92. 다음 중 Mg-Al-Zn계 합금의 대표적인 것은?

㉮ 다우메탈
㉯ 일렉트론 (electron)
㉰ 하이드로날륨
㉱ 로탈

해설 마그네슘 합금에는 알루미늄을 첨가한 다우메탈(dowmetal)과 알루미늄, 아연을 첨가한 일렉트론(electron)이 있다.

문제 93. Ni-Al의 합금이고 고온 내열성이 커서 열전대에 쓰이는 것은 어느 것인가?

㉮ 플래티나이트   ㉯ 퍼멀로이
㉰ 규소 강판   ㉱ 알루멜

해설 ① 퍼멀로이(permalloy) : Ni과 Fe합금으로 투자율이 높다.
② 플래티나이트(platinite) : Ni과 Fe합금으로 고주파용 철심에 사용한다.

문제 94. 니켈에 대한 설명 중 틀린 것은?

㉮ 아름다운 흰색의 금속으로 내식성, 전연성이 풍부하다.
㉯ 비중 8.85, 융점이 1455℃인 면심 입방 격자이다.
㉰ 전기 저항이 크다.
㉱ 상온 및 고온 가공이 용이하며, 상온에서 강자성체이다.

문제 95. Ni은 몇 ℃ 이상에서 자성(磁性)을 잃게 되는가?

㉮ 200℃   ㉯ 260℃
㉰ 300℃   ㉱ 360℃

문제 96. 니켈은 내알칼리성은 크나 내산성은 떨어진다. 특히 니켈이 부식되기 쉬운 물질은?

㉮ 질산   ㉯ 염산
㉰ 황산   ㉱ 인산

문제 97. 니켈, 철, 구리 합금으로 내식성이 우수하고 주조성, 단련성이 풍부하고 화학공업용으로 널리 사용되는 합금은?

㉮ 퍼멀로이   ㉯ 텅갈로이
㉰ 모넬 메탈   ㉱ 문츠 메탈

문제 98. 니켈 합금이 아닌 것은?

㉮ 콘스탄탄   ㉯ 백동
㉰ 인코넬   ㉱ 에버듀르

문제 99. 니켈 합금의 종류이다. 화폐, 자동차, 방열기 등에 사용되는 니켈 구리 합금(Ni 함유량)은 얼마 정도 되는가?

㉮ 15%   ㉯ 20%
㉰ 25%   ㉱ 32%

해설 ㉮ 베네딕트 메탈, ㉯ 큐프로니켈 : 관류 제조, ㉰ 백동, ㉱ 양백 : 전기저항선

문제 100. 진공관의 필라멘트 재료로 많이 이용되는 것은?

㉮ 크롬 (chrome)
㉯ 인코넬 (inconel)
㉰ 니크롬 (nichrome)
㉱ 모넬 메탈 (monel metal)

해설 니켈 합금의 내식용 및 내열용 합금에는 니켈에 크롬, 철을 함유한 인코넬과 철 및 몰리브덴을 첨가한 하스텔로이(hastelloy)가 있다.

해답 92. ㉯ 93. ㉱ 94. ㉮ 95. ㉱ 96. ㉮ 97. ㉰ 98. ㉱ 99. ㉰ 100. ㉯

이외에 니켈-크롬에 망간, 규소를 소량 첨가한 크로멜(chromel)이 있어 열전대 재료로 쓰인다.

문제 101. 어드밴스(advance)를 구성하고 있는 주요 금속 원소 성분은 어느 것인가?
㉮ 44% Ni, 54% Cu, 1% Mn
㉯ 44% Ni, 54% Cu, 1% Pb
㉰ 44% Ni, 54% Cu, 1% W
㉱ 44% Ni, 54% Cu, 1% Zn

문제 102. 연납과 경납의 구별 온도는 몇 ℃인가?
㉮ 400 ℃   ㉯ 450 ℃
㉰ 500 ℃   ㉱ 550 ℃

문제 103. 다음 중 연납땜의 용제로서 사용되는 것이 아닌 것은 어느 것인가?
㉮ 염화암모늄 (NH₄Cl)
㉯ 염화아연 (ZnCl₂)
㉰ 붕사
㉱ 송진

[해설] 연납땜의 용제에는 염화아연 이외에 염화암모늄, 송진, 수지 등이 있고 붕사, 붕산, 염화나트륨 등은 경납용 용제이다.

문제 104. 강 및 청동땜에 사용되는 경납은 무엇인가?
㉮ 양은납   ㉯ 황동납
㉰ 은납   ㉱ 금납

[해설] ① 양은납 : 청동, 강철
② 황동납 : 구리, 청동, 철
③ 은납 : 은그릇, 양은, 황동, 구리 등
④ 금납 : 금제품 접합

문제 105. 니켈 합금 중에서 전열 저항선에 주로 사용되는 것은?
㉮ 인바   ㉯ 인코넬
㉰ 모넬 메탈 ㉱ 니크롬

문제 106. 온도 측정용 열전쌍에 쓰이는 것은?
㉮ 콘스탄탄과 철이 쌍을 만든 것
㉯ 니켈과 은이 합금된 것
㉰ 구리와 은이 합금된 것
㉱ 구리와 알루미늄이 합금된 것

문제 107. 니켈 40~45%에 구리를 합금한 것을 무엇이라 하는가?
㉮ 모넬 메탈 ㉯ 콘스탄탄
㉰ 엘린바   ㉱ 인바

문제 108. 모넬 메탈과 관계가 없는 것은?
㉮ 주조와 단련을 쉽게 할 수 있어 터빈의 날개, 증기 밸브, 펌프 등에 사용한다.
㉯ 특성은 내마멸성, 내식성이 크고 고온에서 강도 및 경도의 저하가 없다.
㉰ Ni, Cu, Fe의 합금으로 미국에서 개발한 것이다.
㉱ Al-Mg의 합금으로 경도 및 인성이 우수한 합금이다.

[해설] 모넬 메탈에 알루미늄 또는 규소를 첨가한 것은 시효경화가 된다.

문제 109. 바이메탈에서 사용하는 재료는 니켈, 철 합금인데 다음 중에서 어느 것인가?
㉮ 엘린바   ㉯ 퍼멀로이
㉰ 플래티나이트 ㉱ 인바

문제 110. Ni 합금 중 Ni에 크롬과 철을 함유한 합금으로 열전대용 재료로 사용되는 것은?

[해답] 101. ㉮ 102. ㉯ 103. ㉰ 104. ㉮ 105. ㉱ 106. ㉮ 107. ㉯ 108. ㉱ 109. ㉱ 110. ㉱

㉮ 크로멜 ㉯ 콘스탄탄
㉰ 알루멜 ㉱ 인코넬

[해설] 니켈에 크롬 13~21%와 철 6.5%를 함유한 인코넬과 철 및 몰리브덴을 첨가한 하스텔로이 등은 내식성이 우수하다.

[문제] **111.** 다음 합금 중 니켈 합금을 나타낸 것은?
㉮ 톰백 (tombac)
㉯ 모넬 메탈 (monel metal)
㉰ 문츠 메탈 (muntz metal)
㉱ 알코아 (aloca)

[문제] **112.** 니켈 70% 정도를 함유한 니켈-구리계의 합금이며, 내식성이 좋으므로 화학 공업용 재료로 많이 쓰는 재료는?
㉮ 콘스탄탄 ㉯ 모넬 메탈
㉰ 니크롬   ㉱ 와이 합금

[문제] **113.** 주석의 변태 온도는?
㉮ 100℃ ㉯ 50℃
㉰ 30℃   ㉱ 18℃

[문제] **114.** 치약의 튜브, 식기, 장식기로 사용되는 금속은?
㉮ 주석   ㉯ 납
㉰ 아연   ㉱ 구리

[문제] **115.** 두랄루민에 대한 설명 중 틀린 것은?
㉮ 가볍고 인장 강도가 크다.
㉯ 항공 재료로 사용한다.
㉰ 성분은 Al-Si이다.
㉱ 시효 경화 합금이다.

[해설] 기계적 성질은 풀림한 상태에서 인장강도 18~25 kg/mm², 연신율 10~14%, 브리넬 경도 40~60이지만, 이것을 물속에서 500℃로 담금질한 후 상온에서 2~4일 동안 시효 경화시킨 것은 인장강도 30~45 kg/mm², 연신율 20~25%, 브리넬 경도 90~120이 되어 0.2% 탄소의 탄소강의 기계적 성질과 비슷하나, 그 비중은 강의 7.8에 비하여 약 1/3인 2.9이므로, 특히 무게를 중요시하는 항공기나 자동차 등의 재료로 많이 쓰인다.

[문제] **116.** 알루미늄 - 구리 - 마그네슘 - 망간의 합금은 어느 것인가?
㉮ 두랄루민 ㉯ 실루민
㉰ 와이합금 ㉱ 로엑스

[문제] **117.** 마그네슘에 대한 설명 중 틀린 것은?
㉮ 비중이 1.74, 용융점이 650℃인 조밀 육방 격자이다.
㉯ 고온에서 발화되기 쉽고 분말은 폭발되기 쉽다.
㉰ 해수에 내식성이 풍부하다.
㉱ 경합금 재료로 좋으며, 마그네슘 합금은 절삭성이 좋다.

[문제] **118.** 알루미늄의 열처리에서 풀림처리한 재료기호 끝에 첨가하는 기호는?
㉮ F ㉯ O
㉰ H ㉱ B

[해설] F는 주조한 상태, H는 가공경화한 경질상태를 나타낸다.

[문제] **119.** 고강도 알루미늄 합금 중 Cu 4%, Mg 0.5%, Mn 0.5%를 함유한 2017 합금을 무엇이라 부르는가?
㉮ 하이드로날륨 ㉯ Y합금
㉰ 초두랄루민   ㉱ 두랄루민

[문제] **120.** Al의 물리적 성질과 틀린 것은?

[해답] 111. ㉯ 112. ㉯ 113. ㉱ 114. ㉮ 115. ㉰ 116. ㉮ 117. ㉰ 118. ㉯ 119. ㉱ 120. ㉯

㉮ 공기중에서 Al_2O_3가 생겨 내식성이 크다.
㉯ 산과 알칼리에 강하다.
㉰ 전기와 열의 양도체이다.
㉱ 비중이 가볍다.

문제 121. 알루미늄 합금의 성질을 개선하기 위한 방법 중 재질처리 방법이 아닌 것은?
㉮ 불화물을 사용하는 법
㉯ 금속나트륨(Na)을 사용하는 법
㉰ 가성소다를 사용하는 법
㉱ 칼슘, 실리사이트(CaSi)를 사용하는 법

문제 122. 산화알루미늄 미분말에 규소 및 마그네슘의 산화물 또는 다른 산화물의 첨가물을 넣고 소결한 공구재료이며 흰색, 분홍색, 회색, 검은색 등이 있다. 다듬질 가공에는 적합하나 중절삭에는 적합하지 못한 공구재료는?
㉮ 합금공구강   ㉯ 고속도강
㉰ 초경합금   ㉱ 세라믹

문제 123. 세라믹의 주성분은?
㉮ 산화 알루미늄   ㉯ 탄화규소
㉰ 망간   ㉱ 티탄
해설 세라믹의 주성분은 Al_2O_3 (산화 알루미늄)이다.

문제 124. 다음 중 개량처리 효과가 가장 큰 합금은?
㉮ Al-Cu-Si계 합금
㉯ Al-Si계 합금
㉰ Al-Cu계 합금
㉱ Al-Mg계 합금

문제 125. 특별한 방법으로 고도로 산화된 알루미늄 분말을 만들어 이것을 가압, 성형 소결 후 압축한 것을 알루미늄 분말 소결체라 한다. 이것의 명칭으로 잘못 나타낸 것은?
㉮ SAP   ㉯ ASP
㉰ APM   ㉱ hydonium-100

문제 126. 초두랄루민에 대해 설명한 것 중 틀린 것은?
㉮ 마그네슘 함유량이 0.5~1.5%이다.
㉯ 인장강도가 최고 48 kg/mm²이다.
㉰ 리벳, 항공기 구조재, 기구류 등에 쓰인다.
㉱ 단조가공성이 두랄루민보다 좋다.
해설 초두랄루민은 두랄루민에서 마그네슘 함유량을 0.5~1.5%로 높인 것인데, 열처리하여 시효 경화를 완료시키면 인장강도가 최고 48 kg/mm²에 달한다. 단조 가공성은 두랄루민보다 약간 떨어지고, 용도는 물론 항공기의 구조재이지만, 리벳, 기계, 기구류, 일반 구조용 재료로서 그 용도가 많다.

문제 127. 다음 중 내식용 Al합금에 속하지 않는 것은?
㉮ 하이드로날륨   ㉯ 알민
㉰ 라우탈   ㉱ 알드레이

문제 128. 알루미늄-구리-니켈계의 내열합금으로서 단련용 합금인 것은?
㉮ Y합금   ㉯ 알코아
㉰ 실루민   ㉱ 라우탈

문제 129. 알루미늄 합금에서 열처리하지 않은 재질을 나타낼 때 쓰이는 기호는?
㉮ O   ㉯ F
㉰ H   ㉱ W
해설 O : 가공재 풀림한 것

해답 121.㉱ 122.㉱ 123.㉮ 124.㉯ 125.㉰ 126.㉱ 127.㉰ 128.㉮ 129.㉯

F : 주조한 상태
H : 가공경화한 경질상태
W-30 : 담금질 후 30일

문제 130. 고순도 알루미늄은 내식성은 풍부하지만 강도는 떨어진다. 다음은 이러한 내식 알루미늄에 내식성을 해치지 않고 강도를 개선할 수 있는 원소를 들고 있다. 잘못된 것은?
㉮ Mn ㉯ Mg
㉰ Ni ㉱ Si

문제 131. 다음은 알루미늄의 물리적 성질이다. 틀린 것은?
㉮ 비중 2.7
㉯ 용융점 927 ℃
㉰ 열팽창계수 24.58×10^{-6}
㉱ 비열 0.2226 cal/g·℃
[해설] 알루미늄의 용융점은 660 ℃이다.

문제 132. 구리의 성질을 설명한 것으로 틀린 것은?
㉮ 전성, 연성이 풍부하고 유연하다.
㉯ 표면에 염기성 탄산구리 등의 녹이 생겨 있어 보호 피막 역할을 하므로 내식성이 크다.
㉰ 아연, 주석, 니켈 등과 합금을 만들면 귀금속적인 성질을 얻을 수 있다.
㉱ 상온가공에서는 인장강도를 떨어뜨리고 연신율은 높아진다.

문제 133. 다음 황동주물용 재료기호 중 건축 및 장식물은 어느 것인가?
㉮ BsC_5 ㉯ BsC_2
㉰ BsC_4 ㉱ BsC_1

문제 134. 구리-납 합금을 주성분으로 한 구리계 베어링 합금은?
㉮ 켈밋 ㉯ 코슨
㉰ 네이벌 브라스 ㉱ 오일리스 베어링
[해설] 납청동은 청동부분의 강도가 커서 고속회전의 경우 축을 상하기 쉬운 점을 개량하기 위하여 켈밋을 사용한다.

문제 135. Cu 70 %, Zn 90 %, Sn 1 % 정도의 조성으로 된 내식성 구리합금은?
㉮ 네이벌 황동 ㉯ 쾌삭 황동
㉰ 델타 메탈 ㉱ 애드미럴티 황동
[해설] 네이벌 황동은 6·4 황동에 Sn을 1 % 이내로 넣은 것이다.

문제 136. 7·3 황동에 Ni 15~20 % 첨가하고 주조 및 단조가 가능하며 은 대용품, 전기저항선, 바이메탈용으로 쓰이며 백동이라고도 불리우는 합금은?
㉮ 콘스탄탄
㉯ 두라나 (durana) 메탈
㉰ 양은
㉱ 톰백

문제 137. 6·4 황동에 Fe를 첨가한 동합금을 무엇이라 하는가?
㉮ 문츠 메탈 ㉯ 네이벌 황동
㉰ 톰백 ㉱ 델타 메탈

문제 138. 동 합금 중에서 가장 높은 강도와 경도를 얻을 수 있으며 내마모성, 도전율이 우수하며 가공재주물로 이용되며 최근에는 금형재료로 많이 사용되는 것은?
㉮ 규소 청동 ㉯ 베릴륨 청동
㉰ 알루미늄 청동 ㉱ 크롬동

[해답] 130. ㉰ 131. ㉯ 132. ㉱ 133. ㉯ 134. ㉮ 135. ㉱ 136. ㉰ 137. ㉱ 138. ㉯

문제 139. 구리-니켈계 합금에 소량의 규소를 첨가한 것으로 인장강도가 $105\,kg/mm^2$에 달하며, 전기 전도도가 높으므로 전선으로 쓰이고, 또 스프링으로도 사용되는 합금은?
㉮ 암즈 청동　　㉯ 코슨 합금
㉰ 쿠니얼 브론즈　㉱ 켈밋

문제 140. 황동에 대한 설명 중 맞지 않는 것은?
㉮ 인장력은 Zn 40%일 때 최대이다.
㉯ 연신율은 Zn 30%일 때 최대가 된다.
㉰ Zn 30~40%일 때 톰백이다.
㉱ 7.3 황동에 Sn을 첨가시킨 것이 애드미럴티 황동이다.
[해설] 톰백은 Zn 8~20% 첨가한 것으로 장식용에 사용된다.

문제 141. Cu 84%, Ni 4%, Fe 1% 정도로서 전기 저항의 온도계수가 0℃에 가까우므로 전기저항선으로 많이 사용하는 합금은?
㉮ 레지스터　　㉯ 망가닌
㉰ 쿠니얼 브론즈　㉱ 코슨 합금

문제 142. 인장강도가 $133\,kg/mm^2$에 달하며 내식성, 내열성 내피로성 등이 좋으므로 베어링이나 고급 스프링 등에 이용되는 청동은?
㉮ 코슨 합금　㉯ 델타 메탈
㉰ 베릴륨 합금　㉱ 켈밋
[해설] 2~3%의 베릴륨을 첨가한 합금으로 뜨임 시효 경화성이 있다.

문제 143. 황동의 내식성을 개량하기 위하여 7.3 황동에 1% 정도의 주석을 첨가한 것은?
㉮ 문츠 메탈　　㉯ 네이벌 황동
㉰ 애드미럴티 황동　㉱ 델타 메탈

문제 144. 청동의 특징 중 옳은 것은?
㉮ 주조성은 나쁘나 기계적 성질은 좋다.
㉯ 황동보다 비싸나 주조성은 우수하다.
㉰ 기계적 성질은 나쁘나 주조성은 좋다.
㉱ 황동보다 값이 싸다.

문제 145. 상온조직이 $\alpha+\beta$상이고 탈아연 부식을 일으키기 쉬우나 강도를 요하는 볼트, 너트, 열간단조품 등에 쓰이며 상온에서 전연성이 낮은 합금은?
㉮ 켈밋　　㉯ 문츠 메탈
㉰ 톰백　　㉱ 델타 메탈

문제 146. 황동에 관한 설명으로 틀린 것은?
㉮ 상온에서도 전성이 있다.
㉯ 가공이 쉬워 판재, 봉재, 관재 등을 만들 수 있다.
㉰ 열간가공이 아주 용이하다.
㉱ 냉간가공에 의한 가공경화는 크다.

문제 147. 구리에 주석 10%, 아연 2% 정도를 함유한 합금은?
㉮ 톰백　　㉯ 델타 메탈
㉰ 문츠 메탈　㉱ 포금

문제 148. 다음 주석계 화이트 메탈과 납계 화이트 메탈의 비교 설명 중 틀린 것은?
㉮ 주석계 화이트 메탈은 고속대하중의 기계용으로 적합하다.
㉯ 주석계 화이트 메탈은 충격과 진동에

[해답] 139. ㉯　140. ㉰　141. ㉯　142. ㉰　143. ㉯　144. ㉯　145. ㉯　146. ㉰　147. ㉱　148. ㉰

잘 견딘다.
답 납계 화이트 메탈은 내마멸성과 경도가 크다.
라 납계 화이트 메탈은 고온에 약하고 마찰이 적다.

문제 149. 자기풀림을 일으키는 금속이 아닌 것은?
㉮ Zn ㉯ Pb
㉰ Mg ㉱ Sn

문제 150. 퓨즈, 활자, 안전장치, 정밀모형 등에는 저용융점 합금이 사용되는데 이에 해당되지 않는 것은?
㉮ 우드메탈 ㉯ 리포위츠 합금
㉰ 뉴턴 합금 ㉱ 다우메탈
해설 다우메탈은 Mg+Al 합금으로 Mg 합금 중 비중이 제일 적다.

문제 151. 반도체의 재료인 것은?
㉮ Cu ㉯ Fe
㉰ Al ㉱ Ge
해설 Ge(게르마늄)는 트랜지스터, 다이오드 등에 사용한다.

문제 152. 400 ℃까지 고온강도를 개선시키고 인성도 향상시키며 인(P)의 저온취성을 방지하는 원소는?
㉮ Mo ㉯ Ti
㉰ Si ㉱ Mn

문제 153. 다우메탈의 설명 중 옳은 것은?
㉮ Mg-Al계 합금이다.
㉯ Mg-Al-Zn계 합금으로 주물용이다.
㉰ 시효경화가 된다.
㉱ 피로강도가 크다.

문제 154. 인코넬의 주요 성분에 속하지 않는 금속은?
㉮ Cr ㉯ Ni
㉰ Fe ㉱ Mn

문제 155. 땜납의 성분과 용융점은?
㉮ Pb-Sn (182 ℃)
㉯ Cu-Zn (913 ℃)
㉰ Ag-Cu-Zn (852 ℃)
㉱ Ag-Cu-Sn (907 ℃)

문제 156. 화이트 메탈계 베어링 합금 중 Sn을 기지로 한 합금은?
㉮ 배빗 메탈 ㉯ 캐러 메탈
㉰ 켈밋 합금 ㉱ ZAM 합금
해설 켈밋은 구리계 화이트 메탈이다.

문제 157. Cr 18 % - Ni 18 %에 내 황산성을 높이기 위하여 첨가하는 원소는?
㉮ Ti ㉯ Zn
㉰ Al ㉱ Mo

문제 158. 63~70 % Ni과 Cu의 합금을 모넬 메탈이라 한다. 인장강도가 약 80 kg/mm² 며 바닷물 엷은 황산에 대한 내식성이 크고 열팽창 계수는 철과 거의 같은데 이에 속하지 않는 것은?
㉮ R 모넬 ㉯ K 모넬
㉰ F 모넬 ㉱ H 모넬
해설 R 모넬 : S 0.035 % 첨가, 피절삭성 증가
K 모넬 : Al 2.75 % 첨가, 석출 경화성 합금
H 모넬, S 모넬 : Si 첨가, 강도 증가시킨 석출 경화성 합금
KR 모넬 : K 모넬에 C 0.2 % 첨가, 쾌삭성 증가

해답 149. ㉰ 150. ㉱ 151. ㉱ 152. ㉱ 153. ㉮ 154. ㉱ 155. ㉮ 156. ㉮ 157. ㉱ 158. ㉯

문제 159. 시안화티탄을 주체로한 공구는?
㉮ 스텔라이트 ㉯ 세라믹
㉰ 서멧   ㉱ 다이아몬드
[해설] 서멧 : 세라믹을 금속 결합체와 8:2로 결합하여 주로 TiC, Ti(CN)과 Ni, Mo을 주성분으로 한 일종의 초경합금이다.

문제 160. 다음 원소 중 반자성체가 아닌 것은?
㉮ Sb ㉯ Bi
㉰ Cu ㉱ Pt
[해설] ① Sb (안티몬) : 비중 6.62, 용융점 630.5 ℃
② Bi (비스무트) : 비중 9.8, 용융점 271 ℃
③ Cu (구리) : 비중 8.96, 용융점 1083 ℃
④ Pt (백금) : 비중 21.43, 용융점 1773.5 ℃
⑤ 상자성체 : Fe, Ni, Co, Pt, Mn, Al, Sn
⑥ 반자성체 : Bi, Sb, Au, Hg, Ag, Cu

문제 161. Mg에 대한 설명 중 틀린 것은?
㉮ 비중이 1.74, 용융점이 650인 조밀 육방격자이다.
㉯ 고온에서 발화되기 쉽고 분말은 폭발되기 쉽다.
㉰ 해수에 내식성이 풍부하다.
㉱ 경합금 재료로 좋으며 마그네슘 합금은 절삭성이 좋다.

문제 162. 베어링 청동의 주석함유량과 주조조직은?
㉮ 10~12%, $\alpha + \beta$ 조직
㉯ 13~15%, $\alpha + \delta$ 조직
㉰ 16~20%, $\beta + \delta$ 조직
㉱ 5~10%, $\beta + \gamma$ 조직

문제 163. 황동의 자연균열이 일어나는 원인은?
㉮ 공기중의 암모니아, 염류 등에 의한 내부응력 때문에
㉯ 200~300 ℃에서 저온 풀림을 하였기 때문에
㉰ 표면에 도료를 칠하였기 때문에
㉱ 열간가공하여 재료에 메짐현상이 생기기 때문에
[해설] 자연 균열 방지법은 도금, 그 밖의 방법으로 표면 보호, 200~300℃로 20~30분간 저온 풀림하여 잔류응력을 제거한다.

문제 164. 도면의 부품간에서 재질기호 Bs는 무엇을 나타내는 기호인가?
㉮ 황동   ㉯ 청동
㉰ 인청동 ㉱ 강력황동

문제 165. 구리와 함께 열전대로 쓰이며 선팽창계수가 적은 합금인 명칭은?
㉮ 콘스탄탄 ㉯ 알루멜
㉰ 크로멜   ㉱ 퍼멀로이
[해설] 알루멜은 Al (3%)+니켈이고 크로멜은 니켈, 크롬+Mn, Si이며, 퍼멀로이 (permalloy)는 니켈 75~80%, Co 0.5%로 전선의 장하코일, 변압기의 철심에 사용된다.

문제 166. 델타 메탈이란?
㉮ 7·3 황동에 1~2% 정도의 Sn을 첨가한 것
㉯ 7·3 황동에 1~2% 정도의 Fe을 첨가한 것
㉰ 6·4 황동에 1~2% 정도의 Sn을 첨가한 것
㉱ 6·4 황동에 1~2% 정도의 Fe을 첨가한 것
[해설] 일명 철황동이라고도 하며, 강도가 크고 내식성이 좋다.

[해답] 159. ㉰ 160. ㉱ 161. ㉰ 162. ㉯ 163. ㉮ 164. ㉮ 165. ㉮ 166. ㉱

문제 167. 큰 인장강도와 전기 전도도를 가지므로 송전선이나 안테나 재료로 사용되는 합금은?
㉮ 구리-카드뮴 합금
㉯ 구리-알루미늄 합금
㉰ 구리-규소 합금
㉱ 구리-망간 합금

문제 168. 켈밋(kelmet) 합금이 쓰이는 곳은?
㉮ 피스톤   ㉯ 크랭크샤프트
㉰ 베어링   ㉱ 전기저항용품

문제 169. 알루미늄을 가장 빨리 부식시키는 액은?
㉮ 염산액   ㉯ 탄산염 수용액
㉰ 질산염 수용액   ㉱ 크롬산염 수용액

문제 170. 다음 중 고니켈강에 속하지 않는 것은?
㉮ 인바   ㉯ 엘린바
㉰ 하이드로날륨   ㉱ 퍼멀로이

문제 171. 다음 중 불변강이 아닌 것은?
㉮ 인바   ㉯ 플래티나이트
㉰ 인코넬   ㉱ 엘린바

문제 172. 순구리와 같이 연하고 코이닝(coining)하기 쉬우므로 동전, 메달 등에 사용되는 황동의 종류는?
㉮ red brass
㉯ low brass
㉰ gilding metal
㉱ commerical bronze

문제 173. 다이오드 및 트랜지스터에 사용되는 불순물 반도체의 성분원소는?
㉮ Ge, Si   ㉯ Ge, Cu
㉰ Al, Si   ㉱ Ge, W

문제 174. 다음 합금 중 진율 고용체가 아닌 것은?
㉮ Cu-Ni   ㉯ Bi-Sb
㉰ Al-Sn   ㉱ Ag-Au

문제 175. 다음 합금 중 내식성 니켈 합금으로 Ni-Cr-Mo-Cu가 주성분인 것은?
㉮ 엘린바   ㉯ 퍼멀로이
㉰ 일리늄   ㉱ 인바

문제 176. 황동 6·4 황동을 제외한 특수 황동에서 합금 원소 1%를 첨가한 것이 Zn x[%]를 증감한 것과 같은 효과를 가질 때 이 x를 합금 원소의 아연당량이라 하는데 다음 중 그 값이 가장 큰 원소는?
㉮ Sn   ㉯ Zn
㉰ Si   ㉱ Al

문제 177. 변태가 없으므로 고용체 처리에 의하여 시효 경화시켜도 경도를 증가시키는 합금은?
㉮ Al-Cu   ㉯ Al-Si
㉰ Cu-Pb   ㉱ Cu-P

문제 178. 상온에서 용융시 잘 섞이기 어려운 금속은?
㉮ Pb-Al   ㉯ Cu-Au
㉰ Fe-Ag   ㉱ Cd-Zn

문제 179. 열팽창계수가 적으며 시계 등 정밀 부품에 사용하는 금속은?

해답 167. ㉰ 168. ㉰ 169. ㉮ 170. ㉰ 171. ㉰ 172. ㉱ 173. ㉮ 174. ㉯ 175. ㉰
176. ㉰ 177. ㉮ 178. ㉰ 179. ㉱

㉮ 포금　　　　㉯ 백금-로쥼
㉰ 모넬 메탈　㉱ 엘린바

문제 180. 금빛 색깔이 나며 금박의 대용, 장식용품 등으로 사용되는 것은?
㉮ 포금　　　　㉯ 톰백
㉰ 실진청동　　㉱ 델타 메탈

문제 181. 오일리스 베어링(oilless bearing)에 첨가되는 원소로 적합한 것은?
㉮ Cu-Sn-C　　㉯ Cu-Be-C
㉰ Fe-Si-C　　 ㉱ Al-Zn-C

문제 182. 다음 중 베어링용 합금으로 사용되지 않는 것은?
㉮ 인청동　　　㉯ 켈밋
㉰ 배빗 메탈　㉱ 포금

문제 183. 다음 중 시효경화를 일으키는 합금이 아닌 것은?
㉮ Al-Zn계　　 ㉯ Au-Cu-Mg계
㉰ Al-Ni계　　 ㉱ Al-Mg계

문제 184. 카트리지브라스(cartridgebrass)의 Zn 함유량은?
㉮ 10%　　　　 ㉯ 20%
㉰ 30%　　　　 ㉱ 40%

문제 185. 다음은 배빗 메탈의 장점이다. 틀린 것은?
㉮ 충격과 진동에 잘 견딘다.
㉯ 고온에서도 성능이 좋고 중하중의 기계용으로 적합하다.
㉰ 비열이 작고 열전도도가 크다.
㉱ 유동성과 주조성이 좋지 않다.

문제 186. 다음은 양은에 대한 설명이다. 틀린 것은?
㉮ 열에 약하다.
㉯ 전기기구, 장식품, 악기 등에 사용한다.
㉰ Cu+Zn+Ni의 합금이다.
㉱ 내열성, 내식성이 우수하다.

문제 187. 활자 합금의 주성분은?
㉮ Cu+Zn+Pb　㉯ Zn+Sb+Sn
㉰ Pb+Sb+Sn　㉱ Fe+Pb+Sn

문제 188. 다음 중 연납땜의 용제로서 사용되는 것이 아닌 것은?
㉮ 염화아연($ZnCl_2$)
㉯ 송진, 수지
㉰ 붕사, 붕산
㉱ 염화암모늄(NH_4Cl)

[해설] 연납땜의 용제로는 염화아연, 염화암모늄, 송진, 수지 등을 사용하며 경납땜의 용제로는 붕사, 붕산, 염화나트륨 등을 사용한다.

문제 189. 화재 경보기의 안전밸브, 스위치, 퓨즈 등에 사용되는 합금은?
㉮ 실루민　　　㉯ 톰백
㉰ 저융점 합금　㉱ 알민

문제 190. 티탄(Ti)의 특징으로 틀린 것은?
㉮ 인장강도에 비하여 피로강도가 작다.
㉯ 비중이 Fe와 Al의 중간이다.
㉰ 바닷물에 강하고 용융점이 대단히 높다.
㉱ 초음속 항공기의 보디 송풍기 날개에 쓰인다.

문제 191. 바이메탈의 주성분은?
㉮ Fe+Pb+Cu　㉯ Cu+Pb+Sn

[해답] 180. ㉯　181. ㉮　182. ㉱　183. ㉰　184. ㉰　185. ㉱　186. ㉮　187. ㉰　188. ㉰
189. ㉰　190. ㉮　191. ㉯

㉰ Sn+Cu   ㉱ Sn+Sb

㉱ Mo을 첨가시켜 준다.

문제 192. 24금반지보다 18금반지의 경도 및 강도가 크다. 관계 깊은 것은?
㉮ 시효 경화   ㉯ 가공 경화
㉰ 분산 경화   ㉱ 고용 경화

문제 193. 패턴팅(patenting)을 실시하고 재료로 적합한 것은?
㉮ 경강   ㉯ 황동
㉰ 청동   ㉱ 주강

[해설] 열욕 담금질법의 일종으로 강선제조시 응용되는 열처리이다.

문제 194. 구리와 아연의 원자량을 각각 64와 65라고 하면 30% 아연을 함유한 구리합금의 아연함량을 원자 %로 표시하면 가까운 것은 어느 것인가?
㉮ 10   ㉯ 20
㉰ 30   ㉱ 40

문제 195. 알루미늄의 부식을 방지할 수 있는 방법은?
㉮ Fe, Si, Cr 등을 첨가한다.
㉯ 열처리를 한다.
㉰ 슬립이 잘 일어나지 않는 복합제를 사용한다.
㉱ 전위가 대단히 낮은 합금재를 피복재로 한 복합재로 사용한다.

문제 196. 다음 중 황동의 시즈닝 크랙 방지책은 어느 것인가?
㉮ 275~325℃ 정도에서 풀림한다.
㉯ 대기중에 방치하였다가 사용한다.
㉰ 뜨임 처리한다.

문제 197. 18금이란 순수한 금 몇 %가 함유된 것인가?
㉮ 65%   ㉯ 70%
㉰ 75%   ㉱ 80%

[해설] 24금은 100%로 하여
$$Au = \frac{18}{24} \times 100 = 75\% \text{ 이다.}$$

문제 198. Ag에 대한 설명이다. 틀린 것은?
㉮ 열 및 전기전도도가 금속 중 가장 우수하다.
㉯ Ag의 합금에는 코인 실버(coin silver) 등이 있다.
㉰ Ag의 비중은 Fe보다 크다.
㉱ 용융 온도는 Cu보다 높다.

문제 199. Si, Ge는 전자 공업용 신금속이다. 이들의 원소를 분류하면?
㉮ 금속 원소   ㉯ 비금속 원소
㉰ 준금속 원소   ㉱ 비철금속 원소

문제 200. Ge에 대한 설명이다. 틀린 것은?
㉮ Au-Ge 합금은 융점이 낮고 응고시 수축한다.
㉯ Au-Ge 합금은 치과용 주물에 사용한다.
㉰ Ge는 은회색 원소로 비중은 5.5이다.
㉱ 반도체, 다이오드 등에 사용한다.

문제 201. 8~12%의 알루미늄을 함유한 구리합금으로 황동 및 청동에 비하여 강도, 경도, 인성 및 내마모성이 우수하여 화학공법용 기기, 선박, 차량 등의 부품으로 이용되는 재료는?

[해답] 192. ㉱ 193. ㉮ 194. ㉰ 195. ㉱ 196. ㉮ 197. ㉰ 198. ㉱ 199. ㉰ 200. ㉮ 201. ㉰

㉮ 켈밋 ㉯ 톰백
㉰ 알루미늄 청동 ㉱ 베어링용 청동
[해설] 알루미늄 청동은 단조, 주조, 용접 등이 곤란하다.

문제 202. 황동의 성질에 대한 설명이다. 틀린 것은?
㉮ 바닷물에 탈아연 현상이 일어난다.
㉯ 황동은 자성이 있으므로 각종 기계재료에 사용된다.
㉰ 6·4 황동은 1000℃를 넘으면 아연에 비등하는 경우가 있다.
㉱ 관, 봉 등에 가끔 균열이 일어난다.

문제 203. Sn 10%의 포금(gun metal)을 만들 때 주조성을 개선시키기 위한 탈산제로 적당한 것은?
㉮ Co ㉯ W ㉰ Zn ㉱ Si

문제 204. 적당한 열처리를 하면 비교적 약한 자장에서 높은 투자율이 얻어지므로 고투자율 자심재료로 사용되는 Ni 합금은?
㉮ 퍼멀로이 ㉯ 모넬 메탈
㉰ 엘린바 ㉱ 인코넬

문제 205. 인장강도 133 kg/mm² 로 내식, 내열, 내피로성이 우수한 청동은?
㉮ 콜슨 합금 ㉯ 베릴륨 청동
㉰ 켈밋 ㉱ 베어링용 청동
[해설] 2~3%의 베릴륨을 첨가한 합금으로 뜨임시 효 경화성이 있으며 베어링이나 고급 스프링 등에 이용된다.

문제 206. 350℃ 이상으로 견딜 수 있는 내열성 Al 합금이 아닌 것은?
㉮ 로엑스 ㉯ Y 합금

㉰ 하이드로날륨 ㉱ 모비탈륨

문제 207. 구리광석을 용광로에서 제조 후 다시 전로에서 산화 정련한 동을 무엇이라 하는가?
㉮ 조동 ㉯ 무산소동
㉰ 탄산동 ㉱ 강인동

문제 208. 다이캐스팅용 알루미늄 합금에 대한 설명이다. 틀린 것은?
㉮ Al-Cu계 합금이 사용된다.
㉯ 인장강도 20 kg/mm², 연신율 1~2% 정도이다.
㉰ 금형에 대한 접착성이 좋아야 한다.
㉱ 유동성이 좋고 1000℃ 이하의 저온용융 합금이다.

문제 209. Al 합금을 열처리할 때 가공재를 풀림처리한 것을 표시하는 질별 기호는?
㉮ H ㉯ W
㉰ F ㉱ O

문제 210. 니켈 40~50%에 구리를 합금한 것을 무엇이라 하는가?
㉮ 엘린바 ㉯ 콘스탄탄
㉰ 모넬 메탈 ㉱ 백동

문제 211. 알루미늄에 대한 가스의 용해도가 적으므로 열처리 효과는 기대할 수 없으나 유동성이 좋아 복잡한 주물에 이용되는 합금은?
㉮ 실루민 ㉯ 라우탈
㉰ Y 합금 ㉱ 청동
[해설] 실루민은 알루미늄-규소계 합금으로 주조성은 좋으나 절삭성은 좋지 않고 약하다.

[해답] 202. ㉯ 203. ㉱ 204. ㉮ 205. ㉯ 206. ㉰ 207. ㉮ 208. ㉰ 209. ㉱ 210. ㉯ 211. ㉮

제7장 비금속 재료

1. 기초용 재료

기초용 재료는 공장 내에 기계를 설치할 때나 건축을 할 때 사용되는 재료로서 석재, 시멘트, 콘크리트, 모르타르 등이 있다.

1-1 석 재

기초 재료로서 가장 많이 사용되며 내구력이 매우 우수하나 성형이 곤란한 경우가 많다. 석재 가운데 보통 화강암이 많이 쓰이고 있지만 화강암은 내구성은 좋으나 내화성은 나쁘다.

석재의 인장강도는 압축강도의 $1/10 \sim 1/20$ 로서 대단히 약하므로 인장력 및 휨모멘트가 작용하는 부분에는 사용하지 않는다.

1-2 시멘트, 모르타르 및 콘크리트

(1) 시멘트 (cement)

시멘트는 석회석 또는 점토를 고온으로 구워 냉각시켜 만든 접착용의 무기질 미분말로 물로 개어서 방치하면 시간이 경과함에 따라 단단해지는 재료이다. 시멘트의 주성분은 산화 알루미늄(Al_2O_3), 이산화규소(SiO_2), 산화칼슘(CaO_2) 등이다. 시공할 때 습기를 주면 강도가 증가하며, 응고는 물에 넣은 후 1시간 후에 시작해서 약 10시간이면 응고가 끝난다.

① 포틀랜드 시멘트(portland cement) : 일반적으로 모르타르, 콘크리트 등의 원료로 쓰이는 일반 시멘트를 포틀랜드 시멘트라 한다. 이것은 석회석과 점토를 주원료로하여 만든 가장 보편적인 제품으로, 주원료를 배합하여 회전 가마 중에서 약 1450~1500 ℃의 온도로 소성한 클링커(clinker)에 적당량의 석고를 첨가하여 미분말로 만든 것이다.

② 고로 시멘트(portland blast furnace cement) : 포틀랜드 시멘트의 클링커에 적당량의 석고와 용광로에서 배출된 염기성 슬래그(salg)를 급랭하여 25~65 % 첨가한 것을 분쇄하여 만든 것이다. 보통 시멘트보다 경화성은 느리지만, 황산염을 함유하는 물에 대한 저항이 크므로 바다나 지하수에서의 기초 공사용에 널리 사용된다. 그러나 건조 수축이 많고 기온이 낮을 때에는 강도 저하가 크다.

③ 실리카 시멘트(silica cement) : 시멘트 클링커에 규산질 혼합제 20~25 %와 소량의 석고를 배합시킨 것이다.

(2) 모르타르 (mortar)

시멘트와 모래와 물을 혼합시킨 것을 모르타르라 하며 외벽도장, 벽돌 사이 또는 볼트를 고정시킬 때 사용된다. 보통 시멘트와 모래의 부피비는 1 : 1~1 : 3이며 모르타르 배합 비율과 용도는 다음 표와 같다.

표 7-1 모르타르의 배합 비율과 용도

배합 비율 (시멘트 : 모래)	용 도	두 께 (mm)
1 : 1	벽돌쌓기의 틈새	
1 : 2	벽 및 바닥 다듬질	약 15
1 : 3	벽돌틈쌓기용	약 10

(3) 콘크리트 (concrete)

시멘트, 모래, 자갈을 물에 혼합시켜 만든 것이 콘크리트이며 비중은 약 2.3이고 무게는 2300~2500 kg/m^3이다. 압축강도는 100~400 kg/cm^2이나 보통 150~250 kg/cm^2 범위의 것이 많다. 콘크리트 배합비율은 시멘트 : 모래 : 자갈의 부피비로 결정하며 다음 표는 콘크리트 배합 비율과 그 용도이다.

표 7-2 콘크리트의 배합 비율과 용도 (부피비)

번 호	배합 비율 (시멘트 : 모래 : 자갈)	특징 및 용도
1	1 : 1 : 2	압축 강도 및 수밀성이 크다
2	1 : 1 : 3	1번보다 압축 강도가 작다
3	1 : 2 : 4	표준 배합, 철근 콘크리트 및 일반용에 사용
4	1 : 2 : 5	기계 기초, 교량 및 바닥용
5	1 : 3 : 6	그다지 크지 않은 하중에 사용
6	1 : 4 : 8	자중만을 받는 장소에 사용

2. 내열재료 및 보온재료

2-1 내열재료

내화물(refractory material)은 내화 벽돌, 내화 모르타르와 같이 금속의 제련 및 가열을 목적으로 하는 노(爐)를 만드는 재료로서 연화온도 1580 ℃ 이상의 화열에도 견디는 것을 말한다. 내화물이 열에 얼마나 견딜 수 있는가 하는 정도를 내화도라 하는데 내화물의 내화도를 제게르 콘(seger cone)의 번호로 표시한다.

내화도를 결정할 때는 표준 시험편인 제게르 콘과 이와 같은 모양으로 제작한 내화 시험편을 동시에 가열시켜 시험편의 꼭지 부분이 바닥에 맞닿을 때에 그것과 같은 상태를 나타내는 표준 시험편의 번호로서 내화도를 나타내며 다음 표는 제게르 콘의 번호와 연화온도를 나타낸 것이다.

표 7-3 제게르 콘의 번호와 연화온도

제게르 콘 번호(KS)	18	19	20	26	27	28	29	30	31
연화 온도(℃)	1510	1520	1530	1580	1610	1650	1650	1670	1690
제게르 콘 번호(SK)	32	33	34	36	37	38	40	41	42
연화 온도(℃)	1710	1730	1750	1790	1825	1850	1920	1960	1000

또한 산성 내화벽돌은 내화도는 높으나 열변화에 약하고, 염기성 내화벽돌은 제강용 노의 염기성 슬래그에 대한 내구력이 크고 내식성이 우수하다. 중성 내화벽돌은 슬래그에 대한 내식성은 있지만 계속 사용할 때는 수축되는 결점이 있으며 다음 표는 내화물의 종류와 특성을 나타낸 것이다.

표 7-4 내화물의 종류

종류	주성분	특성
규소 내화벽돌	규소	산 성
점토 내화벽돌	내화점토	약 산 성
마그네시아 내화벽돌	MgO	약 산 성
마그네시아 크롬질 내화벽돌	MgO, Cr	약염기성
고 알루미나 내화벽돌	Al_2O_3	중 성

2-2 보온재료

 보온재료는 재질에 따라 유기질 보온재료, 무기질 보온재료, 금속질 보온재료로 구분한다. 보온재는 다공질이며 그 조직 중에 들어 있는 공기층이 있어 보온의 역할을 하는 것이다.

 유기질 보온재료에는 양털, 목화솜, 펌프 등 동식물 섬유와 코르크입자 및 코르크판이 있다. 동식물의 섬유는 수분이 함유되어 있으면 보온효과가 나빠지므로 건조시킨 상태에서 사용해야 한다. 또한 코르크는 세포 중에 공기를 함유시켜 보온 역할을 하기 때문에 보온재료로는 매우 적당하다.

 무기질 보온재료에는 석면(石綿), 암면(巖綿), 광재면(鑛滓綿), 유리면(glass wool) 등이 있으며 보통 전기가 안 통하는 불량도체이며 내열성이 좋으며 유리섬유는 가늘수록 질이 좋다. 염기성 탄산마그네슘 또는 규소토의 분말에 석면을 첨가시킨 탄산 마그네슘 보온재와 규소토질 보온재는 보일러와 화학장치에 이용되고 있다. 금속질 보온재료에서 알루미늄박에 의한 단열은 얇은 알루미늄박으로 공기층을 만든다.

3. 플라스틱

 외력을 가해 자유로이 그 형상을 변화시킬 수 있는 재료를 가소성 재료라 하며 유기물질을 화학적으로 합성시킨 물질을 플라스틱(plastic) 또는 합성수지(synthetic resin)라 한다.

 오늘날의 플라스틱에는 유기물질 또는 무기물질로 우수한 제품을 생산할 수도 있다. 가공성질과 화학적 구조에 의해 열경화성 수지와 열가소성 수지로 구분하여 열가소성 수지는 가열 후 성형시켜 가열하여도 가소성만 일어나며 화학적 변화가 없다. 스티롤 (styrol), 염화비닐 (vinyl), 폴리에틸렌 (polyethylene), 아크릴 수지, 폴리아미드 (polyamide) 수지 등이 이에 속한다.

열경화성 수지는 가열하면 유동성을 띠며 재가열하여도 그대로 굳어진다. 페놀 (phenol) 수지, 요소 수지, 멜라민 (melamine), 폴리에스테르 (polyester), 규소 수지 등이 있다.

플라스틱의 공통적 특징은 다음과 같다.
① 가소성이 크며 성형이 간단하다.
② 대량 생산되어 가격이 저렴하다.
③ 비중은 1~1.5이며 비중에 비해 강도가 크다.
④ 전기 및 열절연성이 좋다.
⑤ 투명체가 많으며 착색이 가능하다.
⑥ 내열성은 금속보다 나쁘다.
⑦ 방습성은 내식성이 좋다.

다음 표는 플라스틱의 성질 및 용도를 나타낸 것이다.

표 7-5 플라스틱의 성질 및 용도

	종류	특징	용도
열가소성수지	스티롤 수지	전기적 성질이 좋고 성형이 쉬우며 투명도가 크다.	통신기기, 고주파 절연재료 판재, 건축 재료
	염화비닐	기계적, 화학적 성질이 우수하며 가공이 용이하다.	라이닝, 배관재, 컨베이어, 벨트 등
	폴리에틸렌	유연성과 고주파 절연성이 좋다.	판, 필름, 전선피복, 기어 등
	아크릴	강도가 크고 투명도가 양호하다.	방풍유리, 광학렌즈
	폴리아미드	화학적 성질이 양호하다.	캠, 기어, 패킹용
열경화성수지	페놀 수지	경질이고 내열성이 있다.	압연기용, 베어링, 접착제 도료
	요소 수지	착색이 자유롭고 광택이 있다.	목재용 접착제, 일반잡화용
	멜라민 수지	내수성, 내열성이 있다.	건축재, 가구제품, 도료 등
	폴리에스테르	성형이 쉬우며 가볍고 튼튼하다.	파상형상판 판재
	규소 수지	전기절단성, 내열성, 내한성이 있다.	전기절연재료, 도료

4. 패킹 및 벨트용 재료

　패킹 및 벨트에는 가죽, 고무, 플라스틱 및 무명 등이 사용된다. 패킹 (packing) 의 목적은 가스나 액체가 새는 것을 막기 위해 사용되며 벨트는 동력의 전달에 사용된다. 가죽 중에서 타닌 (tannin) 처리로 만들어진 가죽은 치밀하고 단단하며 잘 늘어나지 않는 성질이 있고 크롬처리로 만들어진 가죽은 청록색으로 연하고 늘어나기 쉽고 내열성이 좋은 가죽이 된다.
　패킹재료의 구비조건은 유체의 성질, 사용장소, 사용조건 등에 따라 다르지만 대략적인 구비조건은 다음과 같다.
　① 유연하며 탄력성이 있을 것
　② 강인하고 내구력이 클 것
　③ 내마모성, 내열성이 클 것
　④ 내수성, 내식성이 클 것
　⑤ 가공이 쉽고 가격이 쌀 것

5. 도료 및 유리

(1) 도　료

　재료의 부식방지 및 장식을 목적으로 사용하나 특수한 목적으로서 방화, 방수, 발광 또는 전기절연을 위해 사용하기도 한다. 도료는 그 성분에 따라 페인트와 바니시로 나누고 천연산의 것으로는 옻칠도 있다.

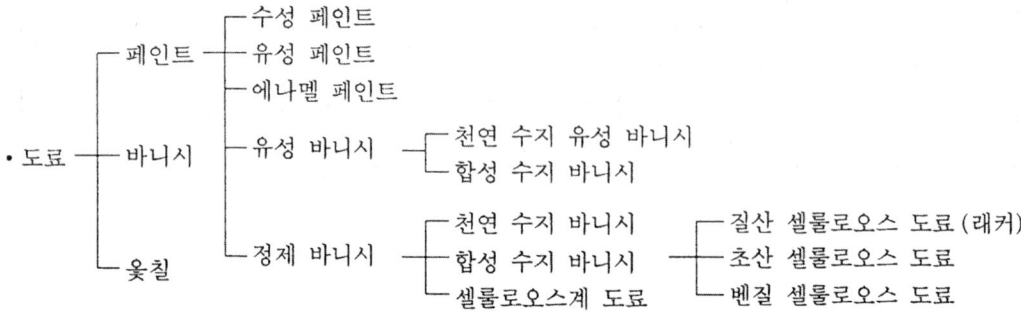

(2) 유 리

유리는 규사 또는 석영이 주원료이며 열에 대한 저항이 크고 비결정질의 불투명체이다. 무기질 유리와 유기질 유리로 분류되며 무기질 유리에는 나트륨유리, 칼륨유리, 석영유리, 납유리 강화유리가 있고 유기질 유리에는 플라스틱 유리 등이 있다.

6. 윤활유 및 절삭유

윤활제(lubrication)는 서로 미끄럼 운동을 하는 마찰면 사이에 유막을 형성시켜 원활한 운동이 이루어지도록 하기 위해 사용하며, 절삭제(cutting fluid)는 절삭공구로 금속을 절삭시킬 때 공구와 금속사이의 마찰을 방지하여 절삭면을 정밀하게 가공할 수 있으며 냉각작용과 칩을 제거시킨다.

다음 표는 윤활유 및 그리스의 종류를 표시한 것이며 그 외 지방성 윤활유로 간장유, 대두유, 면실유, 유지유, 돈지유, 낙화생유 등이 있다.

표 7-6 윤활유의 종류

종 류	성질 및 온도
스핀들유 (spindle oil)	가장 경질인 소형 전동기의 고속, 경기계의 윤활유에 사용
다이나모유 (dynamo oil)	스핀들유보다는 약간 중질로서 대형 발전기, 전동기, 송풍기 등 고속 회전축에 사용
터빈유 (turbine oil)	각종 터빈, 전동기 등 고속 회전측에 사용
머신유 (machine oil)	각종 기계의 베어링, 회전부, 차축용 등에 사용
실린더유 (cylinder oil)	인화점이 높은 중질로서 증기기관의 실린더, 밸브 및 고하중용 베어링에 사용
냉동기유	암모니아 냉동기에 사용
모발유 (mobile oil)	자동차기관, 디젤기관, 석유기관, 베어링 등에 사용
디젤 기관유 (diesel engine oil)	디젤기관, 가스기관, 진공펌프, 고하중 저회전 속도용 베어링에 사용
그리스 (grease)	일반기계의 그리스 컵용, 볼 베어링, 롤러 베어링에 사용

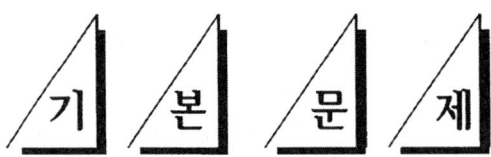

문제 1. 시멘트는 어떻게 만들며, 종류에는 어떠한 것들이 있는지 설명하시오.

해설 점토, 석회석을 구워서 가루로 만든 접착용 무기질 미분말로 포틀랜드 시멘트, 고로 시멘트 및 실리카 시멘트 등이 있다.

문제 2. 콘크리트 배합 비율에 대하여 설명하시오.

해설 ① 1:1:2 = 압축 강도 및 수밀성이 크다.
② 1:1:3 = ①과 성질이 비슷하나 압축성이 부족하다.
③ 1:2:4 = 표준 배합비, 건축 구조물의 철근 콘크리트에 사용한다.
④ 1:2:5 = 기계의 기초, 교각, 벽 등에 사용 응력을 받지 않는 구조물에 사용한다.
⑤ 1:3:6 = 응력을 받지 않는 구조물에 사용한다.

문제 3. 내화도를 측정하는 방법에 대해 설명하시오.

해설 제게르 콘(seger cone) 번호로 표시 SK 18, SK 19, SK 20 … 등이며 SK 35 이상을 고급 내화물이라 한다.

문제 4. 보온 재료는 어떤 성질을 갖추어야 하는지 서술하시오.

해설 ① 내부에서 대류가 일어나지 못하게 하는 미세한 무수한 공기층을 만들어야 한다.
② 재질은 열전도율이 큰 경우라도 무수한 기공을 갖는 구조라야 한다.

문제 5. 절삭유로서 필요한 성질을 열거하시오.

해설 ① 공구수명을 길게 하여야 한다.
② 다듬질면을 좋게 하여야 한다.
③ 냉각작용 및 윤활작용을 한다.

문제 **6.** 합성수지의 공통적 성질을 열거하시오.

해설 ① 가볍고 튼튼하다 (비중 1~1.5).
② 가공성이 크고 성형이 단단하다.
③ 전기 절연성이 좋다.
④ 산, 알칼리, 유류, 약품 등에 강하다.
⑤ 단단하나 열에 약하다.
⑥ 투명한 것이 많으며 착색이 자유롭다.
⑦ 비중과 강도의 비인 비강도가 비교적 높다.

문제 **7.** 윤활유의 작용에 대해 설명하시오.

해설 기계 접촉면의 마찰 감소, 열흡수 제거, 밀봉 장치, 청정 작용, 밀폐작용 등이 있다.

문제 **8.** 절삭유의 종류와 용도를 설명하시오.

해설 ① 알칼리성 수용액 : 연삭용
② 에멀션화유 : 절삭제
③ 광유 : 절삭제
④ 동·식물유 : 윤활작용

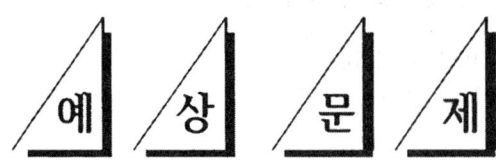

문제 1. 다음 중 비금속 재료에 해당되지 않는 것은?
㉮ 고무   ㉯ 모르타르
㉰ 톰백   ㉱ 수지

문제 2. 기초용 재료인 석재는 휨모멘트가 작용하는 부분에는 사용할 수 없다고 한다. 그 이유는?
㉮ 압축강도가 약하다.
㉯ 인장강도가 약하다.
㉰ 내화성이 약하다.
㉱ 함유율이 작다.
[해설] 압축 강도는 화강암이 $1700 kg/cm^2$, 암산암 $1150 kg/cm^2$, 함유율은 화강암 0.3%, 암산암 2.5%이다.

문제 3. 흔히 사용되고 있는 시멘트는 다음 중 어느 것인가?
㉮ 규산질 시멘트   ㉯ 내열 시멘트
㉰ 포틀랜드 시멘트   ㉱ 고로 시멘트

문제 4. 시멘트의 주성분 중 옳지 않은 것은?
㉮ Al_2O_3 ㉯ SiO_2
㉰ MnO_2 ㉱ CaO

문제 5. 기계설치의 기초에 적당한 콘크리트의 배합비율은? (단, 시멘트:모래:자갈)
㉮ 1:1:2   ㉯ 1:2:3
㉰ 1:2:4   ㉱ 1:2:5

[해설] 표준 배합은 1:2:4이나 기계설치의 기초에는 1:2:5가 적당하며 배합비는 다음과 같다.

번호	배합비(시멘트:모래:자갈)	특징 또는 용도
1	1:1:2	압축 강도, 수밀성을 크게 요구할 때
2	1:1:3	1과 비슷한 경우
3	1:2:4	표준 배합으로서 철근 콘크리트용이다.
	1:2:5	기계의 기초, 교각, 교대

문제 6. 콘크리트의 양생온도는 몇 ℃인가?
㉮ 10~20 ℃   ㉯ 15~35 ℃
㉰ 30~45 ℃   ㉱ 30~60 ℃

문제 7. 일반적으로 목형 재료로 가장 많이 사용되는 나무는?
㉮ 소나무   ㉯ 박달나무
㉰ 떡갈나무   ㉱ 벚나무

문제 8. 다음은 비금속 재료와 용도를 짝지은 것이다. 잘못된 것은?
㉮ 내열재 - 석면
㉯ 절연재 - 플라스틱
㉰ 연삭재 - Al_2O_3
㉱ 내화재 - 열경화성 수지

문제 9. 다음 내화 벽돌 중 중성인 것은?
㉮ 점토 내화벽돌

[해답] 1.㉰ 2.㉯ 3.㉰ 4.㉰ 5.㉱ 6.㉯ 7.㉮ 8.㉱ 9.㉱

㉯ 규소 내화벽돌
㉰ 마그네시아 크롬질 내화벽돌
㉱ 고알루미나 내화벽돌

문제 10. 내화 벽돌의 주성분 중 염기성인 것은?
㉮ MgO ㉯ Al₂O₃
㉰ 내화 점토 ㉱ Si

문제 11. 보통 내화물을 나타내는 것은?
㉮ SK 26 이하 ㉯ SK 26~29
㉰ SK 30~33 ㉱ SK 34 이상
해설 실제로 사용되는 내화물은 SK 26번보다 높은 내화도이며, SK 26~29를 저급 내화물, SK 30~33을 보통 내화물, SK 34 이상을 고급 내화물이라 한다.

문제 12. 다음 중 금속과 내화물을 섞은 것을 무엇이라 하는가?
㉮ 서멧 ㉯ 탄탈
㉰ 톰백 ㉱ 인코넬

문제 13. 콘크리트의 강도시험은 혼합시킨 후 며칠 후의 강도를 표준으로 하는가?
㉮ 7일 ㉯ 14일
㉰ 21일 ㉱ 28일

문제 14. 기초용 재료 중의 하나인 석재는 휨 모멘트가 작용하는 부분에는 사용할 수 없는 이유에 해당되는 것은?
㉮ 내화성이 약하다.
㉯ 함수율이 작다.
㉰ 압축강도가 약하다.
㉱ 인장강도가 약하다.
해설 화강암의 압축강도는 1700 kg/cm², 함수율은 0.3%이다.

문제 15. 내화재와 보온재를 구하는 온도는 몇 ℃인가?
㉮ 400 ℃ ㉯ 600 ℃
㉰ 800 ℃ ㉱ 1000 ℃
해설 800 ℃ 이상이면 내화재이다.

문제 16. 유리 대용품, 식기류, 화장품 용기 등에 사용되는 것은?
㉮ 규소 수지 ㉯ 요소 수지
㉰ 페놀 수지 ㉱ 셀룰로이드

문제 17. 유기질 재료로 만들며 보통 150 ℃ 이하에서 사용되는 것을 무엇이라 하는가?
㉮ 내화 재료 ㉯ 윤활 재료
㉰ 접착 재료 ㉱ 보온 재료

문제 18. 플라스틱의 비중은 얼마 정도인가?
㉮ 1.0 이하 ㉯ 0.5~1.2
㉰ 0.9~2.5 ㉱ 1.9~4.5

문제 19. 연삭 숫돌의 용도는?
㉮ 굳은 재료를 깊게 연삭할 때
㉯ 굳은 재료를 얕게 연삭할 때
㉰ 연한 재료를 깊게 연삭할 때
㉱ 연한 재료를 얕게 연삭할 때

문제 20. 가소성 재료로서 화학적으로 합성시킨 수지를 무엇이라고 하는가?
㉮ 모르타르 ㉯ 플라스틱
㉰ 베이클라이트 ㉱ 래커

문제 21. 페놀 수지의 특징이 아닌 것은?
㉮ 기계적 강도가 크다.
㉯ 전기 전연성이 크다.
㉰ 값이 비교적 싸다.
㉱ 열가소성 수지이다.

해답 10. ㉮ 11. ㉰ 12. ㉮ 13. ㉱ 14. ㉱ 15. ㉰ 16. ㉯ 17. ㉱ 18. ㉰ 19. ㉯
20. ㉯ 21. ㉱

문제 22. 열경화성 수지가 아닌 것은?
㉮ 에포사이드 수지 ㉯ 페놀 수지
㉰ 멜라민 수지   ㉱ 폴리아미드 수지

문제 23. 유리대용품, 식기류, 화장품 용기 등에 사용되는 것은?
㉮ 규소수지   ㉯ 요소수지
㉰ 셀룰로이드 ㉱ 페놀수지

문제 24. 합성수지의 공통성질 중 옳지 않은 것은?
㉮ 열이나 산, 알칼리, 기름에 강하다.
㉯ 매우 가볍고 가공, 성형이 쉽다.
㉰ 전기 절연성이 양호하다.
㉱ 다량 생산이 가능하다.

문제 25. 다음은 플라스틱과 금속을 비교한 것이다. 플라스틱의 단점은?
㉮ 비중이 적다.
㉯ 가소성이 좋다.
㉰ 내열성이 적다
㉱ 전기의 부도체이다.

문제 26. 열경화성 수지 중에서 경질성, 내식성이 있는 수지는?
㉮ 페놀 수지   ㉯ 요소 수지
㉰ 멜라민 수지 ㉱ 에포사이드 수지
[해설] 페놀 수지는 베이클라이트라고도 하며, 기계적 성질, 전기 절연성, 내식성이 우수하며 가격이 싸다.

문제 27. 강도가 크고 투명도가 특히 좋은 수지는?
㉮ 스티롤 수지 ㉯ 염화비닐
㉰ 폴리에틸렌   ㉱ 아크릴 수지

문제 28. 열가소성 수지의 종류가 아닌 것은?
㉮ 폴리아미드 수지
㉯ 페놀수지
㉰ 폴리 염화 비닐 수지
㉱ 폴리에틸렌 수지
[해설] 열가소성 수지에는 폴리에틸렌 수지, 폴리염화비닐 수지, 폴리아미드 수지, 폴리아세틸 수지 등이 있다.

문제 29. 모래, 식염을 원료로 한 것으로 내열성이 합성 수지 중 가장 우수하여 내열, 내약품성, 전기절연성이 우수하나 착색성이 나쁜 수지는?
㉮ 규소 수지   ㉯ 페놀 수지
㉰ 요소 수지   ㉱ 멜라민 수지

문제 30. 염화 비닐 수지에 대한 설명 중 틀린 것은?
㉮ 식염, 석탄, 석회석을 원료로 연화 수소와 아세틸렌 가스에서 제조한 것이다.
㉯ 열가소성 수지로 내산, 내알칼리, 내유성이 좋고 절연체이다.
㉰ 연질의 것은 비닐전선, 테이프, 인조가죽, 접착제, 섬유 등에, 경질의 것은 테이프 등에 사용된다.
㉱ 내열성이 있고 −20℃ 이하에서는 취약하다.

문제 31. 고무나무에서 채취한 유액에 산을 가해서 굳힌 것은?
㉮ 생고무   ㉯ 에보나이트
㉰ 합성 고무 ㉱ 경질 고무

문제 32. 열대 지방의 식물로서 자신의 수지로 윤활작용을 하므로 선박의 프로펠러 축이나, 수력 터빈의 베어링으로 사용되는

[해답] 22. ㉱ 23. ㉯ 24. ㉮ 25. ㉰ 26. ㉮ 27. ㉱ 28. ㉯ 29. ㉮ 30. ㉰ 31. ㉮ 32. ㉮

것은?
- ㉮ 리그너마이트
- ㉯ 마호가니
- ㉰ 티크
- ㉱ 야자수

문제 33. 다음 중 생고무에 무엇을 가하여 일반 고무제품으로 사용하는가?
- ㉮ S
- ㉯ Mn
- ㉰ Ni
- ㉱ Zn

문제 34. 금속용 접착제의 주원료로 사용하는 것은?
- ㉮ 열경화성 수지
- ㉯ 열가소성 수지
- ㉰ 안료
- ㉱ 모르타르

문제 35. 다음 보온 재료들 중 무기질 보온 재료로 내열성이 있는 것은?
- ㉮ 펄프
- ㉯ 코르크
- ㉰ 면화
- ㉱ 석면

문제 36. 내화재와 보온재를 구별할 때, 몇 도 이상을 내화재라고 하는가?
- ㉮ 200℃
- ㉯ 400℃
- ㉰ 600℃
- ㉱ 800℃

문제 37. 크롬 처리로 제조된 가죽을 크롬 명반용액에 담으면 어떻게 되는가?
- ㉮ 딱딱하다.
- ㉯ 전연성이 나쁘다.
- ㉰ 내열성이 나쁘다.
- ㉱ 녹색 착색이 된다.

문제 38. 수지를 휘발성 용제에 녹게 한 것을 무엇이라고 하는가?
- ㉮ 래커
- ㉯ 모르타르
- ㉰ 페인트
- ㉱ 에나멜

문제 39. 안료를 물에 갠 것을 수성 페인트, 기름에 갠 것을 유성 페인트라 한다. 바니시에 갠 것은 무엇이라 하는가?
- ㉮ 바니시
- ㉯ 에나멜 페인트
- ㉰ 연단 도료
- ㉱ 래커

문제 40. 인관체의 분말을 적당한 접착제로 섞은 것은?
- ㉮ 내유 도료
- ㉯ 내산 도료
- ㉰ 내열 도료
- ㉱ 발광 도료

문제 41. 고온에서 건조하는 도료를 구어붙임 도료라 한다. 이것은 어디에 사용되는가?
- ㉮ 내열 도료
- ㉯ 내산 도료
- ㉰ 내유 도료
- ㉱ 발광 도료

문제 42. 도료의 종류에 속하지 않는 것은?
- ㉮ 페인트
- ㉯ 바니시
- ㉰ 염화비닐 수지
- ㉱ 고무

[해설] 도료의 종류에는 페인트, 바니시, 기름 바니시, 방청 도료가 있으며, 금속용 도료에는 페놀 수지 도료, 멜라민수지 도료, 염화비닐 수지 등이 있다.

문제 43. 도료의 사용목적이 아닌 것은?
- ㉮ 부식 방지
- ㉯ 방습
- ㉰ 아름다운 색깔 유지
- ㉱ 방음, 단열용

문제 44. 합성수지 중에서는 내열성이 가장 우수하며, 내열, 내화, 절연도료로서 사용하는 합성수지는?
- ㉮ 페놀 수지
- ㉯ 요소 수지
- ㉰ 실리콘 수지
- ㉱ 셀룰로이드

[해답] 33. ㉮ 34. ㉯ 35. ㉱ 36. ㉱ 37. ㉱ 38. ㉮ 39. ㉯ 40. ㉱ 41. ㉮ 42. ㉱
43. ㉱ 44. ㉰

문제 45. 패킹 및 벨트용 재료에 쓰이는 가죽은 유연성, 강인성을 주기 위해서 무슨 처리를 해야 하는가?
　㈎ 타닌처리　　㈏ 패킹처리
　㈐ 포니처리　　㈑ 내화처리

문제 46. 경질 고무를 연질 고무와 비교했을 때 옳지 않은 것은?
　㈎ 내산성이 좋다.
　㈏ 내알칼리성이 좋다.
　㈐ 내약품성이 좋다.
　㈑ S이 덜 함유되었다.

문제 47. 다음은 윤활제가 구비해야 할 조건이다. 틀린 것은?
　㈎ 화학적으로 안정되며 고온에서도 변화가 없을 것
　㈏ 인화점이 낮을 것
　㈐ 적당한 점도를 가질 것
　㈑ 윤활성이 좋을 것

문제 48. 절삭제의 작용이 아닌 것은?
　㈎ 열 흡수 작용　　㈏ 마찰 감소 작용
　㈐ 먼지 제거 작용　㈑ 칩 제거 작용

문제 49. 광물섬유 또는 혼성유에 각종 비누류를 섞은 윤활제는?
　㈎ 그리스　　㈏ 모빌유
　㈐ 터빈유　　㈑ 다이너모유

문제 50. 다음 윤활유 중 인화점이 가장 높은 것은?
　㈎ 다이너모유　㈏ 터빈유
　㈐ 스핀들유　　㈑ 실린더유

문제 51. 다음 기름 중 고속 경하중에 사용하는 것은?
　㈎ 머신유　　㈏ 스핀들유
　㈐ 실린더유　㈑ 터빈유

문제 52. 방식제로서 물에 소량의 알칼리를 섞은 것으로 연삭용으로 좋은 절삭유는?
　㈎ 알칼리성 수용액　㈏ 실린더유
　㈐ 광유　　　　　　㈑ 터빈유

문제 53. 그리스(grease)는 어떤 접촉면에 사용되는 윤활제인가?
　㈎ 고속 저압 접촉면
　㈏ 고속 고압 접촉면
　㈐ 저속 고압 접촉면
　㈑ 저속 저압 접촉면

문제 54. 인조 연삭제, 알런덤(alundum) 또는 알룩사이트(aloxite)의 주성분은?
　㈎ 알루미나(Al_2O_3)　㈏ 탄화붕소
　㈐ 산화크롬　　　　　㈑ 탄화규소

문제 55. 다음 중 베어링에 사용되지 않는 것은 어느 것인가?
　㈎ 테플론　　㈏ 베이클라이트
　㈐ 경질고무　㈑ 모르타르

문제 56. 다음 윤활유 중 인화점이 가장 높은 것은?
　㈎ 다이너모유　㈏ 스핀들유
　㈐ 터빈유　　　㈑ 실린더유

문제 57. 절삭유의 영향을 설명한 것 중 틀린 것은?
　㈎ 쾌삭작용

해답　45. ㈎　46. ㈑　47. ㈏　48. ㈐　49. ㈎　50. ㈑　51. ㈏　52. ㈎　53. ㈐　54. ㈎　55. ㈑
　　　56. ㈑　57. ㈎

㉯ 공구 수명 연장
㉰ 냉각작용
㉱ 다듬질면의 미화작용

문제 58. 다음 중에서 윤활유의 약관에 들지 않는 것은?
㉮ 냉각작용   ㉯ 밀봉작용
㉰ 절삭작용   ㉱ 청정작용

문제 59. 다음 중 고체 윤활제에 속하는 것은?
㉮ 오일대그(oildag)   ㉯ 다이너모유
㉰ 동물성유   ㉱ 광유

문제 60. 염기성 전로에 사용되는 내화벽돌 재료는 어느 것인가?
㉮ 규석 벽돌   ㉯ 마그네시아 벽돌
㉰ 탄산 벽돌   ㉱ 고알루미나 벽돌

문제 61. 경질 고무(에보나이트)란?
㉮ 생고무에 유황 30% 이상 가한 것
㉯ 생고무에 유황 15% 이하 가한 것
㉰ 생고무에 황산을 가한 것
㉱ 생고무에 염산을 가한 것

문제 62. 테프론은 무슨 수지인가?
㉮ 요소 수지   ㉯ 불소 수지
㉰ 규소 수지   ㉱ 페놀 수지

문제 63. 아세틸렌 가스와 초산에서 화학 조작으로 제조한 것으로 용해되기 쉬운 도료 및 접착제로 사용되며 비닐 수지라고도 불리우는 것은?
㉮ 페놀 수지   ㉯ 염화비닐 수지
㉰ 초산비닐 수지   ㉱ 스티롤 수지

문제 64. 석탄산, 크레졸 등과 포르말린을 반응시킨 것으로 도료, 접착제로 사용하며 석면 등을 혼합하여 전화기, 전기소켓, 스위치 등 전기 기구로 사용되는 것으로 페놀 수지, 석탄산 수지라고도 하는 것은?
㉮ 베이클라이트   ㉯ 셀룰로이드
㉰ 요소 수지   ㉱ 스티롤 수지

문제 65. 열가소성 수지가 아닌 것은?
㉮ 페놀 수지   ㉯ 아크릴 수지
㉰ 스티롤 수지   ㉱ 염화 비닐

해설 합성수지의 성질 및 용도

종류		특징	용도
열경화성 수지	페놀 수지	경질, 내열성	전기 기구, 식기, 판재, 무음 기어
	요소 수지	착색 자유, 광택이 있음	건축재료, 문방구 일반 성형품
	멜라민 수지	내수성, 내열성	책상판, 테이블판 가공
	폴리에스테르 수지	성형이 쉽고 가볍고 튼튼함	파상 형상판 판재
	규소 수지	전기 절단성, 내열성, 내한성	전기 절연 재료, 도로, 그리스
열가소성 수지	스티롤 수지	성형이 쉽고 투명도가 큼	고주파 절연 재료, 잡화관, 관재, 마루, 건축 재료
	염화 비닐	가공이 용이함	
	폴리에틸렌	유연성이 있음	판, 필름
	초산 비닐	접착성이 좋음	접착제, 껌
	아크릴 수지	강도가 크고 투명도가 특히 좋음	방풍 유리, 광학 렌즈

문제 66. 다음 중 플라스틱 재료의 성질이 아닌 것은?
㉮ 대부분 전기의 절연성이 좋다.
㉯ 열에 강하다.

해답 58. ㉰ 59. ㉮ 60. ㉯ 61. ㉮ 62. ㉯ 63. ㉰ 64. ㉮ 65. ㉮ 66. ㉯

㉑ 가볍고 강하다.
㉒ 양호한 성형성이 있다.

문제 67. 플라스틱 재료의 일반적 성질 중에서 기계적 특성이 아닌 것은?
㉮ 크리프가 일어나기 쉽다.
㉯ 내유성에 약하다.
㉰ 반복하중에 강하다.
㉱ 온도에 의한 변화가 크다.

문제 68. 기어, 등산용 기구용품, 뛰어난 전기 특성을 이용한 코드 커넥터 등은 사출금형으로 만들어진다. 이 때 사용되는 합성수지는?
㉮ 페놀 수지
㉯ 폴리에틸렌
㉰ 폴리에스테르 수지
㉱ 에폭시 수지

문제 69. 다음 수지는 무색·투명하여 내수성, 전기 절연성이 좋고 산·알칼리에도 강하며 120~180℃로 가열하면 끈끈한 액체가 되어 사출 성형 재료로 사용되는 수지는?
㉮ 폴리에스테르 수지
㉯ 페놀 수지
㉰ 아크릴 수지
㉱ 요소 수지

문제 70. 다음 수지는 주로 선 모양의 고분자로 이루어진 것으로 가열하면 부드럽게 되어 가소성을 나타내는 열가소성 수지가 아닌 것은?
㉮ 폴리스틸렌
㉯ 아크릴 수지
㉰ 폴리에틸렌
㉱ 페놀 수지

문제 71. 다음 수지는 기계적 강도가 크고 내열성이 좋아 기어 베어링 케이스 등의 열경화성 재료가 아닌 것은?
㉮ 아크릴 수지
㉯ 페놀 수지
㉰ 요소 수지
㉱ 실리콘 수지

문제 72. 다음 중 열가소성 수지의 종류가 아닌 것은?
㉮ 폴리스틸렌
㉯ 폴리에스테르
㉰ 폴리에틸렌
㉱ 폴리프로필렌

문제 73. 플라스틱 금형 재료로서 요구되는 성질이 아닌 것은?
㉮ 열처리가 용이하고 변형이 적을 것
㉯ 피가공성이 우수할 것
㉰ 내마모성이 뛰어나고 인성이 적을 것
㉱ 내식성과 경연성이 양호할 것

문제 74. 열가소성 플라스틱으로 방풍유리, 광학렌즈로 사용되는 것은?
㉮ 초산 비닐
㉯ 아크릴 수지
㉰ 스틸렌 수지
㉱ 염화비닐

문제 75. 베이클라이트(bakelit)라는 상품으로 널리 알려진 수지는?
㉮ 멜라민 수지
㉯ 페놀 수지
㉰ 요소 수지
㉱ 아크릴 수지

문제 76. 열경화성 플라스틱으로 요리도구 손잡이, 인장강도나 브레이크 부품 등으로 사용되는 것은 다음 중 어느 것인가?
㉮ PVC
㉯ 아크릴
㉰ 멜라민
㉱ 폴리에틸렌

해답 67. ㉰ 68. ㉱ 69. ㉮ 70. ㉱ 71. ㉮ 72. ㉯ 73. ㉰ 74. ㉯ 75. ㉯ 76. ㉰

제8장 재료 시험과 검사

1. 재료 시험

재료의 사용목적이나 조건에 적합한 지를 알아보는 시험으로 일반적으로 기계적 성질을 시험하는 것을 의미하며 재료 시험은 파괴 시험과 비파괴 시험으로 크게 나눌 수 있다.

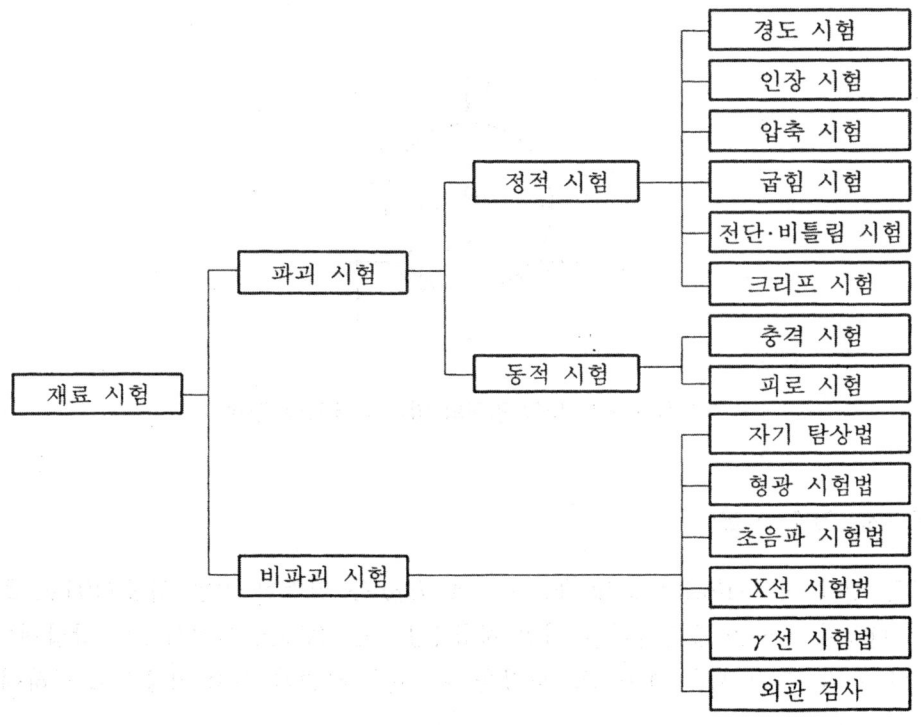

1-1 경도 시험

재료의 경도(hardness)는 기계적 성질을 결정하는 중요한 것으로 외력에 대한 단단한 정도가 어떠한지를 나타내는 척도로서 인장강도와 함께 널리 사용된다.

(1) 브리넬 경도 시험

브리넬 경도 시험(Brinell hardness test, H_B)은 일정한 지름 D[mm]의 강구 압입체에 일정한 하중 W[kg]를 가하여 시험편 표면에 압입한 다음, 그 때 나타나는 압입 자국의 표면적 A[mm^2]로 하중을 나눈 값으로 경도를 측정한다.

그림 8-1은 압입 강구와 압입 자국 면적과의 관계를 나타낸 것으로, 브리넬 경도값은 다음 식으로 구할 수 있다.

$$H_B = \frac{W}{A} = \frac{2W}{\pi D(D - \sqrt{D^2 - d^2})} = \frac{W}{\pi D t}$$

여기서, W : 하중 (kg)
D : 강구 압입체의 지름 (mm)
d : 압입 자국의 지름 (mm)
t : 압입 자국의 깊이 (mm)

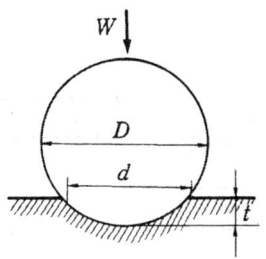

그림 8-1 압입 강구와 압입 자국과의 관계

(2) 로크웰 경도 시험

로크웰 경도 시험(Rockwell hardness test, H_R)은 일정한 처음 하중(10 kg)을 작용시키고 이것에 하중을 증가시켜서 시험 하중(강구는 100 kg, 다이아몬드 압입체는 150 kg)으로 한 후 다시 처음 하중으로 하였을 때, 처음 하중과 시험 하중으로 인하여 생긴

자국의 깊이 차로 측정한다. 열처리된 강과 같이 단단한 재료의 시험편에는 꼭지각이 120° 되는 원뿔형 다이아몬드 콘 [A 스케일 (H_RA) 또는 C 스케일 (H_RC)]을 사용하고, 연강, 황동 이외의 연한 재료에는 1.588 mm의 강구 [B 스케일 (H_RB)]를 사용하며 다음 식으로 구할 수 있다.

$$H_RA, \ H_RC = 100 - 500 \cdot h$$

$$H_RB = 130 - 500 \cdot h$$

여기서, h : 압입 자국의 깊이

(3) 비커스 경도 시험

비커스 경도 시험 (Vickers hardness test, H_V)은 대면각 $\theta = 136°$의 다이아몬드 피라미드의 압입체를 시험편의 표면에 압입한 후 시험편에 작용한 하중 W[kg]를 압입 자국의 표면적 A [mm²]로 나눈 값으로 경도를 측정한다.

비커스 경도는 재료의 단단한 정도에 따라 1~120 kg의 하중으로 시험할 수 있으며, 브리넬 경도 시험법으로 측정 불가능한 매우 단단한 재료의 정밀한 경도 측정에 유리하며 다음 식으로 구할 수 있다.

$$H_V = \frac{W}{A} = \frac{2W\sin\frac{\theta}{2}}{D^2}$$

$$= 1.854 \frac{W}{D^2} \ [\text{kg}/\text{mm}^2]$$

(4) 쇼어 경도 시험

쇼어 경도 시험 (Shore hardness test, H_S)은 일정한 형상과 중량을 가지는 다이아몬드 해머를 일정한 높이 h_0에서 시험편 위에 낙하시켜 반발하여 올라간 높이 h로 경도를 측정하며 다음 식으로 구할 수 있다.

$$H_S = \frac{10000}{65} \times \frac{h}{h_0}$$

쇼어 경도의 특징은 시험편에 압입 자국을 남기지 않게 할 때나, 시험편의 형상이 불규칙하거나 클 때 비파괴적으로 측정하기 위하여 사용된다.

1-2 인장 시험

인장시험(tensile)은 그림 8-2와 같은 시험편을 인장시험기의 양끝에 고정시켜 시험편의 축방향으로 당겼을 때 시험편에 작용시킨 하중과 그 하중으로 시험편이 변형한 크기를 측정하여 그림 8-3과 같은 응력-변형 곡선을 기록하여 재료의 항복점, 탄성한도, 인장강도, 연신율 등을 측정할 수 있다.

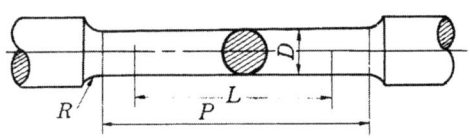

표점거리 : $L = 50\,mm$
평행부의 길이 : $P = $ 약 $60\,mm$
지 름 : $D = 14\,mm$
어깨의 반지름 : $R = 15\,mm$ 이상

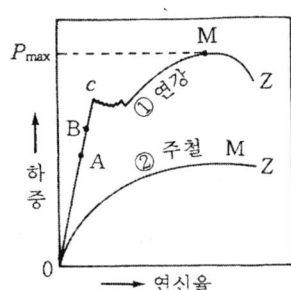

그림 8-2 인장 시험편   그림 8-3 인장 시험의 응력-변형 곡선

(1) 인장 강도

그림 8-3의 ①의 곡선에서 점 M에 해당되는 최대 하중(P_{max})을 시험편의 원 단면적(A_0)으로 나눈 값을 인장강도(tensile strength, σ_t)라 한다.

$$\sigma_t = \frac{P_{max}}{A_0}\,[kg/mm^2]$$

여기서, σ_t : 인장강도
P_{max} : 최대 하중(kg)
A_0 : 원래의 단면적(mm^2)

(2) 연신율

시험편이 절단된 후에 다시 접촉시키고, 이 때의 표점 거리를 측정한 값 l과 시험 전의 표점 거리 l_0와의 차이를 나눈 값을 %로 표시한 것을 연신율(elongation ratio, ε)이라 한다.

$$\varepsilon = \frac{l - l_0}{l_0} \times 100\,\%$$

여기서, l_0 : 처음의 표점거리(mm)
l : 파단되었을 때의 표점거리(mm)

(3) 단면 수축률

시험편 절단부의 단면적 $A\,[\text{mm}^2]$와 시험 전 시험편의 단면적 $A_0[\text{mm}^2]$와의 차이를 A_0로 나눈 값을 %로 표시한 것을 단면 수축률(reduction of area, ϕ)이라 한다.

$$\phi = \frac{A_0 - A}{A_0} \times 100\%$$

여기서, A_0 : 처음 단면적 (mm^2)
A : 파단되었을 때의 최소 단면적 (mm^2)

1-3 충격 시험

충격 시험은 충격력에 대한 재료의 충격 저항을 시험하는 데 있으며, 일반적으로 충격 시험에서는 시험편에 충격적인 힘이 작용하여 파괴될 때 재료의 인성 또는 메짐(취성)을 시험하는데, 충격적인 힘이 작용하였을 때 잘 파괴되지 않는 질긴 성질을 인성(toughness)이라 하고, 파괴가 쉬운 여린 성질을 메짐(brittleness)이라 한다.

이 시험은 특히, 저온메짐, 노치(notch) 메짐 등을 알아보는 데 중요하게 사용된다. 충격 시험기에는 시험편을 단순보(simple beam)의 상태에서 시험하는 샤르피 충격 시험기(charpy impact tester)와 내닫이보(overhanging beam)의 상태에서 시험하는 아이조드 충격 시험(impact tester)가 있으며 그림 8-4는 샤르피 충격 시험기를 나타내고 있다.

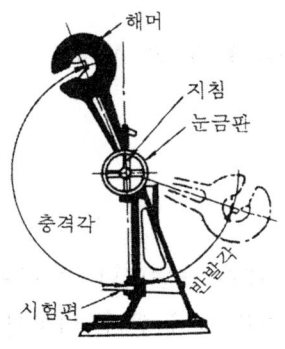

그림 8-4 샤르피 충격 시험기

1-4 피로 시험

피로 파괴는 크랭크축, 차축, 스프링 등과 같이 인장과 압축을 되풀이해서 작용시켰을 때 재료가 파괴되는 현상으로서 하중이 어떤 값보다 작을 때에는 무수히 많은 반복 하중이 작용하여도 재료가 파괴되지 않는다.

재료가 영구히 파괴되지 않는 응력 중에서 가장 큰 것을 피로 한도(fatigue limit)라고 하고, 이것을 구하는 시험을 피로시험이라고 한다.

그림 8-5는 응력(S)과 반복 횟수(N)의 관계를 나타낸 $S-N$ 곡선이다. 이 도표를 보면 어떤 한계 응력 A에서는 회전수에 관계 없이 파괴가 일어나지 않음을 알 수 있다. 이 한계 응력($S-N$ 곡선의 수평 부분)을 피로 한도라 한다. 즉, 이것은 응력의 반복에 관계 없이 파괴가 일어나지 않고 견딜 수 있는 최대 응력을 나타낸다.

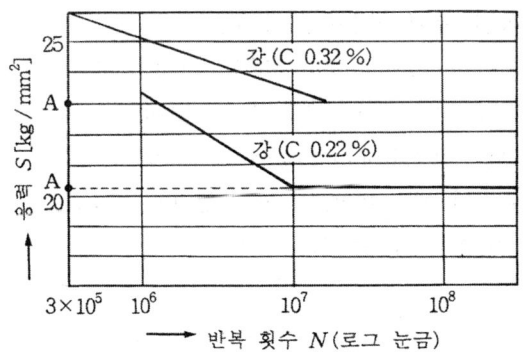

그림 8-5 $S-N$ 곡선

1-5 비파괴 검사

실제로 사용할 재료 그 자체에 대한 균열이나 그 밖의 결함을 확인하려면 제품을 파괴하지 않고 시험하는 비파괴 시험을 해야 한다. 비파괴 시험은 시간 단축, 재료의 절약 완성된 제품의 검사가 가능하다.

(1) 자분 탐상법

강자성체에서만 시험이 가능하며 재료를 자화시켜 자속선의 흐트러짐으로 결함을 검출한다. 최근에는 미세 철분에 형광 물질을 혼합한 다음, 이것을 자외선으로 검사하여 좋은 결과를 나타내고 있다. 자기 결함 검사 후에는 반드시 탈자 작업(dimagnetizing)을 해야 한다.

(2) 침투 탐상법

그림 8-6과 같이 재료의 표면에 흠집이나 결함이 있을 때, 재료표면을 깨끗이 하고 침투제를 침투시킨 다음, 남은 것을 닦아 내고 현상제(MgO, $BaCO_3$ 등의 용제)를 칠하면 결함이 검출된다. 형광 침투제를 사용한 경우에는 자외선으로 검출한다

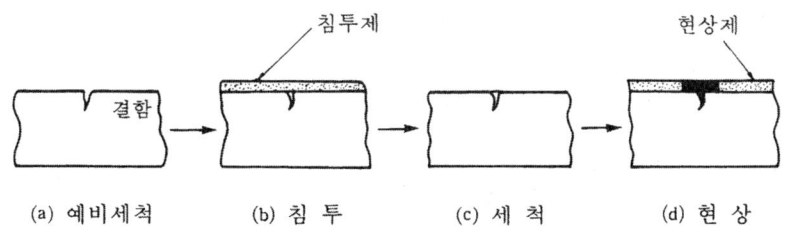

그림 8-6 침투 탐상법의 원리

(3) 초음판 탐상법

투과법, 임펄스법, 공진법, 초음파를 재료에 통과시켜 그 반사파나 진동으로 결함을 검출한다.

(4) X선 검사법

X선 검사법은 용접부의 불량, 주물의 공극, 재료의 내부 균열, 섬유 조직 등을 검출하는 방법이다.

2. 조직검사와 시험

2-1 매크로 조직검사

　재료의 조직 검사에 있어서 육안으로 직접 관찰을 하든지, 또는 10배 이내의 확대경을 사용하여 금속 조직을 시험하는 것을 매크로 검사(macro test)라 한다.
　매크로 검사는 기기를 사용하지 않고 다음과 같은 사항을 알아 낼 수 있다.
　① 재료에 포함된 함유 원소의 편석에 의한 불균일한 조직
　② 슬래그, 황화물 및 산화물과 같은 비금속 물질의 개제
　③ 결정 입자의 크기와 결정 성장의 방향 파악
　④ 압연 및 단조 등의 기계 가공에 의한 재료의 상태
　⑤ 균열, 기공 또는 편석 등의 금속 결함
　매크로 검사법에는 파단면 검사법, 설퍼 프린트법, 매크로 부식법 등이 사용된다.

2-2 현미경 조직검사

　금속의 조직은 성분이 같더라도 응고 조건, 압연 및 단조 가공과 열처리에 의하여 현저히 변하며, 금속의 성질을 좌우한다. 그러므로 금속의 조직 검사에는 현미경 조직 시험법이 사용된다.
　금속 현미경은 시험편 표면에서 반사되는 광선을 사용하고, 변압기의 출력을 조절하여 조명도를 조절하며, 다음과 같은 것들을 검사한다.
　① 고온에서의 결정 입자 성장
　② 고온에서의 상 변화
　③ 고온에서의 소성 변화 및 파단 현상
　④ 금속의 용해와 응고 변화 및 이것에 따르는 과냉도와 수지상 조직의 형성

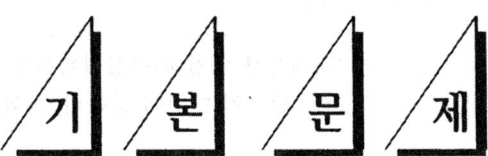

기 본 문 제

문제 1. 경도 시험의 종류를 말하시오.

해설 ① 브리넬 경도 시험, ② 로크웰 경도 시험, ③ 비커스 경도 시험, ④ 쇼어 경도 시험

문제 2. 인장강도에 대하여 설명하시오.

해설 최대하중을 시험편의 원 단면적으로 나눈 값을 인장강도라 하며 $\sigma_t = \dfrac{P_{max}}{A_0}[kg/mm^2]$ 로 나타낸다.

문제 3. 연신율에 대해 설명하시오.

해설 시험편이 절단된 후에 다시 접촉시키고 이 때의 표점거리를 측정한 값 l 과 시험 전의 표점 거리 l_0 와의 차이를 l_0 로 나눈 값을 연신율이라 하며 $\varepsilon = \dfrac{l - l_0}{l_0} \times 100\%$ 로 나타낸다.

문제 4. 단면 수축률에 대하여 설명하시오.

해설 시험편 절단부의 단면적 A와 시험 전의 시험편 단면적 A_0와의 차이는 A_0로 나눈 값을 단면 수축률이라 할 때 $\phi = \dfrac{A_0 - A}{A_0} \times 100\%$ 로 나타낸다.

문제 5. 충격 시험기의 종류에 대해 설명하시오.

해설 충격 시험기에는 시험편을 단순보 상태에서 시험하는 샤르피 충격 시험기와 내닫이보의 상태에서 시험하는 아이조드 충격시험기가 있다.

문제 6. 강도 중에서 인장강도가 널리 사용되는 이유를 설명하시오.

해설 재료의 외력에 저항하는 힘의 강약을 시험하는 기준이 되며 대표적인 시험이다.

문제 7. 피로파괴에 대하여 설명하시오.

해설 재료의 인장강도 및 항복점으로부터 계산한 난전 하중상태에서도 작은 힘이 계속적으로 반복하여 작용하였을 때에는 재료에 파괴를 일으키는 일이 있는데, 이와 같은 파괴를 피로파괴라 한다.

문제 8. 비파괴검사의 종류를 말하시오.

해설 ① 자분 탐상법, ② 침투 탐상법, ③ 초음파 탐상법, ④ 방사선 탐상법

문제 9. 재료 시험에 대해 설명하시오.

해설 재료가 사용 목적이나 조건에 적합한가를 알아보기 위하여 기계적, 물리적, 화학적 성질 등을 시험하는 것을 재료 시험이라 하며, 보통 좁은 의미로는 기계적 성질을 시험하는 것만을 의미하는 경우가 많다. 금속 재료의 기계적 성질 중에서 공업상 널리 사용되는 성질은 강도, 연성, 경도, 충격, 피로 등이다.

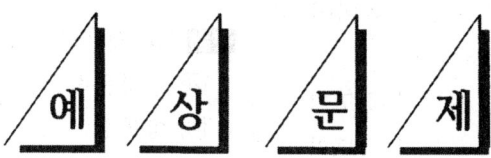

문제 1. 브리넬 경도(H_B) 시험에서 보통 하중 작용 시간은?
㉮ 30 sec 이상   ㉯ 15~30 sec
㉰ 5~10 sec   ㉱ 30~45 sec

문제 2. 피로시험과 관계 없는 것은?
㉮ 인장강도 및 항복점으로부터 계산한 인장하중 상태에서도 작은 힘이 계속적으로 반복하여 작용했을 때 파괴되는 것
㉯ 반복 하중이 작용하여도 재료가 연구히 파단되지 않을 때의 응력 중에서 가장 큰 값을 피로한도라 한다.
㉰ $S-N$ 곡선은 충격과 반복 횟수에 관계를 나타낸다.
㉱ 피로한도는 탈탄으로 감소되나 강의 표면에 침탄질화 혹은 냉간가공, 숏피닝으로 증가
[해설] $S-N$ 곡선은 응력과 반복 횟수와의 관계를 나타낸다.

문제 3. 다이아몬드 원추를 사용한 경도시험은?
㉮ 브리넬 경도   ㉯ 로크웰 경도
㉰ 비커스 경도   ㉱ 쇼어 경도

문제 4. 쇼어 경도에 대한 설명이다. 관계 없는 것은?
㉮ 중량 1/12온스 작은 다이아몬드 해머를 사용한다.
㉯ 해머를 10″ 높이에서 자유 낙하시켜 반발된 높이로 경도를 산출한다.
㉰ 압입체를 대면각 $\theta=136°$의 다이아몬드 피라밋 사용
㉱ 자국이 눈에 잘 띄지 않아 완성 제품 시험에 널리 사용한다.

문제 5. 충격 시험과 관계 없는 것은?
㉮ 충격적인 힘을 가하여 시험편이 파괴될 때 필요한 에너지를 충격값이라 한다.
㉯ 단순보 상태에서 시험하는 샤르피식 충격시험기가 있다.
㉰ 내닫이보 상태에서 시험하는 아이조드식 충격시험기가 있다.
㉱ 하중 100 kg과 1/16″의 강구를 사용하고 주로 연한 재료를 사용한다.

문제 6. 브리넬 경도 시험에서의 경도값은?
(단, D: 강구지름, p: 하중, t: 홈 깊이)
㉮ $\dfrac{pt}{\pi D}$ ㉯ $\dfrac{\pi D}{pt}$
㉰ $\dfrac{p}{\pi Dt}$ ㉱ $\dfrac{\pi Dt}{p}$

문제 7. 충격시험은 무엇을 알기 위한 것인가?
㉮ 인장강도   ㉯ 경도
㉰ 인성과 취성   ㉱ 압축강도

[해답] 1. ㉰ 2. ㉰ 3. ㉯ 4. ㉰ 5. ㉱ 6. ㉰ 7. ㉰

문제 8. 충격적으로 한 물체에 다른 물체를 낙하시켰을 때 반발되어 오르는 높이에 의하여 측정할 수 있는 경도기는?
㉮ 비커스 경도기 ㉯ 브리넬 경도기
㉰ 쇼어 경도기   ㉱ 로크웰 경도기

문제 9. 암슬러 만능 시험기로 시험할 수 있는 것은?
㉮ 벤딩시험 ㉯ 조직시험
㉰ 경도시험 ㉱ 충격시험

[해설] 암슬러 만능 재료시험기(Amsler's universal material testing machine): 유압식으로서 인장시험(tensile test), 압축시험(compressive test), 전단시험(shearing test), 굽힘시험(bending test) 등을 할 수 있다.

문제 10. 연신율을 구하는 식은? (단, L_0 : 시험 전의 원길이, L_1 : 시험 후의 변형된 길이)
㉮ $\dfrac{L_0 - L_1}{L_0} \times 100\%$
㉯ $\dfrac{L_1 - L_0}{L_0} \times 100\%$
㉰ $\dfrac{L_1 - L_0}{L_1} \times 100\%$
㉱ $\dfrac{L_0 - L_1}{L_1} \times 100\%$

문제 11. 항복점 없는 재료는 항복점 대신에 무슨 용어를 쓰는가?
㉮ 내력   ㉯ 비례한도
㉰ 탄성한계점 ㉱ 인장강도

문제 12. 인장시험편 절취시 고려 사항이 될 수 없는 것은?
㉮ 평행부 길이 ㉯ 표점 거리
㉰ 평행부 단면적 ㉱ 시험편 무게

문제 13. 재료의 강도는 무엇으로 표시하는가?
㉮ 인장응력 ㉯ 비례한도
㉰ 항복점   ㉱ 탄성한도

문제 14. 다음 금속의 강도 중 맞는 것은?
㉮ 철의 인장강도는 66 kg/mm² 이며, 횡탄성 계수는 0.026이다.
㉯ 철의 인장강도는 420 kg/mm² 이며, 횡탄성 계수는 0.055이다.
㉰ 철의 인장강도는 450 kg/mm² 이며, 횡탄성 계수는 0.081이다.
㉱ 철의 인장강도는 135 kg/mm² 이며, 횡탄성 계수는 0.021이다.

[해설] 상온에서 금속의 최고 인장강도는 다음과 같다.

금 속	인장강도 (kg/mm²)	가로탄성계수
알루미늄	66	0.025
구리	135	0.043
마그네슘	36	0.021
철	420	0.055
티 탄	118	0.028
니 켈	126	0.016
철 (위스커)	1340	0.22
구리 (위스커)	300	0.081

문제 15. 블로 홀(blow hole)의 유무를 검사하는 데 적당한 방법은?
㉮ 인장시험   ㉯ 굽힘시험
㉰ 외관시험   ㉱ X선 투과시험

문제 16. 시험자국이 나타나지 않아야 할 완성된 제품의 경도시험에 적당한 방법은?
㉮ 로크웰 경도   ㉯ 쇼어 경도

[해답] 8. ㉰ 9. ㉮ 10. ㉯ 11. ㉮ 12. ㉱ 13. ㉮ 14. ㉯ 15. ㉱ 16. ㉯

㉰ 비커스 경도　㉱ 브리넬 경도　　　　㉰ 쇼어 경도　㉱ 로크웰 경도

문제 17. 인장시험으로 알 수 없는 것은?
㉮ 충격치　㉯ 인장강도
㉰ 항복점　㉱ 연신율

문제 18. 비커스 경도기의 다이아몬드 사각추의 꼭지각은?
㉮ 120°　㉯ 136°
㉰ 90°　㉱ 145°

문제 19. 쇼어경도를 나타내는 식은? (h_0: 낙하높이, h: 반발하는 높이)
㉮ $H_S = \dfrac{10000}{65} \times \dfrac{h}{h_0}$
㉯ $H_S = \dfrac{1000}{65} \times \dfrac{h}{h_0}$
㉰ $H_S = \dfrac{10000}{65} \times \dfrac{h_0}{h}$
㉱ $H_S = \dfrac{1000}{65} \times \dfrac{h_0}{h}$

문제 20. 다음 경도기 중 압입체를 사용하지 않은 것은?
㉮ 로크웰　㉯ 브리넬
㉰ 쇼어　㉱ 비커스

문제 21. 경도 표시 기호가 틀린 것은?
㉮ 브리넬 경도: H_B
㉯ 로크웰 경도: H_r
㉰ 비커스 경도: H_V
㉱ 쇼어 경도: H_S

문제 22. 얇은 판이나 정밀도가 높은 부품 등의 경도시험에 적당한 것은?
㉮ 비커스 경도　㉯ 브리넬 경도

문제 23. 로크웰 경도 시험기의 다이아몬드추의 꼭지각과 뿔의 형상은?
㉮ 136°, 사각뿔　㉯ 136°, 원뿔
㉰ 120°, 사각뿔　㉱ 120°, 원뿔

[해설] 로크웰 경도기 B 스케일과 C 스케일이 있으며, B 스케일은 지름이 1/16″인 강구이고, C 스케일은 꼭지각 120°의 원뿔형인 다이아몬드 제품이다.

문제 24. 인장시험에서 하중을 제거하면 변형이 없어지고 원래의 상태로 돌아가는 최고 응력값을 무엇이라 하는가?
㉮ 내력　㉯ 항복점
㉰ 탄성한도　㉱ 비례한도

문제 25. 다음 중 비파괴 시험법이 아닌 것은?
㉮ 초음파 탐상법　㉯ 유침법
㉰ X선 투과법　㉱ 충격시험법

문제 26. 금속재료의 연신율을 조사하기 위한 시험기는?
㉮ 샤르피　㉯ 암슬러
㉰ 쇼어　㉱ 아이조드

문제 27. 금속재료에 일정한 하중을 가했을 때 시간의 경과에 따라서 변형도가 증가하는 현상을 무엇이라 하는가?
㉮ 피로한도　㉯ 크리프
㉰ 인장변율　㉱ 시효경화

[해설] 크리프(creep)는 고온에서 나타나는 현상으로 이에 대한 저항 또는 나타나는 온도를 측정하는 시험으로 크리프시험(creep test)이 있으며 고온에서 사용하는 재료에는 중요한 시험으로 시간이 오래 걸린다.

[해답] 17. ㉮　18. ㉯　19. ㉮　20. ㉰　21. ㉯　22. ㉮　23. ㉱　24. ㉰　25. ㉱　26. ㉯　27. ㉯

문제 28. 물체를 긁어서 긁힌 홈집으로 경도를 측정하는 것은?
㉮ 아이조드기   ㉯ 브리넬기
㉰ 마텐스기   ㉱ 암슬러기
[해설] 마텐스 시험기는 도금이나 도장층의 경도 시험에 쓰인다.

문제 29. 충격시험을 하기 위한 것은?
㉮ 마텐스   ㉯ 유니버설
㉰ 아이조드   ㉱ 로크웰

문제 30. 계속적인 반복하중을 받는 부분의 최대 반복 응력을 측정하는 시험은?
㉮ 충격시험   ㉯ 피로시험
㉰ 경도시험   ㉱ 굽힘시험

문제 31. 시험편을 따로 준비하지 않고 제품에 시험할 수 있는 것은?
㉮ 쇼어 경도기   ㉯ 로크웰 경도기
㉰ 비커스 경도기 ㉱ 마텐스 경도기

문제 32. 로크웰에 쓰이는 B스케일인 강구의 지름은?
㉮ $\frac{1}{4}''$ ㉯ $\frac{1}{8}''$
㉰ $\frac{1}{16}''$ ㉱ $\frac{1}{32}''$

문제 33. 인장시험에서 하중의 증가없이 변형만이 급격히 증가하는 경우는?
㉮ 탄성한도   ㉯ 항복점
㉰ 연신율   ㉱ 파괴점

문제 34. 단면 수축률을 내는 식은? (단, A_0: 시험 전 단면적, A_1: 시험 후 축소 단면적)

㉮ $\dfrac{A_0 - A_1}{A_0} \times 100\%$

㉯ $\dfrac{A_0 - A_1}{A_1} \times 100\%$

㉰ $\dfrac{A_1 - A_0}{A_0} \times 100\%$

㉱ $\dfrac{A_1 - A_0}{A_1} \times 100\%$

문제 35. 브리넬 경도 측정시 고려할 사항이 아닌 것은?
㉮ 브리넬 경도 값이 450 이상이 될 경우는 사용하지 않는다.
㉯ 시편의 두께는 압입 깊이의 10배 이상 되어야 한다.
㉰ 강구의 가압시간은 30초 정도가 적당하다.
㉱ 시편의 나비는 강구지름의 1.5배 이상 되어야 한다.

문제 36. 압축강도의 측정은 어떤 강재에 많이 하는가?
㉮ 주철과 같이 여린 재료
㉯ 연강과 같이 무른 재료
㉰ 구리와 같이 연한 재료
㉱ 경강과 같이 단단한 재료

문제 37. 금속의 재료시험에서 얻은 인장강도를 나타낸 곡선이다. 사용된 재료 금속은?

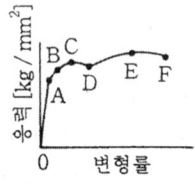

해답 28. ㉰ 29. ㉰ 30. ㉯ 31. ㉮ 32. ㉰ 33. ㉯ 34. ㉮ 35. ㉱ 36. ㉮ 37. ㉱

㉮ 황동 ㉯ 순철
㉰ 납 ㉱ 연강

문제 38. 문제 37번 그림에서 B점이 나타낸 것은?

㉮ 비례한계 ㉯ 상항복점
㉰ 탄성한계 ㉱ 인장강도

문제 39. 10 mm의 강구와 3000 kg의 하중에 의하여 생긴 강구 자국의 지름에 의하여 측정하는 경도시험기는?

㉮ 비커스 ㉯ 로크웰
㉰ 마텐스 ㉱ 브리넬

문제 40. $S-N$ 곡선의 설명으로 맞는 것은?

㉮ 반복응력의 진폭과 반복회수의 관계를 표시한 선도
㉯ 항온 변태속도를 곡선으로 표시한 선도
㉰ 탄소함유량과 응력과의 관계를 표시한 선도
㉱ 자석에서 N과 R의 관계를 표시한 선도

[해설] $S-N$ 곡선: 피로한도를 측정할 때 사용되며 재료가 파괴되기까지의 반복횟수 N은 최대응력과 응력범위에 따라서 많은 차이가 있으며, 작용한 응력 S와 반복횟수 N을 탄소 0.83 %의 탄소강에 대하여 무어(moore) 씨가 그림과 같은 $S-N$ 곡선을 그린다.

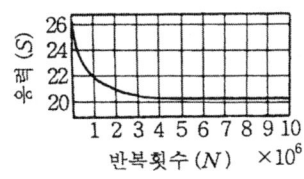

탄소강의 $S-N$ 곡선(moore)

응력이 적으면 반복횟수가 증가되고 어떤 한계에서 곡선이 수평으로 된다.
이것을 수식으로 표시하면 다음과 같다 (단, k와 n은 실험상수).

$$S = KN^{-n}$$

무어의 $S-N$ 곡선에서 수평에 대한 점근선(漸近線)이 존재한다고 가정하며 이 선 이하의 응력에서는 아무리 많은 반복횟수를 가하여도 파괴되지 않는다는 뜻이며, 이 점근선에 해당되는 응력이 내구한도가 되는 것이다.

문제 41. 만능 재료 시험기를 이용한 인장시험에 알 수 없는 것은?

㉮ 비례한도 ㉯ 탄성한도
㉰ 피로한도 ㉱ 항복점

문제 42. 구리 및 그 합금의 현미경 조직 시험에서 사용되는 부식재는?

㉮ 피크린산 알코올 용액
㉯ 염화제 2 철
㉰ 수산화나트륨
㉱ 질산초산용액

문제 43. 현미경 조직 시험에 쓰이는 철강재의 부식제는?

㉮ 피크린산 알코올 용액
㉯ 염화제 2 철
㉰ 수산화나트륨
㉱ 질산초산용액

문제 44. 탄소량을 대강 알 수 있는 가장 간단한 방법은?

㉮ 분석 시험법 ㉯ 현미경 조직시험
㉰ 설퍼프린트법 ㉱ 불꽃 시험법

문제 45. 다음 중 동적하중에 의한 시험을 하는 것은?

㉮ 비커스 ㉯ 아이조드
㉰ 로크웰 ㉱ 브리넬

[해답] 38. ㉰ 39. ㉱ 40. ㉮ 41. ㉰ 42. ㉯ 43. ㉮ 44. ㉱ 45. ㉯

문제 46. 강재의 결정 조직상태나 가공방향 등을 검사할 때의 가장 좋은 방법은?
㉮ 설퍼프린트법 ㉯ 초음파 탐상법
㉰ 매크로 검사법 ㉱ X선 투과법

문제 47. 충격 시험기의 특성 중 틀린 것은?
㉮ 정적하중에 대한 시험이다.
㉯ 동적하중에 대한 시험이다.
㉰ 취성파괴가 일어나는 경우도 있다.
㉱ 시편의 노치효과를 많이 받으며, 하중 속도의 영향이 크다.

문제 48. 최대응력과 최소응력의 비를 무엇이라 하는가?
㉮ 변형도   ㉯ 안전율
㉰ 하중   ㉱ 연신율

[해설] 안전율(安全率: factor of safety): 안전계수라고도 하며 구조물의 안전을 유지하는 정도로서 하중과 재료의 종류에 따라서 다르며 파괴강도를 허용응력으로 나눈 값이다.

문제 49. 다음은 금속재료의 인장강도곡선(stress strain curve)을 나타낸 그림이다. ②번 곡선이 나타내는 금속은?

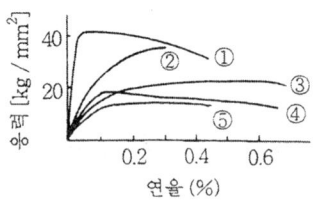

㉮ 인청동   ㉯ 구리
㉰ 황동   ㉱ 알루미늄

[해설] ①은 인청동, ②는 황동, ③은 구리, ④는 아연, ⑤는 알루미늄의 인장강도곡선(stress-strain curve)이다.

문제 50. 현상제(MgO, $BaCO_3$)를 이용하여 결함을 검사하는 방법은?
㉮ 비파괴검사 자분 탐상
㉯ 침투 탐상법
㉰ 초음파 탐상법
㉱ 방사선 탐상법

문제 51. 파면검사, 매크로 부식, 설퍼 프린트법을 이용한 시험은?
㉮ 현미경 조사   ㉯ 조직시험
㉰ 초음파 탐상법 ㉱ 침투 탐상법

문제 52. 작용점의 크기와 방향이 항상 일정한 하중은?
㉮ 정하중   ㉯ 동하중
㉰ 교번하중 ㉱ 반복하중

[해설] ① 정하중(static load): 사하중(dead load)이라고도 하며 정지하고 있어 변화가 없는 하중으로 서서히 작용하는 하중이다.
② 동하중(dynamic load): 활하중(live load)이라고도 하며 변화하는 하중으로 급격히 작용하는 하중이다.
③ 교번하중(alternate load): 크기가 변하는 동시에 같은 방향으로 작용하는 하중으로 열차가 레일 위를 통과할 때 레일의 기초면에 작용하는 하중과 같다.
④ 반복하중(repeated load): 크기가 변하는 동시에 같은 방향에서 작용하는 하중으로 인장 하중과 압축 하중이 교대로 작용하는 하중과 같다.
⑤ 충격하중(impact load, impulsive load): 비교적 단시간에 충격적으로 작용하는 하중이다.

문제 53. 화학시험법 중 유황의 함량이나 분포상태를 측정하는 데 좋은 방법은?
㉮ 화학 분석법   ㉯ 설퍼 프린트법
㉰ 매크로 검사법 ㉱ 마텐스법

[해설] 설퍼 프린트법(sulfur print): 강철 중에 함

해답 46. ㉰ 47. ㉮ 48. ㉯ 49. ㉰ 50. ㉯ 51. ㉯ 52. ㉮ 53. ㉯

유된 탄화물의 함량이나 분포상태를 검출하는 데 쓰이며, 요령은 2%의 회유산액(稀硫酸液)에 적신 사진용 브로마이드지를 단면에 붙였다가 떼어내면 유황의 편석부에 상당하는 부분이 갈색으로 변색되어 묻어 나오는 것을 보고서 측정한다.

문제 54. 만능 재료 시험기의 형식이 아닌 것은?

㉮ 암슬러 (amsler)   ㉯ 백톤 (backton)
㉰ 모어 (mohr)   ㉱ 샤르피 (charpy)

해설 ㉮, ㉰, ㉱항 중에서 암슬러식이 가장 널리 쓰이고 있다.

문제 55. 차량의 차축은 회전하면서 항상 일정한 하중을 받는 관계로 안전 하중보다도 훨씬 낮은 하중에서 파괴가 일어나는 데 이 때의 파괴를 무엇이라 하는가?

㉮ 피로 (fatigue)   ㉯ 탄성 (elastic)
㉰ 노치 (notch)   ㉱ 충격 (impact)

해설 피로 (fatigue) : 전차의 모터의 축이나 차축에서와 같이 정하중에서는 아주 강하더라도 반복하중이나 교번하중에서는 하중이 작아도 파괴를 초래하는 현상을 피로라고하며, 재료가 어떠한 반복하중이나 교번하중에도 파단되지 않는 한계(응력의 최대치)를 피로한도 (fatigue limit) 라고 한다.

문제 56. 탄소강이나 주철이 만드는 금속간 화물의 원자비는?

㉮ FeC   ㉯ Fe_2C
㉰ Fe_3C ㉱ Fe_3C_2

문제 57. 공업상 널리 사용되는 성질이 아닌 것은?

㉮ 강도 (strength)
㉯ 연성 (ductility)
㉰ 경도 (hardness)
㉱ 전성 (malleability)

문제 58. 인장시험에서 인장강도를 계산하는 식은?

㉮ $\dfrac{단면적}{하중}$ ㉯ $\dfrac{변형률}{하중}$

㉰ $\dfrac{하중}{단면적}$ ㉱ $\dfrac{하중}{변형률}$

문제 59. 기계나 구조물에서 반복 하중을 받는 횟수가 아주 많을 때에 재료 내부에 생기는 피로 (fatigue) 현상에 대한 설명으로 옳은 것은?

㉮ 재료는 극한 강도보다 훨씬 큰 값으로 파괴되는 수가 있다.
㉯ 재료는 극한 강도보다 훨씬 작은 값으로 파괴되는 수가 있다.
㉰ 재료는 최저 강도보다 큰 값으로 파괴되는 수가 있다.
㉱ 재료는 최저 강도보다 작은 값으로 파괴되는 수가 있다.

문제 60. 연신율이 20%이고, 파괴되기 직전의 늘어난 길이가 30 cm 일 때, 이 시편의 본래의 길이는?

㉮ 20 cm   ㉯ 25 cm
㉰ 30 cm   ㉱ 35 cm

문제 61. 만능 재료 시험기로서 할 수 없는 시험은?

㉮ 인장 시험   ㉯ 전단 시험
㉰ 굽힘 시험   ㉱ 충격 시험

문제 62. 다음 재료 시험의 방법 중에서 기계적 시험은?

㉮ 비파괴 시험   ㉯ 강도 시험

해답 54. ㉱   55. ㉮   56. ㉰   57. ㉱   58. ㉰   59. ㉱   60. ㉯   61. ㉱   62. ㉯

㉰ 현미경 조직검사 ㉱ 화학 분석

문제 63. 다음 중 정적 시험이 아닌 것은?
㉮ 충격 시험 ㉯ 인장 시험
㉰ 경도 시험 ㉱ 굽힘 시험

문제 64. 인장 시험으로 나타낼 수 없는 것은?
㉮ 인장 강도 ㉯ 단면 수축률
㉰ 비틀림 강도 ㉱ 연신율

문제 65. 인장 시험에서 시험편 평행부가 하중의 증가로 연신이 시작하는 처음의 최대 하중을 평행부의 원단면적으로 나눈 값은?
㉮ 인장 강도 ㉯ 항복 강도
㉰ 단면 수축률 ㉱ 연신율

문제 66. 연강은 탄성 한계내에서 응력과 무엇이 비례하는가?
㉮ 연신율 ㉯ 인장력
㉰ 항복점 ㉱ 탄성 계수

문제 67. 로크웰 경도(H_R) 시험에서 연질 재료 시험에 적합한 것은?
㉮ H_{RA} ㉯ H_{RB}
㉰ H_{RC} ㉱ H_{RD}

[해설] 연강, 황동, 알루미늄 등의 연질 재료에는 1.588 mm (H_{RB})를, 단단한 재료 시험편에는 꼭지각이 120°의 원뿔형 다이아몬드 콘 (H_{RA}, H_{RC})를 사용한다.

문제 68. 어느 온도에서 재료에 일정한 응력을 가할 때 생기는 변형량의 시간적 변화를 말하는 것은?
㉮ 크리프 ㉯ 이완
㉰ 응력부식 ㉱ 피로

문제 69. 다음과 같은 조건에서 단면 수축률은 얼마인가? (단, 초점 거리 50 mm, 원래 단면의 지름 14 mm, 시험 후의 표점 거리 65 mm, 시험 후의 단면의 반지름 5 mm)
㉮ 10 % ㉯ 30 %
㉰ 50 % ㉱ 60 %

문제 70. 크리프(creep)란 무엇인가?
㉮ 온도와 시간과의 관계
㉯ 응력과 시간과의 관계
㉰ 온도 응력 시간과의 관계
㉱ 온도 취성 시간과의 관계

문제 71. 낙하체를 높이 100 mm에서 시험편 위에 낙하시켰더니 반발하여 올라간 높이가 60 mm가 되었다. 쇼어 경도는 얼마인가?
㉮ 72.3 ㉯ 82.3
㉰ 92.3 ㉱ 102.3

[해설] 쇼어 경도 = $\dfrac{\text{반발하여 올라간 높이}}{\text{낙하체의 높이}}$
$\times \dfrac{10000}{65} = \dfrac{60}{100} \times \dfrac{10000}{65} = 92.3$

문제 72. 표점간의 거리 140 mm, 지름 10 mm인 시편이 최대 하중 1500 kg에서 절단되었을 때, 표점거리가 157 mm가 되었다. 이 때의 인장강도는 얼마인가?
㉮ 15.1 kg/mm² ㉯ 19.1 kg/mm²
㉰ 23.1 kg/mm² ㉱ 28.1 kg/mm²

[해설] 인장강도 = $\dfrac{P_{\max}}{A_0} = \dfrac{1500}{5^2 \pi}$
$\approx 19.1 \text{ kg/mm}^2$

문제 73. 항복점을 옳게 설명한 것은?
㉮ 탄성 한계점이며 영구변형이 일어나지 않는다.

[해답] 63. ㉮ 64. ㉰ 65. ㉮ 66. ㉱ 67. ㉯ 68. ㉮ 69. ㉰ 70. ㉰ 71. ㉰ 72. ㉯ 73. ㉱

나 탄성 한계점 이내이며 영구변형이 일어 나는 점이다.
다 탄성 한계점 이내이며 영구변형이 일어 나지 않는 점이다.
라 탄성 한계점을 넘어서 영구변형이 일어 나는 점이다.

문제 74. 탄화철을 조직시험할 때 부식에 사용되는 부식제는?
가 피크린산 알코올 나 염화제2철
다 불화수소 라 가성소다

문제 75. 구리, 황동, 청동의 현미경 조직을 보고자 한다. 다음 중 어느 부식액이 가장 적합한가?
가 질산
나 왕수
다 염화제2철 용액
라 피크린산 알코올 용액

문제 76. 비파괴 시험이 아닌 것은?
가 자분탐사 나 침투
다 충격 라 초음파

문제 77. B, C 스케일을 사용하는 경도기는?
가 쇼어 경도 나 브리넬 경도
다 로크웰 경도 라 비커스 경도

문제 78. 지름이 13 mm, 표점거리 150 mm인 연강재 시험편을 인장시켰더니 154 mm가 되었다면 연신율은?
가 2.665 % 나 3.66 %
다 8.2 % 라 8.8 %

문제 79. 재료 시험시 표준 온도는 몇 ℃인가?
가 12℃ 나 15℃
다 20℃ 라 24℃

문제 80. Ni 도금을 한 금속 제품의 경우 도금층의 경도를 알고자 할 때 어느 경도기를 사용하는 것이 좋은가?
가 브리넬 나 쇼어
다 로크웰 라 비커스

문제 81. 경도 측정시 표면을 손상시키지 않고 측정할 수 있는 방법은?
가 쇼어 나 비커스
다 로크웰 라 브리넬

문제 82. 다음은 충격 시험에 대한 설명이다. 틀린 것은?
가 샤르피형과 아이조드형 충격 시험기가 있다.
나 강인한 재료일수록 충격값이 작다.
다 진자형의 해머로 충격 하중을 작용시켜 시험편 파괴에 소모된 면적당 에너지를 측정값으로 한다.
라 시험편은 샤르피형이 단순보를, 아이조드형이 외팔보를 사용하며 노치부가 있다.

문제 83. 열전대의 원리를 응용한 것으로 강재간의 감별법에 사용되는 시험법은?
가 화학 분석법 나 시약 반응법
다 분광 분석법 라 접촉열 기전력법

문제 84. 금속 재료의 연신율을 조사하는 것은?
가 샤르피 나 아이조드
다 암슬러 라 브리넬

해답 74. 가 75. 다 76. 다 77. 다 78. 가 79. 다 80. 라 81. 가 82. 나 83. 라 84. 다

문제 85. 다음 중 세로 탄성 계수는 어떤 시험에서 측정할 수 있는가?
- ㉮ 굽힘 시험
- ㉯ 피로 시험
- ㉰ 전단 시험
- ㉱ 압축시험

문제 86. X선 검사법으로 검사가 가능한 재료의 두께는 얼마인가?
- ㉮ 120 mm 이하
- ㉯ 120 mm 이상
- ㉰ 150 mm 이하
- ㉱ 150 mm 이상

문제 87. 충격 시험에서 충격값을 측정하는 기준은 무엇인가?
- ㉮ 각도
- ㉯ 늘어나는 길이
- ㉰ 경도
- ㉱ 파괴시험

문제 88. 강재를 파괴하지 않고 표면의 균열 등의 결함을 검사하는 방법은?
- ㉮ 설퍼 프린트법
- ㉯ 아말감법
- ㉰ 매크로 조직 검사법
- ㉱ 자기 탐상법

문제 89. 아공석강의 표준 조직을 부식하여 현미경으로 관찰하였다. 입상으로 된 백색 부분은?
- ㉮ 페라이트+펄라이트
- ㉯ 초석 펄라이트
- ㉰ 공석 펄라이트
- ㉱ 시멘타이트

문제 90. 일반 구조용 강에 있어서 재질의 요소로서 그 성능을 평가하는 것은?
- ㉮ 단면 수축률×피로 강도
- ㉯ 인장 강도×연신율
- ㉰ 연신율
- ㉱ 인장 강도

문제 91. 다음 설명 중 틀린 것은?
- ㉮ 인장시험이란 시험기를 사용하여 시험편에 서서히 응력을 가하여 항복점, 내력, 인장강도, 연신율 및 단면 수축률 또는 그 일부를 측정하는 것이다.
- ㉯ 인장 강도란 인장 하중(kg)을 평행부의 처음 단면적으로 나눈 값(kg/mm^2)이다.
- ㉰ 시험편의 표점 거리란 평행부에 붙인 그 표점간의 거리를 뜻하며, 수축률 측정의 기준이 되는 길이이다.
- ㉱ 연신율이란 인장 시험에 있어서 시험편 절단 후의 표점간의 길이와 표점 거리와의 차이를 표점 거리에 대한 백분율로 나타낸다.

문제 92. 다음은 그라인더 불꽃 시험에 대한 설명이다. 관계 없는 것은?
- ㉮ 유선의 길이는 0.5 m가 되는 것이 좋다.
- ㉯ 불꽃은 수평으로 비산하도록 한다.
- ㉰ 밝지 않은 곳에서 시행한다.
- ㉱ 불꽃은 전체로 한순간에 관찰한다.

문제 93. 매크로 조직 시험법 중 중심부 편석의 표시기호는?
- ㉮ Lc
- ㉯ Sc
- ㉰ F
- ㉱ K

문제 94. 초음파 탐상법의 종류로 관계 없는 것은?
- ㉮ 인펄스법
- ㉯ 공진법
- ㉰ 투과법
- ㉱ 깁스법

문제 95. 비파괴 시험에 대한 설명으로 적당

해답 85. ㉮ 86. ㉮ 87. ㉮ 88. ㉱ 89. ㉯ 90. ㉯ 91. ㉰ 92. ㉱ 93. ㉯ 94. ㉱ 95. ㉱

하지 않은 것은?
㉮ X선 검사법은 고온 고압의 용접 부품에 대해 특히 효과적이다.
㉯ X선 검사법에는 직접법과 간접법이 있다.
㉰ 초음파 탐상법에서 사용하는 초음파란 가청음파 20 kc/sec 보다 고주파의 음파를 말한다.
㉱ γ선 검사법은 X선 검사법보다 얇은 재료에 효과적이다.

문제 96. 다음은 현미경 시험에서 시편의 조직을 보기 위해 행하는 부식에 대한 설명이다. 틀린 것은?
㉮ 부식제는 결정 입계면보다 결정면을 빨리 부식한다.
㉯ 부식이 과다하게 된 곳은 현미경 조직 검사에서 검게 보이는 곳이다.
㉰ 부식계는 결정 입계면보다 결정면을 빨리 부식한다.
㉱ 금속의 유동층 표면층을 제거하기 위해 실시한다.

문제 97. 다음은 로크웰 경도 시험에서 사용하는 여러 스케일(scale)들이다. 관계없는 것은?
㉮ C 스케일   ㉯ G 스케일
㉰ K 스케일   ㉱ N 스케일

문제 98. 인장 시험에서 사용되는 시험편의 표점 거리는 단면적에 대해 어떻게 나타내는 것이 좋은가? (단, l_0: 표점 거리, A_0: 단면적)
㉮ $l_0 = 2\sqrt{A_0}$ ㉯ $l_0 = 3\sqrt{A_0}$
㉰ $l_0 = 4\sqrt{A_0}$ ㉱ $l_0 = 5\sqrt{A_0}$

문제 99. 금속 재료의 경도 시험 방법에서 재료의 소성 변형 저항을 이용한 경도 검사법이 아닌 것은?
㉮ 쇼어 경도 시험법
㉯ 로크웰 경도 시험법
㉰ 브리넬 경도 시험법
㉱ 비커스 경도 시험법

문제 100. $S-N$ 곡선에서 피로한도가 나타나지 않는 소재에 대하여 피로한도를 정하는 반복 횟수는?
㉮ 10^2 ㉯ 10^4
㉰ 10^6 ㉱ 10^8

문제 101. 불꽃 시험이란 무엇을 이용한 검사법인가?
㉮ 불꽃의 형태에 의해서
㉯ 불꽃의 수에 의해서
㉰ 불꽃의 색, 형태수에 의해서
㉱ 불꽃의 연소에 의해서

문제 102. X-ray 법을 이용하는 것은?
㉮ 백색 X-ray   ㉯ 적색 X-ray
㉰ 청색 X-ray   ㉱ 특성 X-ray

문제 103. 고체를 잡아당기면 그 힘의 방향으로 늘어나는 데 힘의 탄성한계 내에서는 그 힘이 비례하여 늘어난다. 이는 무슨 법칙인가?
㉮ 탄성 법칙   ㉯ 관성법칙
㉰ 훅의 법칙   ㉱ 운동의 법칙

문제 104. 다음의 금속 현미경의 시험용 부식제 중에서 구리 및 구리합금의 부식제가 아닌 것은?

해답 96. ㉮ 97. ㉱ 98. ㉰ 99. ㉮ 100. ㉱ 101. ㉰ 102. ㉱ 103. ㉰ 104. ㉯

㉮ 염산 용액
㉯ 2 % 질산 용액
㉰ 10 % 과황산암모늄 수용액
㉱ 크롬산 용액

해설 2 % 질산 용액은 강철 및 주철의 부식제이다.

문제 105. 다음 사항 중 금속의 열팽창을 이용한 것은?
㉮ 서모스탯   ㉯ 서모커플
㉰ 개스킷   ㉱ 대시포트

문제 106. 열전대의 원리로 강재 간의 감별법에 사용되는 시험법은?
㉮ 시약 반응법   ㉯ 분광 시험법
㉰ 화학 분석법   ㉱ 접촉열 기전력법

문제 107. 정밀한 기기를 사용하지 않고 금속의 광범한 성질을 육안으로 검사하는 방법은?
㉮ 매크로 시험
㉯ 형광 검사법
㉰ 자력 결함 검사법
㉱ X선 검사법

문제 108. 다음에서 시험편의 연마 종류가 아닌 것은?
㉮ 화학 연마   ㉯ 물리 연마
㉰ 전해 연마   ㉱ 회전 연마

문제 109. X선 검사법에서 제품의 결함부는 어떻게 나타나는가?
㉮ 흰색   ㉯ 흑색
㉰ 청색   ㉱ 적색

문제 110. 초단파법에서 결함의 크기, 형상 등을 검사하려면 어떤 식을 쓰는가?
㉮ 투과식   ㉯ 흡수식
㉰ 반사식   ㉱ 공전식

문제 111. X선으로 금속 결정을 촬영하려고 할 때 적당한 파장은?
㉮ 10^{-3} cm   ㉯ 10^{-5} cm
㉰ 10^{-7} cm   ㉱ 10^{-9} cm

문제 112. 다음 식 중에서 로크웰 경도 B 스케일을 구하는 공식은?
㉮ $(1000/65) \times (h/h_0)$
㉯ $2W/\pi D(D - \sqrt{D^2 - d^2})$
㉰ $100 - 500h$
㉱ $130 - 500h$

문제 113. 다음 식 중에서 인장강도를 구하는 식은 어느 것인가?
㉮ $(A/A_0)/A_0$ ㉯ $(L - L_0)/L_0$
㉰ $W/\pi Dt$ ㉱ P/A

문제 114. KS B 0816에 의하여 결함, 모양, 등급 판별시 면적이 2500 mm인 직사각형 내에 존재하는 결함의 크기를 분류하는데 이 직사각형의 최대 길이는 얼마인가?
㉮ 50 mm   ㉯ 100 mm
㉰ 150 mm ㉱ 200 mm

문제 115. P는 3000 kg, 지름 5 mm, 압입자국의 지름 4 mm, 깊이 2 mm일 때의 브리넬 경도(H_B)는 얼마인가?
㉮ 85.5   ㉯ 90.5
㉰ 95.5   ㉱ 100.5

해설 $H_B = \dfrac{P}{\pi Dt} = \dfrac{30000}{\pi \times 5 \times 2}$

해답 105. ㉮ 106. ㉱ 107. ㉮ 108. ㉯ 109. ㉯ 110. ㉰ 111. ㉱ 112. ㉱ 113. ㉱ 114. ㉰ 115. ㉰

문제 116. 재료시험 중 시험재료의 자분을 고르게 깐 후 재료를 자화시켜 결함이 있는 곳에서 자속이 흔들리는 원리를 이용한 재료시험은?
㉮ 침투 탐상법   ㉯ 초음파 탐상법
㉰ 자기 탐상법   ㉱ 방사선 탐상법

문제 117. 경도시험 방법으로 잘못 짝지어진 것은?
㉮ 로크웰 경도 - 반발에 의한 조사
㉯ 브리넬 경도 - 자국의 크기로 경도 조사
㉰ 쇼어 경도 - 반발한 높이로 측정
㉱ 비커스 경도 - 자국의 대각선 길이로 조사

문제 118. 응력부식으로 인한 철 또는 비철 금속의 결함검사에 사용하는 비파괴 검사법으로 가장 적합한 방법은?
㉮ 응력시험
㉯ 자분 탐상 검사
㉰ 초음파 탐상 검사
㉱ 액체침투 탐상 검사

문제 119. 다음 물질 중 와류탐상 시험품으로 가장 적합한 것은?
㉮ 철   ㉯ 구리
㉰ 알루미늄   ㉱ 도자기

문제 120. 잔류법으로 검사할 수 있는 시험품으로 가장 적당한 것은?
㉮ 시험품이 저탄소강일 경우
㉯ 시험품의 모양이 불규칙할 경우
㉰ 시험품의 모양이 원형일 경우
㉱ 시험품이 높은 보자력을 가질 경우

문제 121. 경도란 한 물체가 다른 물체에 의하여 변형을 받았을 때 나타내는 저항의 크고 작음을 말한다. 다음 중 경도시험에 대한 설명으로 틀린 것은?
㉮ 브리넬 경도는 담금질한 강구를 시편에 압입시켜 압입자국 표면적의 단위면적 당 응력으로 표시한다.
㉯ 비커스 경도는 압입체로서 대면각 $\theta = 136°$의 다이아몬드 피라미드를 사용한다.
㉰ 로크웰 경도는 시험편의 표면에 지름 1.588 mm의 강철 볼을 압입하는 경우와 꼭지각 120°의 다이아몬드 원뿔을 사용하는 두 종류의 방법이 있다.
㉱ 쇼어 경도는 강구를 선단에 고정시킨 낙하체를 일정한 높이 h_0에서 시험편 위에 낙하시켰을 때 반발하여 올라간 높이 h로 표시한다.
해설 쇼어 경도는 작은 다이아몬드를 사용한다.

문제 122. 충격시험에서 내다지보 상태에서 행하는 시험기는?
㉮ 샤르피   ㉯ 아이조드
㉰ 암슬러   ㉱ 비커스
해설 충격시험기에는 보통 시험편을 단순보의 상태에서 시험하는 샤르피 충격시험기와 내다지보 상태에서 시험하는 아이조드 충격시험기가 있다.

해답 116. ㉰ 117. ㉮ 118. ㉱ 119. ㉱ 120. ㉱ 121. ㉱ 122. ㉯

과년도 출제 문제

건설기계 산업기사

1. 초경합금의 특성으로 틀린 것은?
- ㉮ 내마모성과 압축강도가 낮다.
- ㉯ 고온경도 및 강도가 양호하다.
- ㉰ 경도가 높다.
- ㉱ 고온에서 변형이 적다.

2. 황동에 납을 첨가하여 절삭성을 향상시킨 것은 어느 것인가?
- ㉮ 쾌삭황동
- ㉯ 강력황동
- ㉰ 문츠메탈
- ㉱ 톰백

3. 구리의 성질을 설명한 것이다. 틀린 것은 어느 것인가?
- ㉮ 화학적 저항력이 적어 부식이 잘 된다.
- ㉯ 아름다운 광택과 귀금속적 성질을 가지고 있다.
- ㉰ 전연성이 좋아 가공하기 쉽다.
- ㉱ 전기 및 열 전도도가 높다.

4. 다공질 재료에 윤활유를 흡수시켜 계속해서 급유하지 않아도 되는 베어링 합금은?

- ㉮ 켈밋
- ㉯ 배빗메탈
- ㉰ 오일라이트
- ㉱ 루기메탈

5. 탄소강에 함유되어 있는 원소 중 강도와 고온 가공성을 증가시키고 주조성과 담금질 효과를 향상시키며, 적열메짐을 방지하는 것은 어느 것인가?
- ㉮ 인
- ㉯ 규소
- ㉰ 황
- ㉱ 망간

6. 일반적인 주철의 특성을 설명한 것으로 틀린 것은?
- ㉮ 주조성이 우수하다.
- ㉯ 복잡한 형상도 쉽게 제작할 수 있다.
- ㉰ 가격이 싸고 널리 사용된다.
- ㉱ 소성변형이 쉽다.

7. 황동에 관한 설명이 올바른 것은?
- ㉮ 황동이란 Cu-Pb계 합금으로 공기 중

정답 1. ㉮ 2. ㉮ 3. ㉮ 4. ㉰ 5. ㉱ 6. ㉱ 7. ㉯

에서 산화가 안되고 황금색이며, 고급재
료로 사용된다.
- 황동이란 Cu-Zn계 합금으로 7:3 황
동, 6:4황동이 널리 알려져 있다.
- 황동이란 Cu-Si계 합금으로서 내식성,
내마모성이 좋고 가격이 싸서 많이 사용
되고 있다.
- 황동이란 Cu-Sn계 합금으로서 강력하
므로 기계 재료로 많이 사용되고 있다.

8. 스프링의 변형에 대한 강성을 나타내는 것에 스프링 상수가 있다. 하중이 W[kgf]일 때 변위량을 δ[mm]라 하면 스프링 상수 k[kgf/mm]는 얼마인가?

㉮ $k = \dfrac{\delta}{W}$

㉯ $k = \delta W$

㉰ $k = \dfrac{W}{\delta}$

㉱ $k = W - \delta$

[해설] 스프링 상수(k)란 작용하중(W)과 처짐량(변위량) δ의 비이다.

$\left(k = \dfrac{W}{\delta} \text{ kgf/mm(N/mm)}\right)$

9. 0.8% C 이하의 아공석강에서 탄소함유량 증가에 따라 기계적 성질이 감소하는 것은?

㉮ 경도
㉯ 항복점
㉰ 인장강도
㉱ 연신율

10. 다음 금속 중 가장 무거운 것은?

㉮ Al
㉯ Mg
㉰ Ti
㉱ Pb

[해설] 납(Pb)은 중금속으로 비중이 11.34이고, 알루미늄(Al)=2.7, 마그네슘(Mg)=1.74, 티탄(Ti)=4.5 등은 경금속으로 비중이 4.5 이하이다.

정답 8. ㉰ 9. ㉱ 10. ㉱

기계설계 산업기사

1. 고온에서 다른 재료에 비해 비강도가 우수하기 때문에 항공기 외판 등에 사용하는 재료는?
㉮ Ni ㉯ Cr ㉰ W ㉱ Ti

[해설] 비강도(比强度)는 강도를 비중으로 나눈 값이다. 가볍고 강한 재료는 고비강도 재료이며, 항공기에 사용된다.

2. 탄소강에서 탄소량의 증가에 따른 성질 변화에 대한 설명으로 올바른 것은?
㉮ 비중, 열팽창계수가 증가한다.
㉯ 비열, 전기저항이 감소한다.
㉰ 경도가 증가한다.
㉱ 연신율이 증가한다.

3. 탄소강에 특수 원소를 첨가할 경우 담금질성이 향상되는데 효과가 큰 것부터 나열된 것은?
㉮ P>Mn>Cu>Si ㉯ Cu>Si>P>Mn
㉰ Mn>P>Si>Cu ㉱ Si>Mn>P>Cu

4. 다음 중 구리의 전도성을 가장 많이 감소시키는 원소는?
㉮ P ㉯ Ag ㉰ Zn ㉱ Cd

5. 선철을 제조하는 과정에서 연료 겸 환원제로 사용하는 것은?
㉮ 석회석 ㉯ 망간
㉰ 내화물 ㉱ 코크스

6. 실제로 액체 금속이 응고할 때에는 반드시 융점의 온도에서 응고가 시작되는 일은 적고, 융융점보다 낮은 온도에서 응고가 시작된다. 이 현상을 무엇이라 하는가?
㉮ 서랭 ㉯ 급랭
㉰ 과랭 ㉱ 급랭과 과랭의 겹침

7. 강의 조직 중에서 오스테나이트 조직의 고용체는?
㉮ α 고용체 ㉯ Fe_3C
㉰ δ 고용체 ㉱ γ 고용체

[해설] α 고용체 - 페라이트 조직, γ 고용체 - 오스테나이트 조직, Fe_3C - 시멘타이트 조직, δ 고용체 - 페라이트 조직

8. 주철에 함유된 원소 중 Mn이 소량일 때 Fe와 화합하여 백주철화를 촉진하는 원소는?
㉮ Si ㉯ Cu ㉰ S ㉱ C

9. 다음 중 기계 구조용 재료로 가장 많이 사용되는 2원 합금 재료는?
㉮ 알루미늄 합금 ㉯ 고속도강
㉰ 스테인리스강 ㉱ 탄소강

[해설] 탄소(C)를 0.02~2.11% 함유한 Fe-C계 합금을 탄소강이라 한다. 이때 탄소는 시멘타이트(Fe_3C)의 상태로 존재한다. 탄소강은 Fe_3C와 Fe의 2원 합금이다.

10. 니켈 60~70% 정도로 함유한 Ni-Cu계의 합금으로, 내식성이 좋으므로 화학공업용 재료로 많이 쓰이는 재료는?
㉮ 톰백 ㉯ 알코아
㉰ Y 합금 ㉱ 모넬메탈

정답 1.㉱ 2.㉰ 3.㉰ 4.㉮ 5.㉱ 6.㉰ 7.㉱ 8.㉰ 9.㉱ 10.㉱

일반기계 기사

1. 탄소강에 함유되어 있는 원소 중 적열취성의 원인이 되는 것은?
㉮ 인
㉯ 규소
㉰ 구리
㉱ 황

[해설] 탄소강에 함유되어 있는 원소 중 적열취성(900℃ 이상, 고온취성)의 원인이 되는 원소는 황(S)이다.

2. 충격에는 약하나 압축강도는 크므로 공작기계의 베드, 프레임, 기계 구조물의 몸체 등에 가장 적합한 재질은?
㉮ 합금공구강
㉯ 탄소강
㉰ 고속도강
㉱ 주철

[해설] 주철은 충격에 약하고 압축강도는 크고 인장강도는 작으며, 연산율도 적다. 따라서 공작기계의 베드, 프레임 기계 구조물 등의 몸체 등에 적합한 재질이다.

3. 심랭(sub-zero) 처리의 목적을 바르게 설명한 것은?
㉮ 자경강에 인성을 부여하기 위함
㉯ 담금질 후 시효변형을 방지하기 위해 잔류 오스테나이트를 마텐자이트 조직으로 얻기 위함
㉰ 항온 담금질하여 베이나이트 조직을 얻기 위함
㉱ 급열·급랭 시 온도 이력 현상을 관찰하기 위함

[해설] 서브 제로(심랭) 처리는 담금질 후 온도를 0℃ 이하로 하여 시효변형을 방지하기 위해 잔류 오스테나이트를 마텐자이트(martensite) 조직으로 얻기 위함이다.

4. 미하나이트 주철(Meehanite cast iron)의 바탕조직은?
㉮ 오스테나이트
㉯ 펄라이트
㉰ 시멘타이트
㉱ 페라이트

[해설] 미하나이트 주철은 회주철에 강을 넣어 탄소량을 적게 하고 접종하여 미세 흑연을 균일하게 분포시키며, 규소(Si), 칼슘(Ca)-규소(Si) 분말을 첨가하여 흑연의 핵 형성을 촉진시켜 재질을 개선시킨 주철로 기본조직은 펄라이트 조직이다.

5. 일반적인 금속의 공통적 특성을 설명한 것으로 틀린 것은?
㉮ 상온에서 고체이며 결정체이다.(단, 수은 제외)
㉯ 비중이 작고 광택을 갖는다.
㉰ 열과 전기의 양도체이다.
㉱ 소성변형성이 있어 가공하기 쉽다.

[해설] 일반적인 금속의 공통적 성질은 비중(S)이 크고 아름다운 광택면을 갖는다.

6. 강을 오스템퍼링(austempering) 처리 하

[정답] 1. ㉱ 2. ㉱ 3. ㉯ 4. ㉯ 5. ㉯ 6. ㉰

면 얻어지는 조직으로서 열처리 변형이 적고 탄성이 증가하는 조직은?
- ㉮ 펄라이트
- ㉯ 마텐자이트
- ㉰ 베이나이트
- ㉱ 시멘타이트

7. 베어링에 사용되는 구리합금의 대표적인 켈밋의 주성분은?
- ㉮ 구리 – 주석
- ㉯ 구리 – 납
- ㉰ 구리 – 알루미늄
- ㉱ 구리 – 니켈

8. 강에서 열처리 조직으로 경도가 가장 큰 것은 어느 것인가?
- ㉮ 오스테나이트
- ㉯ 마텐자이트
- ㉰ 페라이트
- ㉱ 펄라이트

[해설] 강의 열처리 조직으로 경도가 가장 큰 것은 마텐자이트(martensite) 조직이다.
(M>T>S>P>A>F)

9. 대량 생산하는 부품이나 시계용 기어와 같은 정밀 가공을 요하는 것으로 황동에 Pb 1.5~3.0%를 첨가한 합금은?
- ㉮ 쾌삭황동
- ㉯ 강력황동
- ㉰ 델타메탈
- ㉱ 애드미럴티 황동

[해설] 쾌삭황동은 대량생산하는 부품이나 시계용 기어와 같은 정밀 가공을 요하는 것으로 황동(Cu+Zn)에 납(Pb) 1.5~3% 첨가한 합금이다.

10. 델타메탈이라고도 하며 강도가 크고 내식성이 좋아 광산 기계, 선박용 기계, 화학 기계 등에 사용되는 것은?
- ㉮ 규소황동
- ㉯ 네이벌 황동
- ㉰ 애드미럴티 황동
- ㉱ 철황동

[해설] 철황동(델타메탈)은 6-4황동에 철(Fe) 1~2% 첨가한 것으로 강도가 크고 내식성이 우수하여 광산기계, 선박기계, 화학기계 등에 사용한다.

정답 7. ㉯ 8. ㉯ 9. ㉮ 10. ㉱

건설기계 산업기사

1. 다음 중 기계구조용 탄소강은?
㉮ SM20C ㉯ SPS3
㉰ STC3   ㉱ GC200

2. 탄소강에서 적열 메짐을 방지하고 담금질 효과를 증가하기 위하여 첨가하는 원소는?
㉮ 규소(Si)   ㉯ 망간(Mn)
㉰ 니켈(Ni)   ㉱ 구리(Cu)

3. 일반적으로 탄소강에서 탄소량이 증가할수록 증가하는 물리적 성질은?
㉮ 비중   ㉯ 열팽창계수
㉰ 전기저항   ㉱ 열전도도

4. 다음 중 다이스강의 특징이 아닌 것은?
㉮ 고온경도가 낮다.
㉯ 내마모성이 좋다.
㉰ 풀림 처리 상태에서 가공성이 양호하다.
㉱ 담금질에 의한 변형이 적다.

5. 가공용 황동의 대표적인 것으로 연신율이 크고, 인장강도가 상당히 높아 상온 가공성이 용이하기 때문에 전구의 소켓이나 탄피 등으로 사용되는 황동은?
㉮ 6 : 4 황동   ㉯ 7 : 3 황동
㉰ 납 황동   ㉱ 철 황동

6. 탄소강이 공석 변태할 때 펄라이트 조직량이 최대가 되는 탄소함량(%)은?
㉮ 0.2   ㉯ 0.5   ㉰ 0.8   ㉱ 1.2

7. 황동에서 잔류응력에 의해서 발생하는 현상은?
㉮ 탈아연 부식   ㉯ 고온 탈아연
㉰ 저온 풀림경화 ㉱ 자연균열

8. 알루미늄 합금인 두랄루민의 표준 성분에 포함된 금속이 아닌 것은?
㉮ Mg   ㉯ Cu   ㉰ Ti   ㉱ Mn

9. 다음 중 선팽창계수가 큰 순서로 올바르게 나열된 것은?
㉮ 알루미늄 > 구리 > 철 > 크롬
㉯ 철 > 크롬 > 구리 > 알루미늄
㉰ 크롬 > 알루미늄 > 철 > 구리
㉱ 구리 > 철 > 알루미늄 > 크롬

10. 니켈에 대한 설명으로 틀린 것은?
㉮ 면심입방격자이다.
㉯ 전기저항이 크다.
㉰ 상온 및 고온가공이 용이하여 상온에서 강자성체이다.
㉱ 백색의 금속으로 전·연성이 부족하다.

정답 1. ㉮ 2. ㉯ 3. ㉰ 4. ㉮ 5. ㉯ 6. ㉰ 7. ㉱ 8. ㉰ 9. ㉮ 10. ㉱

기계설계 산업기사

1. 복합재료 중 FRP는 무엇을 말하는가?
㉮ 섬유 강화 목재
㉯ 섬유 강화 플라스틱
㉰ 섬유 강화 금속
㉱ 섬유 강화 세라믹

[해설] FRP는 섬유 강화 플라스틱(fiber reinforced plastics)의 약어이다.

2. 주조된 상태에서 구상 흑연 주철의 조직이 아닌 것은?
㉮ 페라이트 형   ㉯ 마텐자이트 형
㉰ 시멘타이트 형 ㉱ 펄라이트 형

3. 다음 중 신소재의 기능성 재료에 해당하지 않는 것은?
㉮ 형상기억 합금 ㉯ 초소성 합금
㉰ 제진 합금   ㉱ 포정 합금

4. 다음 중 가장 낮은 온도에서 실시되는 표면 경화법은?
㉮ 질화 경화법   ㉯ 침탄 경화법
㉰ 크롬 침투법   ㉱ 알루미늄 침투법

5. 철-탄소 평형상태도에서 일어나는 불변 반응이 아닌 것은?
㉮ 포정 ㉯ 포석 ㉰ 공정 ㉱ 공석

6. 전연성이 좋고 색깔도 아름답기 때문에 장식용 금속잡화, 악기 등에 사용되고, 박(foil)으로 압연하여 금박의 대용으로도 사용되는 것은?
㉮ 90% Cu~10% Zn 합금
㉯ 80% Cu~20% Zn 합금
㉰ 60% Cu~40% Zn 합금
㉱ 50% Cu~50% Zn 합금

[해설] 톰백(tombac)은 80% Cu~20% Zn의 합금으로 황동의 일종이다.

7. 다음 중 결정격자가 면심입방격자인 금속은?
㉮ Al ㉯ Cr ㉰ Mo ㉱ Zn

8. 다음 중 친화력이 큰 성분 금속이 화학적으로 결합하여, 다른 성질을 가지는 독립된 화합물을 만드는 것은?
㉮ 금속간 화합물 ㉯ 고용체
㉰ 공정 합금   ㉱ 동소 변태

9. 다음 중 절삭 공구용 특수강은?
㉮ Ni-Cr강   ㉯ 불변강
㉰ 내열강   ㉱ 고속도강

10. 알루미늄의 특징을 설명한 것으로 틀린 것은?
㉮ 광석 보크사이트로부터 제련하여 만든다.
㉯ 염화물 용액에서 내식성이 특히 좋고, 염산, 황산 및 인산 중에서도 침식이 되지 않는다.
㉰ 융점이 약 660℃이며 비중이 2.7인 경금속이다.
㉱ 대기 중에서 내식성이 좋고 전기 및 열의 양도체이다.

[해설] 알루미늄은 대기 중에서 안정한 산화 피막을 형성하지만 염산에는 쉽게 침식된다.

정답 1. ㉯ 2. ㉯ 3. ㉱ 4. ㉮ 5. ㉯ 6. ㉯ 7. ㉮ 8. ㉮ 9. ㉱ 10. ㉯

일반기계 기사

1. 탄소함유량이 0.8 %가 넘는 고탄소강의 담금질 온도로서 가장 적당한 것은?

㉮ A_1 온도보다 30~50℃ 정도 높은 온도
㉯ A_2 온도보다 30~50℃ 정도 높은 온도
㉰ A_3 온도보다 30~50℃ 정도 높은 온도
㉱ A_4 온도보다 30~50℃ 정도 높은 온도

[해설] 탄소함유량이 0.8 % 넘는 고탄소강(과공석강)의 담금질 온도는 A_1(723℃, 공석점)보다 30~50℃ 정도 높은 요소이다. (아공석강은 A_3(910℃)보다 30~50℃ 높게 가열한다.)

2. 다음 강의 특수원소 중 뜨임 취성(temper brittleness)을 현저히 감소시키며 열처리 효과를 더욱 크게 하여 질량효과를 감소시키는 특성을 갖는 원소는?

㉮ Ni   ㉯ Cr
㉰ Mo   ㉱ W

[해설] 몰리브덴(Mo)은 뜨임 취성을 감소시키며 열처리 효과는 더욱 크게 하여 질량효과(mass effect)를 감소시키는 특성을 갖는 강의 특수원소다.

3. 상온으로 담금질된 강을 다시 0℃ 이하의 온도로 냉각하는 작업이며, 담금질된 강의 잔류 오스테나이트를 마텐자이트로 변태시키는 것을 목적으로 하는 열처리법은?

㉮ 풀림   ㉯ 불림
㉰ 뜨임   ㉱ 심랭처리

[해설] 심랭처리(서브제로 처리)는 담금질 강을 다시 0℃ 이하온도로 냉각시키는 작업이며 강의 잔류 오스테나이트를 마텐자이트로 변태시키는 것이 목적이다.

4. 지름 15 mm의 연강 봉에 5000 kgf의 인장하중이 작용할 때 생기는 응력은 약 몇 kgf/mm^2 인가?

㉮ 10   ㉯ 18
㉰ 24   ㉱ 28

[해설] $\sigma = \dfrac{P_t}{A} = \dfrac{5000}{\dfrac{\pi}{4} \times (15)^2}$ kgf/mm^2
$= 28.3 (= 277.42$ MPa$)$

5. 내열성 주물로서 내연기관의 피스톤이나 실린더 헤드로 많이 사용되며 표준성분이 Al－Cu－Ni－Mg으로 구성된 합금은?

㉮ 하이드로날륨
㉯ Y 합금
㉰ 실루민
㉱ 알민

[해설] Y합금(내열합금)은 표준성분이 Al－Cu－Ni－Mg으로 구성된 합금이 내연기관의 피스톤이나 실린더 헤드로 많이 사용한다.

6. 탄소강에서 탄소량이 증가하면 일반적으로 감소하는 성질은?

㉮ 전기저항   ㉯ 열팽창계수
㉰ 항장력   ㉱ 비열

[해설] 탄소강에서 탄소량(C)이 증가하면 일반적으로 열팽창계수는 감소한다.

정답 1. ㉮ 2. ㉰ 3. ㉱ 4. ㉱ 5. ㉯ 6. ㉯

7. 주로 표면이 시멘타이트(Fe_3C) 조직으로서 경도가 높고, 내마멸성과 압축강도가 커서 기차의 바퀴, 분쇄기의 롤 등에 많이 쓰이는 주철은?

㉮ 가단 주철
㉯ 구상흑연 주철
㉰ 미하나이트 주철
㉱ 칠드 주철

[해설] 금형에 접한 부분을 급랭하여 주로 표면이 시멘타이트(Fe_3C) 조직으로 경도가 높고 내마멸성, 압축강도가 커서 기차바퀴 분쇄기의 롤(roll) 등에 쓰이는 주철은 칠드(냉경) 주철(chilled metal)이다.

8. 다음 중 구리(Cu)에 함유되어 전기전도율을 가장 많이 감소시키는 원소는?

㉮ Ag   ㉯ P   ㉰ Co   ㉱ Zn

[해설] 구리에 함유되어 전기전도율을 가장 많이 감소시키는 원소는 인(P)이다.

9. 강의 담금질(quenching) 조직 중에서 경도가 가장 높은 것은?

㉮ 펄라이트
㉯ 오스테나이트
㉰ 페라이트
㉱ 마텐자이트

[해설] 담금질 조직 중 경도 크기 순서는 마텐자이트(M) > 트루스타이트(T) > 소르바이트(S) > 펄라이트(P) > 오스테나이트(A) > 페라이트(F) 순이다.

10. 금속을 소성가공할 때에 냉간가공과 열간가공을 구분하는 용도는?

㉮ 담금질 온도
㉯ 변태 온도
㉰ 재결정 온도
㉱ 단조 온도

[해설] 금속을 소성가공 시 냉간가공과 열간가공을 구분하는 온도는 재결정 온도다.

정답 7. ㉱   8. ㉯   9. ㉱   10. ㉰

기계재료 문제/해설

1998년 4월 20일 1판 1쇄
1999년 1월 15일 1판 2쇄
2000년 1월 10일 2판 1쇄
2004년 1월 10일 3판 1쇄
2018년 3월 10일 3판 4쇄

저 자 : 국가기술시험연구회
펴낸이 : 이정일

펴낸곳 : 도서출판 **일진사**
www.iljinsa.com
(우) 04317 서울시 용산구 효창원로 64길 6
전화 : 704-1616 / 팩스 : 715-3536
등록 : 제1979-000009호 (1979.4.2)

값 12,000 원

ISBN : 978-89-429-0739-7

● 불법복사는 지적재산을 훔치는 범죄행위입니다.
저작권법 제97조의 5 (권리의 침해죄)에 따라 위반자는 5년 이하의 징역 또는 5천만원 이하의 벌금에 처하거나 이를 병과할 수 있습니다.